W0300304

La race de la Genèse

Will Hart est un journaliste et réalisateur de films américain. Il est fasciné par les civilisations anciennes qu'il traite depuis 1969. *La Race de la Genèse* est son livre le plus remarqué.

Page précédente : les Atlantes couronnant la Pyramide de l'Étoile du matin sur les ruines de la ville toltèque de Tula. Ces sculptures toltèques, mesurant presque 10 mètres, servaient de colonnes sur lesquelles reposait le sommet de la pyramide. Photo Will Hart.

La Porte du Soleil dressée dans l'ancienne cité de Tihuanaco, près du Lac Titicaca, en Bolivie. Construite par une culture pré-Inca, le bas-relief au sommet de la porte représente une figure tenant un sceptre dans chaque main. Sa tête est cernée par des rayons solaires et le personnage lui-même est entouré par 48 guerriers.
Photo: Martin Grey.

Puma Punka, au Lac Titicaca, en Bolivie.
Des scientifiques affirment que ces massifs blocs de pierre, pesant entre 100 et 400 tonnes, sont les restes d'un dock, partie du port de la ville de Tiahuanco, vieux de 15.000 ans et détruit par un cataclysme.
Photo: Martin Grey

La Porte d'Aramu Muru, près du Lac Titicaca dans la région
de Hayu Marca, au sud du Pérou.
Cette large porte en pierre a une sorte de serrure mystérieuse
en forme de niche, haute de presque 2 mètres.
L'origine et l'âge de ce monolithe sont inconnus.
Photo: Martin Grey

Le Sphinx et la Grand Pyramide de Giza, en Égypte.
Des études récentes montrent que le Sphinx remonte à plus de 7.000 av. JC. De plus, les égyptologues doivent encore expliquer comment cette pyramide massive, et ajustée au millimètre près, a été construite.

Le Temple des Inscriptions dans les ruines de la ville-état Maya de Palenque, à Chiapas, au sud du Mexique.
Est-ce que ce second toit en « crête » a une fonction que la science n'a pas encore pu expliquer ?
Photo: Will Hart

Teotihuacan, la Cité des Dieux, au nord-est de Mexico.
Construite par un peuple pré-Aztéque, la base de la Pyramide du Soleil est presque aussi large que la Pyramide égyptienne.
Photo: Will Hart

L'Escalier du Ciel menant au Mont Tai Shan, la montagne-demeure des dieux en Chine. Les empereurs considéraient ce mont comme le fils de l'Empereur des Cieux duquel ils ont reçu le pouvoir de régner sur terre. Au sommet du mont se trouve le Temple du Jade Empereur et le Temple de la Princesse des Nuages azurs. Photo M. Grey.

Will Hart

La race de la Genèse

traduit de l'américain par Carole Hennebault

INTEMPOREL

Le jardin des Livres
Paris

Vous pouvez envoyer des chapitres de ce livre à vos amis et relations par e-mail via Internet :

www.lejardindeslivres.com/genese.htm *Format* ***Html***
www.lejardindeslivres.com/PDF/genese.pdf ***Pdf***
www.lejardindeslivres.com/PDF/genese.doc ***Word***
www.lejardindeslivres.com/PDF/genese.sxw ***OpenO***

Plus de 1400 pages à lire sur le site :
www.lejardindeslivres.com

The Genesis Race © Will Hart
Traduction française © 2006 Le jardin des Livres

Éditions Le jardin des Livres ®
14 rue de Naples
75008 Paris

ISBN 978-2-914569-35-4 **EAN** 9782 914569 354

Toute reproduction, même partielle par quelque procédé que ce soit, est interdite sans autorisation préalable. Une copie par Xérographie, photographie, support magnétique, électronique ou autre constitue une contrefaçon passible des peines prévues par la loi du 11 mars 1957 et du 3 juillet 1995, sur la protection des droits d'auteur.

Introduction

Nous allons postuler que sur une quelconque planète distante, il y a environ quatre milliard d'années, a évolué une forme de créature supérieure qui, comme nos ancêtres, a découvert la science et la technologie, les développant bien plus que nous.

Sir Francis Crick, *Life Itself : Its Origin and Nature.*

Le choc du futur semble aujourd'hui être une caractéristique de notre civilisation post-industrielle. Le monde quotidien de la société actuelle a d'ores et déjà annoncé les histoires des écrivains de science-fiction les plus imaginatifs de notre époque : voilà une génération que nous avons pénétré les mystères de l'atome et aujourd'hui, notre sonde martienne collecte des informations, les dernières nous révélant des signes suggérant la présence d'eau et de quelque forme de vie sur la planète rouge dans un passé lointain.

Nous sommes au milieu d'une explosion d'informations. Les scientifiques estiment que la base du savoir humain double tous les 5 ans – rythme croissant que la plupart d'entre nous ne pouvons suivre, y compris les spécialistes qui travaillent à plein temps juste pour se tenir au courant des développements de leur discipline.

La science et la technologie sont censées expliquer le fonctionnement de l'univers pour nous faciliter quelque peu la vie et pour résoudre des problèmes. Mais durant ces cinquante dernières années, nous avons appris une douloureuse leçon, à savoir qu'elles peuvent aussi générer des problèmes.

Pendant l'écriture de ce livre, trois histoires étranges firent la une des journaux : en décembre 2002, une compagnie du nom de Clonaid annonça la naissance du premier clone humain, un bébé de 3 kg prénommé Eve. Clonaid est une ramification d'une secte religieuse, fondée en France voici 30 ans par un journaliste français qui s'est lui-même baptisé Raël. Le mouvement raëlien affirme compter 40.000 membres à travers le monde, et l'un de ses principaux buts est de cloner des êtres humains et, éventuellement, de parvenir à l'immortalité grâce à ce processus. Bien que les affirmations de Clonaid n'aient pas été prouvées à l'aide de tests ADN, les scientifiques s'accordent pour dire que de tels clonages seront monnaie courante dans le futur. La technologie et la méthode ont déjà été employées pour plusieurs espèces animales.

C'est aussi en 2002 que le Public Consortium, un groupe de recherche non lucratif, annonça avoir terminé la première ébauche du génome humain – c'est-à-dire qu'il avait dressé la carte du code génétique humain. Cela aurait pu ressembler à un progrès tout à fait original, mais ce n'était qu'une étape logique de la progression historique. Depuis des centaines d'années, nous avons modifié des ensembles de gènes chez les plantes et les animaux : des sous-espèces canines qui n'existaient pas auparavant ont été créées par une méthode jusqu'ici non-identifiée. De même, nous avons menacé de disparition certaines espèces ou provoqué l'extinction d'autres. En bref, nous « jouons à Dieu » depuis longtemps. Le fait que nous ne le reconnaissions pas est dû à l'acceptation, avec le temps, de nos pratiques d'élevage sélectif et de notre réorganisation de notre environnement naturel. Qu'est-ce qui nous empêche alors d'expérimenter le clonage humain ?

Pendant que l'on rencontre aujourd'hui une résistance considérable à l'idée de clonage humain, la résistance est une réaction commune aux progrès scientifiques. En toute probabilité, cette réaction se dissipera dans une génération et le clonage deviendra un lieu commun.

La troisième histoire eut lieu en 2001, et fut rapportée par l'agence Reuters sous le titre « *Les scientifiques construisent de minuscules ordinateurs à partir d'ADN* » :

> « *Suivant l'exemple de mère Nature, des scientifiques israéliens ont construit un ordinateur ADN si petit qu'un trillion de ceux-ci pourrait tenir dans un tube à essai et réaliser un milliard d'opérations par seconde avec 99,8 % d'exactitude.* »[1]

Quelle est donc cette machine et comment fonctionne-t-elle ? Le professeur Ehud Shapiro de l'Institut Weizmann a expliqué le plus naturellement du monde au journaliste, qui était sans doute tout aussi mystifié que le lecteur moyen de l'article, qu'ils ont « *construit un ordinateur de dimensions nanométriques fait de bio-molécules* [...] *Quand un trillion d'ordinateurs fonctionnent ensemble, ils peuvent réaliser un milliard d'opérations* ».

Vous pourriez objecter que ces trois histoires ne sont pas vraiment choquantes ou incroyables. Peut-être n'avons-nous pas la capacité d'être d'avantage choqués ; peut-être que rien n'est incroyable en cette époque de progrès scientifiques et de révolutions technologiques continuels. Il semble que nous soyons pris dans une spirale d'avancées et d'annonces abêtissantes, et les nouvelles surpassent continuellement celles qui ont été introduites la veille, la semaine dernière ou le mois dernier.

---

1 Yahoo Daily News, 21 novembre 2001.

Pourtant, alors que nous fonçons la tête en avant dans un futur qui devient chaque jour plus complexe, il semble que nous ayons oublié notre passé.

Mais comment pouvons-nous réellement connaître l'univers – en comprenant par exemple que la vie a autrefois existé sur Mars – sans d'abord connaître la vérité sur nos propres origines et notre histoire ? Au cœur de notre psychisme des faits significatifs nous font face : nous ne savons pas comment nous sommes arrivés là ; nous ne savons pas comment la vie humaine s'est créée. Nos ancêtres ont vécu notre histoire, mais nous avons perdu les fils qui complètent le tissu de leur héritage.

Nous sommes intrigués et impressionnés pas les réalisations merveilleuses et mystérieuses que les toutes premières civilisations ont laissé derrière elles dans les sables d'Égypte et de Sumer, sur les montagnes du Pérou et dans les jungles du Mexique, dans la vallée de l'Indus et les plaines de la Chine centrale.

A l'époque où la majorité de la population humaine terrestre vivait encore de façon très primitive en petites tribus avec un partage de biens, de pouvoir et de ressources relativement raisonnable, des civilisations avancées avec une toute autre façon de vivre naquirent soudain en ces six points du globe. Dès 8.000 av. JC, il y eut une soudaine explosion d'innovations dans ces contrées, suivi par une vaste poussée de développements entre 3.500 et 1.500 av. JC. Ces premières civilisations partageaient un nombre étonnant de similarités : toutes construisirent des structures monumentales – en particulier des pyramides – ainsi que de grands centres urbains, et remplacèrent la chasse et la cueillette par l'agriculture.

Elles inventèrent toutes de nouveaux outils, utilisèrent les forces et l'efficacité d'une main d'œuvre organisée ainsi que la spécialisation qui en découlait, et créèrent les caractéristiques sophistiquées, esthétiques et intellectuelles qui définissent une société civilisée. Et quatre d'entre elles sont à l'origine de récoltes agricoles-clés sur lesquelles nous comptons encore aujourd'hui, le maïs, la pomme de terre, le riz et le blé.

Ces similitudes amènent de nombreuses questions : comment et pourquoi ces six civilisations ont-elles pris naissance, et pourquoi partagent-elles tant de traits ? Pourquoi, par exemple, trouvons-nous des pyramides à Sumer, au Mexique, en Égypte et en Chine ? Comment les Sumériens et les Mayas ont-ils acquis un savoir avancé en matière d'astronomie et de mathématiques ? Pourquoi ces sociétés ont-elles abandonné ce mode de vie de chasseur-cueilleur qui leur avait réussi pendant des centaines de milliers d'années, pour préférer dépendre de l'agriculture ?

Une autre caractéristique définissant nos civilisations ancestrales, souvent signalée, mais jamais vraiment expliquée, est une organisation sociale entièrement différente de celle qu'avait connu l'évolution humaine sur les millions d'années précédentes : le simple système égalitaire qui existait est devenu un système pyramidal complexe avec à son sommet des rois d'origine divine. Pourquoi l'apparition de nos plus anciennes civilisations a-t-elle été accompagnée de cette transformation sociale radicale ? Qu'est-ce qui a causé ce changement extrême ?

Nos scientifiques ont déchiffré le code génétique humain, mais nous n'avons toujours pas trouvé la clé pouvant résoudre les énigmes des grandes et magnifiques cités dont les ruines nous hantent encore.

Nous devons comprendre les légendes que partagent ces cultures anciennes, ou savoir pourquoi des peuples si éloignés géographiquement partagent les mêmes légendes – histoires de déluges, de l'origine de l'agriculture, de géants qui couraient autrefois le monde, et d'une race aux pouvoirs surhumains qui créa les gens et leur enseigna à être *humains*.

Les mythes de la création, en six points du globe relativement distants les uns des autres, sont en fait remarquablement similaires. Dans chacun, des dieux apparemment humains – quoique bien supérieurs en matière de connaissance et de pouvoir – sont descendus des cieux pour créer les hommes tels que nous existons aujourd'hui, pour offrir la civilisation à l'humanité, et pour abandonner une théocratie basée sur l'idée que le roi descend des dieux, ou a été désigné par eux.

Il est peu probable que le nombre stupéfiant de similitudes au sein de ces mythes soit le résultat d'une pure coïncidence, ce qui nous amène à une question plus large : se pourrait-il que ces histoires (que nous avons longtemps considérées comme des mythes) soient en réalité des récits factuels ? Les témoignages semblent appuyer cette supposition.

Avec ce livre, j'ai voulu rassembler les preuves qui répondent à toutes ces questions. Comme le montre le chapitre 7, la construction de pyramides monumentales en Égypte par exemple, n'aurait pu être accomplie avec les méthodes primitives avancées par les archéologues et les anthropologues. En réalité, personne ne peut expliquer de façon adéquate comment la Grande Pyramide a été construite, ou comment les blocs mégalithiques de Tiahuanaco ont été transportés. Nous ne savons pas d'avantage d'où vient l'idée de construire des pyramides et des ziggourats, ou comment il a été décidé de bâtir des structures géodésiques en les alignant en direction du véritable Nord.

La plus grande question est peut-être celle-ci : pourquoi ne connaissons-nous pas les réponses à toutes ces questions ? Et pourquoi avons-nous oublié notre propre passé ? Plutôt qu'un oubli, il se peut que nous n'ayons pas détenu jusqu'ici le savoir et la compréhension nous permettant de trouver les réponses qui nous ont accompagnées pendant tout ce temps. Comme le montrera ce livre, la théorie d'une intervention extraterrestre intelligente est fortement corroborée par les preuves manifestes que l'on rencontre dans toutes ces régions.

Alors que quelques livres excellents et révolutionnaires ont exploré certains thèmes évoqués dans cet ouvrage, nous couvrirons ici un nouveau terrain, en adoptant une perspective scientifique, en synthétisant des observations disparates, des données et d'autres découvertes en un paradigme cohérent. Nous poserons des questions, observerons les recherches poussées, explorerons l'information et les preuves qui n'ont pas été présentées dans d'autres ouvrages, et nous ferons des connexions basées sur la stricte logique et le sens commun.

Lorsque j'ai commencé à mener les investigations qui m'ont menées à ce livre, je l'ai fait sans conclusion préconçue en tête. Les résultats de ma quête, que je partage ici, m'ont surpris – et ils sont décisifs : notre passé est jonché d'anomalies mystérieuses qui ne collent pas avec nos idées fixes et nos théories généralement reconnues sur l'évolution et l'histoire de l'humanité. Ceci suggère déjà que l'histoire s'est peut-être déroulée de manière différente.

Cependant, les scientifiques tentent de donner des explications qui satisfont ces énigmes. Ou bien ils ignorent le fait que quelque chose soit intervenu dans notre histoire pour nous élever au niveau de conscience et de capacité qui nous aurait permis de créer des civilisations.

Que cette « chose » étant intervenue soit d'une autre origine comme nous le verrons, n'est qu'une conclusion logique car le *Livre de la Genèse* dit : « *Créons l'homme à Notre image* ».

Même si l'interprétation de nos textes anciens aurait pu paraître tirée par les cheveux il y a une génération, semble-t-elle à présent si absurde ?

Comme l'indiquent les trois histoires récentes présentées au début de cette introduction, nous possédons actuellement, ou avons à portée de main des capacités informatiques développées, la capacité à modifier génétiquement des organismes et une nouvelle compréhension de notre propre code génétique. Nous avons peut-être atteint un niveau technique qui nous permet enfin de décoder les mythes et les réalisations de notre passé afin d'apprendre l'histoire de nos origines.

Finalement, notre histoire a un sens. Éclaircir les mystères de nos origines nous permettra de comprendre le passé sans préjudice ou crainte – et cela peut s'accomplir en commençant par ce qui existe, les faits, quand bien même ils semblent impressionnants, étranges ou improbables. Mais avant d'aller plus loin, il est important d'aborder le mot *civilisation*, mot controversé et subjectif dont le sens peut dépendre entièrement du contexte. Je l'emploie toujours pour indiquer un modèle particulier de société, avancée d'un point de vue technologique, qui montre des projets structurels et d'ingénierie correspondant à de telles avancées ; c'est-à-dire stratifiée et différenciée socialement d'après le talent et le travail ; et qui a mis en place des lois codifiées et un gouvernement hiérarchique.

Une quête formidable nous attend, quête qui doit débuter dans un état d'esprit ouvert. Encore faut-il avoir la volonté collective de trouver ce que nous cherchons. Nous commencerons par la théorie de l'évolution de Darwin et le récit biblique de la Genèse, et puis nous reconsidérerons l'ensemble en partant d'une perspective nouvelle et révolutionnaire.

~ 1 ~

RECONSTITUER NOTRE TRÈS VIEUX PASSÉ

~ *Nouvelles découvertes*

Certains pensent que l'ère des découvertes est terminée. Mais la Terre est vaste et pleine de mystères non résolus. Même l'histoire humaine demeure une énigme, un puzzle complexe avec des pièces manquantes qu'il faut encore trouver. Certaines reposent au fond des océans ou sont enfouies au milieu des jungles, d'autres sont cachées dans des caves elles-même dissimulées et attendent d'être découvertes.

C'est une époque passionnante pour qui s'intéresse à l'origine de l'humanité, et à notre passé sur la planète Terre. Le nombre et l'ampleur des découvertes augmentent à une allure à couper le souffle. Les nouvelles technologies allient de nouvelles approches interdisciplinaires et les perspectives novatrices de chercheurs indépendants changent rapidement tout le champ du monde ancien.

Il existe une nouvelle génération de chercheurs dans le domaine de l'archéologie. Aujourd'hui, ils travaillent en tandem avec les hydrologues, les agronomes, les géologues et toute une variété d'autres spécialistes déterminés à réinsérer les nombreuses pièces du puzzle que comportent les ruines d'une cité ou d'une civilisation perdue. Ils emploient une technologie perfectionnée, comme les reconstructions à partir d'ordinateurs, la photographie aérienne à haute-résolution, la télédétection, la photographie infra-rouge et les relevés géophysiques donnant des cartes d'une extrême précision.

Pour les investigations sous-marines, des robots et des submersibles perfectionnés sont utilisés conjointement avec le sonar, la photogrammétrie en 3-D et la vidéo digitale. Les archéologues se servent aussi de la technologie connue sous le nom de GPR.[2] Inventée dans les années 1970, l'armée s'en servit à l'origine pour localiser des mines terrestres et des tunnels militaires. Ces nouvelles technologies offrent un puissant éventail d'instruments à ceux qui enquêtent sur le passé de l'humanité, ce qui signifie que le rythme soutenu des découvertes fascinantes ne ralentira pas de sitôt.

Au moment où j'écris, une compagnie canadienne d'exploration ayant de solides références (ils ont découvert et retrouvé plusieurs galions espagnols et localisé le USS *Maine*, un navire de guerre ayant explosé et coulé en 1898, allumant la Guerre hispano-américaine), a annoncé une trouvaille renversante dans la mer des Caraïbes. Ils ont localisé une « cité perdue » à une profondeur de 640 mètres au large de la côte cubaine, à moins de 80 kilomètres à l'est de la péninsule du Yucatán.

A l'aide d'un sonar à balayage latéral, l'équipe a remarqué un large plateau sous-marin avec « *des images claires de structures en pierre organisées de manière symétrique qui avaient l'air d'une construction urbaine en partie recouverte par du sable. Vues d'en haut, les formes ressemblaient à des pyramides, des routes et des immeubles* » raconte l'un des membres de l'équipe.[3] Les chercheurs ont ensuite envoyé une sonde robotisée sous-marine – un ROV[4]– pour

2 Ground-Penetrating Radar (NdT : radar pénétrant le sol.)
3 Andrew Cawthorne, « Explorers View Ruins of "Lost City" under Caribbean », Reuters, 2002.
4 Remotely Operated Vehicule (NdT : véhicule commandé à distance)

filmer des parties du plateau qui s'étendait sur plusieurs centaines d'hectares. Les images confirmèrent la présence de monolithes en pierre taillée, mesurant de 2 à 5 mètres de long et positionnés en formations perpendiculaires ou circulaires. Certains des blocs étaient empilés et d'autres exposés à la mer.

Qui avait construit cette ancienne cité ?

L'équipe se refusa à émettre des hypothèses, mais pensait néanmoins que cette cité n'avait pu être bâtie que lorsque le fond marin était au dessus de la surface actuelle de la mer – hypothèse on ne peut plus logique – c'est-à-dire il y a au moins 6.000 ans. Ce qui en ferait le site le plus ancien du monde, devançant de 2.500 ans les cités de l'Égypte ancienne, de 3.500 celles de la civilisation olmèque, et de presque 4.500 celles des Mayas.

Comme les ruines sont proches de la péninsule du Yucatán, elles se trouvent dans la région de la civilisation maya. En fait, si le niveau de la mer était plus bas, il est manifeste que Cuba, le Yucatán et les anciennes cités devaient faire partie de la même région terrestre.

Les légendes mayas nous racontent que le peuple maya est venu d'un pays à l'est à l'époque du grand Déluge. Quetzalcoatl, le porteur de leur culture, est aussi venu de l'est. Pareillement, les Aztèques évoquent leur habitat d'origine, Aztlan, comme situé à l'est. La capitale de l'empire aztèque, Tenochtitlan, était disposée selon un schéma sensé ressembler à celui d'Aztlan, qui devait être une île car la capitale aztèque était une île au milieu du lac Texcoco relativement peu profond.

Mais les explorateurs canadiens n'étaient pas les seuls à avoir accompli une découverte étonnante. En Amérique du Sud, les habitants de la région du lac Titicaca parlaient depuis des générations d'une ville engloutie sous la surface du lac. Bien que cette légende ait été racontée depuis l'arrivée même des conquistadores, elle était sommairement rejetée comme pure fiction depuis presque 400 années.

Puis, durant l'été 2000, une équipe internationale de chercheurs comprenant des archéologues et des scientifiques d'Amérique du Sud et d'Europe découvrirent une ancienne structure submergée, à 20 mètres sous la surface du lac. Après 18 jours de plongée, ils identifièrent un temple de 50 mètres de large sur 200 mètres de long, une terrasse pour les récoltes, un mur de soutènement de 800 mètres, et une route pré-inca.

Le scientifique bolivien en chef de l'équipe, Eduardo Pareja, dira aux journalistes : «*J'adhère fortement à l'hypothèse selon laquelle les ruines trouvées par l'expédition "Atahuallpa 2000" sont celles d'un temple pré-colombien submergé* ».[5]

Cette datation est significative car les archéologues ont toujours attribué une date assez récente à Tiahuanaco, tout comme à d'autres ruines locales située sur l'île du Soleil. Mais nous reviendrons en détail sur ce point dans le chapitre 12.

En juin 2000, Franck Goddio, un archéologue marin français, annonça sa toute dernière découverte dans la baie d'Aboukir en Égypte. A l'aide d'instruments électroniques, Goddio dressa d'abord une carte sous-marine de la région, ce qui révéla une grande accumulation de ruines situées près des restes de la flotte napoléonienne coulée à environ 6 mètres de la surface. Puis, utilisant un équipement sous-marin dernier cri, il put localiser et extraire de nombreux objets, dont des statues, des pièces en or et des bijoux. Goddio découvrit également une cité engloutie totalement inconnue, qui a été submergée si rapidement que les gens n'avaient pas eu le temps d'emporter leurs biens les plus précieux, ni même de fuir.

5 Claire Marshall, BBC News Online, 17 octobre 2000.

Les découvertes de Goddio corroborent les récits d'historiens grecs antiques, tel Hérodote qui avait décrit le temple d'Hercule à Héraklion en 450 av. JC, et Strabon qui avait conté le style de vie luxueux des villes de Canope, Héraklion, et Menouthis au IIe siècle. Ces cités sont toujours demeurées mystérieuses parce qu'elles avaient coulé sous les eaux de la baie pour des raisons qui ne sont pas encore élucidées.[6]

Des archéologues chinois annoncèrent récemment la découverte dans le lac Fuxian (province du Yunnan) de ruines submergées d'un ancien complexe, qu'ils baptisèrent la Pompéi chinoise. L'expédition se servit du submersible *Blue Whale* pour examiner et photographier le site composé de murs en pierre longs de 15 à 23 mètres, et larges d'environ 3 mètres. Des dalles et des murs complets de 8 bâtiments, ainsi que d'autres dalles, furent retrouvés éparpillés dans une zone de 2.500 mètres sur 800.

Les scientifiques pensent que la ville faisait partie de l'ancien royaume du Yunnan dont la légende locale dit simplement qu'il a disparu. Le centre du Yunnan est prédisposé aux tremblements de terre et Yu Xixian – un éminent archéologue chinois qui mena l'expédition sous-marine – désigna les fractures et les traces d'affaissement sur les montagnes alentours comme signe manifeste de ce qui a pu arriver à cette cité : elle a directement coulé dans le lac, ou a été inondée après qu'un affaissement de terrain ait obstrué un débouché.

Dans les chapitres suivants, je reviendrai sur d'autres découvertes récentes du même genre, dans diverses parties du monde. Mais avec les techniques d'exploration en mer profonde, nous pouvons d'ores et déjà espérer d'avantage pour les décennies à venir.

Après les cités submergées sous les eaux des mers et des lacs, tournons-nous vers l'énigme du désert du

6 Hoda Abdel-Hamid, « City Found in the Sea », ABC News, 7 juin 2001.

Taklamakan dans l'est de la Chine. C'est l'un des plus grands mystères de l'archéologie moderne qui commença à être mis au jour dans les années 1970 et 80. On y découvrit des douzaines de corps datant de milliers d'années, tous parfaitement préservés dans une région où l'air est chaud et sec en été et la température glaciale en hiver. Les momies – les gens du bassin du Tarim[7] comme on les appelle – ont été essentiellement déshydratées et sèchement congelées, ce qui, merveille, a conservé leurs vêtements, leur peau, leur cheveux et leurs traits intacts.[8]

Cependant les scientifiques apprirent bientôt qu'ils n'en avaient pas fini de déchiffrer ce nouveau chapitre énigmatique de l'histoire humaine. Au cours de leur études, ils découvrirent que les momies d'Asie centrale étaient en réalité des blancs ! Bien que personne ne puisse assurer pourquoi ils se trouvaient là, ou pourquoi ils avaient disparu il y a des milliers d'années, nous savons à présent que leur culture a prospéré pendant au moins 1.500 ans. Selon les traditions populaires des tribus locales, un peuple non-chinois s'était installé dans la région aux environs de la préhistoire.

Les momies montrèrent que les gens du bassin du Tarim avaient des cheveux d'un blond foncé, tirant sur le roux, ou châtain clair, des yeux enfoncés et de longs membres. Les vêtements révélèrent bien des indices de leur culture. Apparemment, ils enterraient leurs morts avec des habits et des bottes aux couleurs vives. Ils gardaient des moutons et du bétail, se servaient des chevaux, pratiquaient une forme d'agriculture et utilisaient la laine des moutons pour leurs vêtements : après l'avoir teint de couleurs éclatantes, ils la tissaient d'une manière compliquée et imprimaient de motifs ce feutre de laine fait main.

---

7 NdT : principal fleuve de la région autonome du Xinjiang, long de 2000 km et qui traverse le désert du Taklamakan.

8 Ellen O'Brien, « Mystery of the Mummies », *Philadelphia Inquirer*, 15 avril 1995.

Jusqu'ici, au moins 1.000 corps momifiés ont été déterrés et d'innombrables sites sont encore à fouiller. Quelle que soit leur origine, les dépouilles trouvées près de la Route de la Soie montrent que l'histoire de l'humanité est bien plus riche et complexe qu'on ne l'avait imaginé.

Dolkun Kamberi, un homme aux cheveux châtain moyen et aux traits de blanc, est un archéologue qui est né et qui a été élevé dans cette région du désert chinois. Il pense qu'il est un descendant direct des gens du basin du Tarim. Au cours de son travail dans ce périmètre, il trouva un morceau de crâne humain datant d'un demi-million d'années, preuve inégalable que ces gens se trouvaient dans cette région il y a 500.000 ans.

La découverte de ce peuple promettait de mettre sens dessus-dessous les notions des historiens orthodoxes et des historiens du gouvernement chinois, fort mécontents d'apprendre que des non-asiatiques s'étaient installés sur le sol chinois en des temps anciens, pré-dynastiques. Kamberi pense que l'Asie centrale deviendra le rêve des archéologues pour ce premier siècle du nouveau millénaire. Mais nous découvrirons encore plus de mystères et de controverses en Chine au cours du chapitre 9.

En Amérique du Sud également, une découverte récente nous a obligé à repenser le fil chronologique de l'histoire, en reculant la date des installations urbaines dans les Amériques. « *Nos découvertes montrent qu'une société très importante, complexe, est survenue sur les côtes du Pérou des siècles plus tôt qu'on ne le pensait* » nous dit Jonathon Hass MacArthur, professeur d'anthropologie et conservateur au musée Field de Chicago.[9]

Bien que la côte nord du Pérou ne soit pas tout à fait aussi bien connue pour ses fouilles que les sites ar-

9 Communiqué de presse, Field Museum, www.sciencedaily.com.

chéologiques des Andes, cette région côtière est le nid d'une douzaine de découvertes vraiment impressionnantes. La datation au carbone des fibres de plantes venant de l'un de ces sites, connu sous le nom de Caral, indique que non seulement il était établi en 2.627 av. JC, mais qu'aussi il avait déjà fait preuve à cette époque d'une architecture d'entreprise monumentale et d'une agriculture avec irrigation. Caral est aujourd'hui l'un des 18 énormes centres urbains de la vallée de Supe (mais nous nous rendrons dans cette région au chapitre 10).

Sechin Alto est une autre trouvaille récente de la région côtière, cette fois-ci dans la vallée de Casma ; c'est un des plus grands centres de monuments du Nouveau Monde. Grâce à la cartographie à l'aide de laser et à la photographie aérienne, combinées avec des techniques plus classiques, l'archéologue péruvien Ivan Ghezzi a pu réaliser toute une série de découvertes sur ce site.

En 2000, son équipe trouva la section des Treize Tours de Chankillo, située au sommet d'une colline. Elle a longtemps été considérée comme une forteresse, mais son équipe a montré que les tours sont en fait positionnées pour marquer les dates des solstices, des équinoxes et des mois. Les trouvailles astro-archéologiques indiquent que Chankillo servait en réalité de calendrier céleste et de centre pour les rituels publics.

Le 23 mars 2002, une conférence de presse internationale se tint en Espagne en liaison avec l'Ambassade du Pérou afin d'annoncer la découverte saisissante du Projet Koricancha au Temple inca du Soleil, à présent l'Eglise Santa Domingo à Cuzco, Pérou. « *L'investigation scientifique et les données par GPR obtenues récemment dans l'Eglise Santa Domingo-Koricancha par la Bohic Ruz Explorer Society exposera l'un des plus grands mystères de notre temps* » annonçait le communiqué de presse.[10]

---

10 Communiqué de presse du Projet Koricancha, Ambassade du Pérou, 23 mars 2001.

C'est donc à l'aide d'un GPR que les chercheurs avaient localisé sous l'église plusieurs tunnels et structures souterraines. A vrai dire, au cours de ces cinquante dernières années, de nombreux explorateurs indépendants avaient affirmé qu'un dédale de tunnels souterrains et de galeries existaient entre Sacsayhuaman et le Temple du Soleil, en connexion avec d'autres sites. Cependant ces signalements n'avaient jamais été prouvés par une quelconque exploration scientifique jusqu'à ce que les travaux de Koricancha les confirment. « *Ces découvertes captureront l'imagination du monde et sont potentiellement rivales de celles de la tombe de Toutankhamon* », disait Anselm Pi Rambla, le président du cercle d'explorateurs.

Les études par GPR nous ont aussi conduit en Égypte. Néanmoins les découvertes sont tombées dans la controverse. Certains chercheurs soutiennent qu'un système de galeries et de tunnels a été trouvé sous le Sphinx et les pyramides. D'autres contestent ce qu'ont révélé les données obtenues par GPR et le gouvernement égyptien garde le silence sur ces présumées découvertes.

~ *Apport de sang frais, et chercheurs « indépendants » renégats*

Le champ de l'investigation archéologique et anthropologique a été transformé par de nombreux chercheurs et savants indépendants. Le travail de David Rohl montre comment de petites erreurs d'interprétation combinées aux inadvertances peuvent mener à des conclusions terriblement inexactes sur l'histoire. Lors de ses études pour devenir égyptologue, Rohl avait des idées hérétiques. Une suspicion grandissante que quelque chose ne collait pas avec la chronologie égyptienne admise le poussa à lancer un assaut tous azimuts sur ce qui est probablement le bastion le plus conservateur de toute la science de l'anthropologie.

Comme il est notoire que les égyptologues sont bornés, il savait qu'il risquait beaucoup en publiant ses critiques et en révélant ses idées nouvelles. Rohl réalisait que ses idées pouvaient porter à conséquence et auraient de profondes retombées si elles s'avéraient exactes. Il avait le potentiel de révolutionner la chronologie admise des dynasties et les idées prévalantes de l'histoire égyptienne et israélienne, mais aussi de raviver une série de disputes anciennes et âpres entre ceux qui croyaient en la Bible et les sceptiques.

Lorsque Rohl présenta sa théorie dans *A Test of Time : The Bible from Myth to History*, elle fut reçue dans un climat compliqué et chargé d'un point de vue émotionnel. Les archéologues et les sceptiques s'étaient depuis longtemps questionnés sur l'authenticité de la Bible en tant que document historique, en dépit de la forte foi des croyants. Dans les années 1800, les sceptiques avaient pointé du doigt les références aux villes de Capharnaüm, Chorazin et Bethsaïde dans les Évangiles, affirmant que ces endroits n'avaient jamais existé et que les récits n'étaient que des mythes qui ne devaient pas être considérés comme une histoire réelle. Néanmoins les archéologues finirent par découvrir ces cités perdues qu'on trouve aujourd'hui sur tous les plans destinés aux touristes.

Puis les sceptiques se tournèrent vers l'Ancien Testament, sur les récits de Nivive, la capitale de l'Assyrie, affirmant qu'aucune cité ou pays de ce genre n'avait existé. Mais en 1840, un explorateur britannique, Henry Layard, décida de leur prouver le contraire. Il partit pour voir s'il pourrait trouver l'ancienne Assyrie et mit au jour la cité de Nivive lors de ses recherches.

Au début du XXe siècle, les sceptiques détournèrent l'attention sur les Hittites, assurant que ce n'était qu'un peuple fictif, bien que la Bible mentionne leur empire au moins 40 fois. Là-dessus, en 1905, les archéologues découvrirent une cité hittite en Turquie. En dépit de cette kyrielle de preuves – et ces cas ne sont que de menus échantillons – l'archéologie n'avait pas réussi à confirmer les histoires des principaux patriarches de l'Ancien Testament. Cela posait un sérieux problème à l'exactitude historique de la Bible. Il n'y avait aucune preuve archéologique pour corroborer les récits d'Abraham et de Moïse. Et pas d'avantage de preuves confirmant les livres de Saül, de David, ou même de Salomon.

Malgré tous les efforts de bien des savants et archéologues, ils échouèrent dans leur tentative de valider les récits des patriarches de l'Ancien Testament. Et cette grande question restait sans réponse : comment plusieurs millions de Juifs avaient-ils pu résider en Égypte, migrer à travers le désert pour Cannan, puis commencer à conquérir le pays sans laisser la moindre trace ?

Les archéologues ne purent trouver d'empreintes de pas et conclurent que les événements relatés dans l'*Exode* n'avaient en réalité jamais eu lieu. Ce qui mena les scientifiques à soutenir que l'Ancien Testament, dans sa totalité, non seulement dans l'*Exode*, mais aussi dans *Saül*, *David* et dans le reste, n'était pas un récit historique exact, et que les juifs comme les chrétiens faisaient erreur en croyant que ces histoires littéraires, ou légendes tribales, étaient de véritables récits.

Sans l'appui, ni la confirmation requise de sources extra-bibliques, la conclusion des scientifiques était apparemment incontestable. Mais le coup fatal vint des fameuses fouilles de Jéricho menées en 1952. L'archéologue en chef conclut qu'aucune cité n'avait existé là, soi-disant du temps où les Israélites étaient entrés dans le pays et avaient combattu à la fameuse bataille de Jéricho.

D'après les résultats des fouilles, Jéricho n'était déjà plus que ruines, depuis plusieurs siècles, à l'époque ou les juifs avaient traversé le Jourdain. Le débat était maintenant clos pour ce qui était des archéologues traditionnels. Inutile de dire que les croyants n'étaient pas d'accord.

David Rohl n'avait pas l'intention de prouver que la Bible avait tort ou raison ; ce n'était absolument pas sa priorité. Simplement, il réalisa et voulut démontrer que les érudits avaient laissé échapper plusieurs détail cruciaux en établissant la chronologie égyptienne. Il comprit que ces erreurs d'interprétation avaient mené tous ceux qui avaient employé cette chronologie comme base de comparaison avec les événements décrits dans la Bible sur une mauvaise piste[11].

Le livre de Rohl détaille son minutieux travail de détective et semble raisonné. Il prouve que les estimations éclairées des égyptologues durant l'établissement de la chronologie égyptienne, basées sur des données incomplètes, sont en fait inexactes. L'un des problèmes fondamentaux de cette chronologie traditionnelle tient par exemple au fait de ne pas prendre en compte le phénomène de dynasties parallèles : il existe des périodes où le contrôle central n'est pas tenu par une dynastie mais par divers pharaons ayant régné simultanément sur des territoires fragmentés.

Après avoir remis en ordre la chronologie de l'Égypte, Rohl dut faire les ajustements nécessaires à la chronologie biblique. Il abrégea le séjour en Égypte (de 430 à 215 années), déclarant que le séjour de 430 années avait commencé lors de l'entrée des Hébreux en Canaan, et non lors de leur entrée en Égypte. Il ajusta également la longueur de leur errance dans le désert, la conquête de Canaan, et la période des Juges, la faisant

11 NdT: lire à ce sujet *Le Désordre des siècles*, d'Immanuel Velikovsky, publié en 2005 par le Jardin des Livres, Paris.

passer de 220 à 417 années. Bien évidemment, le livre de Rohl souleva une controverse majeure. Mais quand les archéologues commencèrent à appliquer dans leur travail ses chronologies révisées, ils entamèrent une série de découvertes de grande portée. C'était comme si le chemin parcouru jusqu'ici dans l'obscurité avait été subitement éclairé de lumière.

Les nouvelles chronologies faisaient correspondre les personnages et les événements d'une façon totalement différente. Ce nouveau compte-rendu poussa les scientifiques à revoir des documents anciens comme les Lettres d'Armana, découvertes en Égypte en 1887 et qui consistaient en 380 tablettes cunéiformes – des « courriers » que les rois étrangers avaient envoyés au pharaon. Les érudits avaient assigné ces lettres à la maison de la correspondance du pharaon Akhénaton, à la suite de quoi les égyptologues ne s'étaient jamais souciés de chercher les tablettes de cette correspondance à partir la monarchie unifiée d'Israël – car d'après l'ancienne chronologie, Akhénaton avait vécu et était mort avant l'établissement d'Israël.

Cependant, le nouveau calendrier de Rohl plaçait Akhénaton au début du règne de Saül. Grâce à cet éclairage, les érudits commencèrent à donner un sens aux lettres qui avaient défié l'analyse précédente – lettres de dirigeants de Palestine qui faisaient sans cesse référence aux Hébreux : ces dirigeants étaient fort mécontents, parce que David et son armée de mercenaires pillaient les campagnes pour rester en vie. Le récit égyptien et la Bible concordaient enfin.

Nous possédons d'autres exemples de cette nouvelle relation entre les deux chronologies ; le calendrier de Rohl plaça Dudimose à la fin de la XIIIe dynastie, ce qui semble correspondre aux références bibliques à propos des plaies du temps de Moïse. En effet, dans son histoire de l'Égypte écrite au IIIe siècle avant notre ère, le grand prêtre Manéthon se lamente : « *Pendant son règne* [le règne de Dudimose], *je ne sais pour quelle raison, le souffle de Dieu nous frappa...* ».

Ce nouveau lien entre le pharaon Dudimose et des événements spécifiques ouvrit une nouvelle perspective sur une découverte qui avait intrigué les archéologues. Les fouilles de Tel ed-Daba (la Goshen biblique), située dans la région du delta du Nil, révéla des « puits de plaies » dans lesquels des centaines de corps avaient été jetés, confirmant le fléau auquel Manéthon et la Bible faisaient référence. L'inspection des tombes alentour révéla que les gens qui peuplaient la région venaient de Palestine et de Syrie : les enfants d'Israël.

Le livre fascinant de Rohl, une véritable mine d'information, a finalement révolutionné le champ de l'archéologie égyptienne et biblique.

Pendant que cette œuvre révolutionnaire faisait son chemin dans l'arène du savoir, d'autres du même type empruntaient la même route. En 1969, James O'Kon, un archéologue autodidacte, se rendit pour la première fois dans le mystérieux pays des anciens Mayas qui le passionna toute sa vie et dont il voulait comprendre la civilisation perdue.

En 1989, lors d'une expédition dans la cité de Yaxchilan, étudiée depuis au moins 100 ans par les archéologues, il visita un site au bord du fleuve Usumacinta, frontière naturelle entre le Mexique et le Guatemala. Yaxchilan est située dans la forêt tropicale entre deux des plus importants sites mayas, au nord de Palenque à environ 160 kilomètres, et au sud de Tikal, sur le fleuve au milieu de la jungle du Petén (Guatemala). Lorsque la pirogue dans laquelle il voyageait s'approcha du rivage, O'Kon remarqua un monceau de pierres. A ses yeux, son ancienne fonction était évidente. « *C'est une jetée de pont* » déclara-t-il sans l'ombre d'un doute.

L'archéologue qui dirigeait l'excursion rejeta son observation. Après tout, les scientifiques qui avaient étudié la région n'avaient pu que conclure à un curieux phénomène. Mais O'Kon visualisait déjà la construction du pont et sa portée.

En tant qu'ingénieur et expert bien connu et hautement respecté (ancien président du conseil d'experts de la Société Américaine des Ingénieurs Civils), il disposait de tout un arsenal de technologies modernes pour prouver le bien-fondé de son opinion.

Il collecta des données à Yaxchilan, se servit d'ordinateurs, de photos aériennes et de plans pour développer un modèle 3-D du site et pour déterminer une variété d'importantes coordonnées techniques. Lorsqu'il eut fini ses calculs, le résultat fut stupéfiant : il démontrait que les ingénieurs mayas avaient conçu et construit la plus longue portée de pont du monde ancien, une structure suspendue de 180 mètres avec deux jetées de chaque côté du fleuve et deux points d'appui dans le fleuve lui-même!

Ses découvertes furent publiées dans les numéros de janvier des magazines *Civil Engineering* et *National Geographic*. En fait, Yaxchilan avait véritablement besoin d'un tel pont : elle était située en hauteur sur une courbe du fleuve Usumacinta, qui bordait la cité sur trois côtés ; or, cette partie de la forêt tropicale reçoit une telle quantité de pluie (entre 380 et 500 cm de juin à janvier) que durant la saison des pluies « *Yaxchilan devenait une ville insulaire* », déclara O'Kon.

Cette découverte importante n'est qu'une partie du travail de O'Kon. Il est convaincu que les Mayas n'étaient pas un peuple « *néolithique* » (de l'âge de pierre), mais plutôt une race « *technolithique* » qui « *pour ses outils employait le jade, plus dur que l'acier* ». Son raisonnement est difficilement réfutable : « *Le fer était situé à au moins 2,5 kilomètres* » m'expliqua-t-il récemment. « *Les*

Mayas étaient très doués en mathématiques et en sciences. Il possédaient déjà le concept du zéro, 700 ans avant les Européens ».

O'Kon s'est aujourd'hui tourné vers l'étrange système des routes mayas qui relient leurs sites. Il a déjà trouvé une route de 100 kilomètres, qui s'étend entre Coba et Yaxuna, en ligne droite, encore plus rectiligne que certaines de nos routes modernes, avec seulement une déviation négligeable.

Cette découverte a une fois de plus soulevé une question, question qui a depuis longtemps harcelé les chercheurs : pourquoi les Mayas se sentaient-ils obligés de construire des routes larges, pavées et à niveau, alors qu'ils ne possédaient pas de véhicules à roues ou d'animaux de trait ?

Un autre explorateur d'antiquités péruviennes a transformé ces mythes en histoire depuis quatre décennies. Gene Savoy, qui a aujourd'hui plus de 70 ans, est toujours un chercheur actif, malgré sa réputation passée en Amérique du Sud et ses exploits dignes de ceux d'un certain Indiana Jones.

Savoy a passé son enfance dans le nord-ouest des Etats-Unis ; il ne se souvient plus du temps où il voulait être explorateur. L'histoire et le folklore des tribus indiennes nord-américaines fut l'une de ses premières passions (il revendique son ascendance cherokee). A 20 ans, il avait déjà formulé quelques théories qu'ils voulait tester en explorant les montagnes et les jungles du Pérou.

En effet, il avait remarqué des similitudes dans les symboles pictographiques et les motifs de dessins chez les anciens peuples d'Amérique du Nord et d'Amérique du Sud. Imprégné de sa théorie de contacts transcontinentaux, Savoy fit ses premières découvertes bien avant que le Machu Picchu ne devienne un site touristique. Sa première expédition eut lieu dans les années 1950 et au début des années 60, avec un long, pénible et audacieux trajet dans l'est des Andes, le menant à la découverte de la légendaire et fabuleuse Vilcabamba, la dernière cité inca refuge face à l'invasion des Espagnols.[12]

En 1965, il trouva un autre site important, qu'il baptisa Gran Pajaten, dans les jungles du nord-est du Pérou, près du bassin du Rio Abiseo. On pourrait aussi lui attribuer la découverte d'une quarantaine de ruines anciennes dans la région. Mais ce qui le passionnait plus que tout, c'était de prouver l'existence des « mythiques » Chachapoyas – de grands guerriers à peau blanche qui avaient précédé les Incas et que les Incas avaient soit-disant employés comme gardes.

En 1984, Savoy retourna sur place pour dénicher des indices sur cette civilisation légendaire et, cette fois, il fut couronné de succès. Son expédition découvrit des ruines au milieu d'une forêt spectaculaire, plongée dans les nuages près du fleuve Vilaya, qu'il nomma par la suite Gran Vilaya quand l'expédition eut fini d'explorer les ruines et de dresser la carte de la région. Ce site immense, dans le département des Amazones, à l'ouest du fleuve Utcabamba, présente beaucoup d'objets curieux. Il comprend au moins 24.000 pierres taillées en ovale sur une surface d'environ 160 m^2.

En 1989, alors que l'expédition Gran Vilaya touchait à sa fin, Savoy et son équipe parvinrent péniblement dans une grotte à flanc de falaise, où ils trouvèrent un ensemble de tablettes avec des inscriptions. Il y remarqua un symbole familier, celui qu'utilisait le roi Salomon pour marquer les bateaux envoyés au pays d'Orphir, afin de collecter l'or et les pierres précieuses dont il avait besoin pour son temple à Jérusalem.

Ce qui entraîna les explorateurs infatigables dans un nouveau voyage, une expédition maritime ayant

12 Gene Savoy, *Vilcabamba : Lost City of the Incas* (Londres : Robert Hale, 1970).

pour but de retracer les possibles routes des marins du Monde Ancien à la recherche du Nouveau Monde.

Savoy avait ouvert les portes de plusieurs royaumes nouveaux et mystérieux. La science actuelle ne sait pas grand-chose des Chachapoyas, dont le nom signifie « le peuple des nuages », si ce n'est qu'ils construisirent de nombreux murs passant par les cimes des montagnes embrumées afin de garder leurs cités secrètes, cités qui dominent clairement la forêt plongée dans la brume. Ce fut dans leur royaume, sur un pic des Andes, que les momies gelées furent trouvées en 1995. A cette date, les archéologues ont aussi découvert des tombes et d'autres objets, mais ils n'ont pas encore percé l'énigme du peuple de la brume perpétuelle.

Néanmoins, en dépit de ces mystères et d'autres dont les explications nous échappent, les découvertes de ces 100 dernières années nous laissent penser que nous sommes sur le point de faire un grand pas en avant dans notre compréhension de l'histoire ancienne.

Ce début de troisième millénaire nous promet de finalement pénétrer au cœur de ces mystères qui ont semé la confusion pendant des générations. Et c'est grâce aux nouvelles technologies, aux méthodes novatrices, à l'approche pluridisciplinaire et à la nouvelle optique de chercheurs indépendants que nous pourrions bien percer les secrets de nos âges.

Mais des forces puissantes nous obligent aujourd'hui, comme elles l'ont fait dans le passé, à rester sur un *status quo*.

Revoir en bloc les interprétations orthodoxes de l'histoire ancienne nous servirait au mieux, en considérant d'une toute autre façon les origines de l'humanité.

En somme, nous avons besoin d'un engagement total pour découvrir la vérité, un engagement affranchi d'idées préconçues et ouvert à toute possibilité.

~ 2 ~

ORIGINES MYSTÉRIEUSES : DESCENDONS-NOUS DU SINGE ?

Toute nouvelle théorie sur la genèse de la vie, de l'humanité et des civilisations commence par une interrogation : qu'est-ce qui est adéquat, le dogme traditionnel ou le dogme dominant ? Ceux qui souscrivent à l'école de pensée de l'histoire alternative n'ont pas encore pleinement réalisé comment le darwinisme a été appliqué au développement de l'histoire et de la culture. Mais avant de s'y intéresser, nous devons d'abord voir comment est né le darwinisme.

La théorie de l'évolution de Darwin est basée sur le mécanisme de mutation – une altération accidentelle du code génétique – et sur le mécanisme de feed-back de la sélection naturelle, dont le principe repose sur la survie du plus apte, et la disparition du plus faible.

Il est intéressant de noter que le concept de l'évolution ne vient pas de la théorie de Charles Darwin, bien qu'il lui ait été attribué. Il était déjà présent depuis deux siècles quand Darwin commença à l'examiner de près. Darwin n'inventa pas d'avantage l'idée de la sélection naturelle, qui avait été observée dans tous ses détails par d'autres scientifiques étudiant l'hérédité. Cependant, c'est Darwin qui commença à mettre bout à bout ces hypothèses d'une façon plausible scientifiquement, les rassemblant en un tout cohérent, dans une œuvre volumineuse : *De l'origine des espèces*.

Mais la théorie de l'évolution de Darwin doit-elle encore être considérée comme une explication définitive de l'évolution de toutes les formes de vie sur Terre ? Michael Denton, auteur de *Evolution : A Theory in Crisis*, regarda de près la théorie de Darwin et fit une distinction entre deux types d'évolutions : la *microévolution* et la *macroévolution*. La première inclut la sélection naturelle dans les génotypes, un processus horizontal observable dans l'élevage artificiel de plantes et d'animaux domestiques, dans le cadre des variations dans les génotypes expliqué par Darwin et dans la répartition géographique de nombreuses espèces vivantes.

Le processus de la *macroévolution* reflète la sélection naturelle, sous une forme accélérée. Cependant nous verrons au chapitre 3 que la sélection artificielle est vraiment très différente du processus naturel et que les résultats obtenus en peu de temps sont à l'opposé de ceux obtenus par la sélection naturelle.

Dans son livre, Denton affirme que c'est le processus de *macroévolution* que Darwin ne peut pas expliquer.[13] La *macroévolution* implique la création de la première cellule d'un nouvel organisme avec un nouveau génotype ou un saut d'un génotype à un autre. Ce type de changement – un processus vertical plutôt que latéral – est le point débattu avec tant de ferveur. Le principal dogme de l'évolution indique que les espèces évoluent grâce à des mutations aléatoires, et sont le résultat de l'escalade graduelle de formes simples vers des formes complexes, et non le résultat d'un développement horizontal en de nouveaux génotypes.

---

13 Michael Denton, *Evolution : A Theory in Crisis* (Bethesda, Md. : Adler and Adler, 1997).

Les découvertes récentes du consortium public travaillant sur le projet du génome humain ont aussi soulevé d'importantes questions à propos des théories de l'évolution darwiniennes. Bien que certaines des questions soient débattues avec beaucoup d'ardeur par la communauté scientifique, les média n'ont pas attiré l'attention du public sur les implications de ces découvertes.

Ainsi le public n'a pas encore vraiment assimilé ou analysé ce qu'elles signifient en termes d'idées dominantes et généralement reconnues (au moins en science) sur les origines de la vie sur Terre, en particulier sur la façon dont a évolué l'humanité.

Décrypter le code du génome humain a donné au moins deux résultats saisissants. Les scientifiques avaient précédemment pensé que des formes de vie très simples pouvaient avoir entre 500 et 2.000 gènes au maximum, alors que les humains, une des espèces les plus complexes, possédaient le plus grand nombre de gènes, peut-être entre 60.000 et 80.000, avec une estimation moyenne de 100.000 à 140.000, bien plus que toute autre espèce.

Cette prédiction, basée sur la théorie darwinienne, n'avait cependant pas été confirmée par des résultats. Depuis, le code du génome a été déchiffré, et le nombre de gènes humains s'élève à seulement 30.000 – juste un peu plus du double que celui d'une simple mouche (la mouche du vinaigre ou drosophile en compte 13.601).

Le second résultat troublant donné par le consortium fut que le génome humain contient 223 gènes qui n'ont pas de prédécesseurs sur l'arbre de l'évolution génomique. On pourrait penser que 223 gènes sur 30.000 représentent un bien faible pourcentage (0,7%) et que leur existence est sans importance – pas de quoi en faire un plat !

Pourtant, quand il s'agit de gènes, un nombre infime peut faire toute la différence... Par exemple, ce qui nous distingue du singe tient à seulement 300 gènes, juste 1% de différence, même si cela est difficile à accepter. En d'autres termes, les chimpanzés et les humains sont – au niveau génétique – semblables à 99%.

Pour certains, cette différence prouve clairement la théorie de l'évolution. En revanche, il est beaucoup plus difficile d'expliquer le caractère *unique* des humains. Que contient alors ce 1% pour nous rendre si différents des chimpanzés ?

~ *Opinions dissidentes*

Lors de la publication de son fameux livre en 1859, Darwin savait que sa théorie présentait des faiblesses. Qui plus est, il connaissait parfaitement son talon d'Achille : « *Le nombre de variétés intermédiaires ayant auparavant existé sur terre doit être vraiment colossal. Pourquoi alors chaque formation géologique et chaque strate ne contiennent-elles pas ces liens intermédiaires ?* [C'est là] *l'objection la plus sérieuse et la plus frappante qui puisse être soulevée à l'encontre de ma théorie* ».[14]

Là où Darwin voulait en venir, est que la véracité de sa théorie *aurait dû* être soutenue par les preuves incontestables du dossier fossile, certaines pièces intermédiaires étant manquantes. Nous connaissons tous le problème du « chaînon manquant », que l'on attribue généralement au manque d'un précurseur uniquement pour l'homme moderne. Mais le problème est bien plus large et profond. En réponse à une question sur ce sujet, le regretté Louis B. Leakkey, éminent anthropologue, s'exprima ainsi : « *Il n'y a pas de chaînon manquant – il y a des centaines de chaînons manquants* ».[15]

---

14 Charles Darwin, *The Origin of the Species* (Londres : J. Murray, 1897).
15 Louis B. Leakey. University of Pacific, conférence de février 1967.

Selon le darwinisme, les deux processus de mutation et de sélection naturelle travaillent ensemble, graduellement au fil du temps, pour changer les poissons en amphibiens, les amphibiens en reptiles, les reptiles en oiseaux, et en fin de compte les oiseaux en mammifères. La théorie prédisait que la preuve ultime (sur la manière dont la vie s'est développée sur terre) viendrait des témoignages fossiles. Mais à ce jour, les fouilles n'ont pas répondu à cette prédiction.

« *C'est l'absence de fossiles de transition qui m'a d'abord fait douter de l'idée de changement graduel émise par Darwin* » expliqua Richard Milton, un écrivain scientifique, lors d'une interview pour son livre sur le darwinisme.[16] Milton était un ardent darwiniste qui passait tous ses week-ends à étudier la géologie et la paléontologie dans son Angleterre natale. Un jour, il réalisa que quelque chose n'allait pas. Il lui apparut que la réflexion prouvant le darwinisme tournait en rond, tout comme les méthodes employées pour appuyer la théorie. Il montra par exemple que les roches étaient utilisées pour dater les fossiles et les fossiles pour dater les roches.

Une fois son scepticisme naturel éveillé, il ne laissa aucune pierre lui échapper. Il devint un visiteur quasi quotidien du prestigieux Muséum d'Histoire Naturelle de Londres, où il soumit à un examen intense chaque pièce qu'avait utilisée Darwin à l'appui de sa théorie. Il examina l'évolution théorisée du cheval, de l'*archaeopteryx*, à moitié reptile, à moitié oiseau, du papillon poivré, des fringillidés des Galápagos, et d'autres pièces « incontestables » du puzzle darwinien. Et il trouva que les histoires supposées de leur développement ne pouvaient tenir tête à une investigation journalistique de routine.

La communauté scientifique aime présenter une

16 Richard Milton, *Shattering the Myths of Darwinism* (Rochester, Vt. : Park Street Press, 1997).

image d'unité. Elle insiste sur le fait que la majorité de ses membres font partie du même train (le darwinisme) ou en l'occurrence du même bateau (le *Beagle)*, et elle voudrait que le public pense que toutes les critiques contre le darwinisme proviennent des religieux (les créationnistes), persuadés que le monde a été créé par Dieu en 7 jours, comme le relate la *Genèse*...

En réalité, beaucoup d'éminents scientifiques, en particulier le Dr Francis Crick, co-découvreur de l'ADN en 1950, et l'astronome Fred Hoyle, ont publié des critiques de la théorie de Darwin et présenté, en contrepartie, des théories alternatives.

Ce Crick – l'homme qui a rendu possible le décodage du génome humain – présente un discours très percutant. Dans son livre *Life Itself*, il établit une liste de 100 questions rigoureuses auxquelles le darwinisme ne peut répondre selon lui. Il continue en présentant une théorie alternative, du nom de *panspermie*, que nous reverrons en détail dans le prochain chapitre.

Personne ne peut nier que le Dr Crick est un éminent scientifique, avec d'excellentes références, mais les institutions scientifiques ignorent complètement sa critique et rejettent son innovante théorie.

Crick et Hoyle ne sont en aucun cas les seuls scientifiques à s'interroger sur les fondations de l'évolution. Nombre de livres émettant une critique de la théorie ont été publiés ces dernières années, et très récemment une déclaration intitulée « Désaccord scientifique sur le darwinisme » a été signée par une centaine de scientifiques, puis présentée dans la presse pour coïncider avec la programmation sur PBS[17] d'une série pro-darwinienne en sept parties au titre suffisamment approprié, *Evolution*.

Les scientifiques ayant signé cette déclaration ve-

17 NdT : Public Broadcoasting System, chaîne de télévision publique américaine.

naient de divers bords ; les créationnistes bibliques en faisaient partie mais n'étaient pas majoritaires. L'un des énoncés du document montrait leur désaccord, adressé de façon relativement directe : « *Je suis sceptique sur les affirmations qui expliquent la complexité de la vie par la capacité des mutations aléatoires et de la sélection naturelle* ».[18] Dans leur interrogation intellectuelle sur la théorie, les signataires poursuivaient en s'appuyant sur une proposition raisonnable et rationnelle : « *Un examen attentif des preuves en faveur de la théorie darwinienne devrait être encouragé* ». Mais la critique la plus virulente venait du chimiste et candidat au prix Nobel, Henry « Fritz » Schaefer, qui réprimandait les darwinistes pour « *avoir adopté des types de preuves en faveur de l'évolution qu'ils n'auraient jamais acceptés en tant que scientifiques dans d'autres circonstances.* »[19]

~ Mais que montrent les preuves ?

Le processus de macroévolution – changement d'un génotype en un autre génotype – n'a jamais été observé : personne n'a jamais vu un reptile se changer en oiseau ou une plante sans fleurs pousser subitement en donnant des fleurs.

Ainsi, pour trouver les chaînons manquants entre les reptiles et les oiseaux, ou entre les plantes sans fleurs et les plantes à fleurs, les scientifiques se sont tournés vers le témoignage des fossiles. Dans l'histoire, les formidables efforts scientifiques n'ont connu aucune interruption depuis l'époque de Darwin. Des armées de scientifiques et des darwinistes du week-end, prêts à se salir pour la cause, ont participé à des fouilles tout autour du globe dans l'idée de parvenir à un seul but : prouver que la théorie de l'évolution est valide. Cet ef-

---

18 « A Scientific Dissent on Darwinism », The Discovery Institute, 24 septembre 2001.

19 Henry « Fritz » Schaefer, dans le communiqué de presse sur « A Scientific Dissent on Darwinism », The Discovery Institute, 24 septembre 2001.

fort prolongé et massif a fait qu'environ un quart de million de fossiles abrités par les musées du monde entier ont été réexaminés – sans qu'aucun fossile intermédiaire d'une quelconque signification ne soit retrouvé.

A lui seul, ce fait menace déjà sérieusement la théorie de Darwin. Si la vie a lentement évolué depuis des formes simples jusqu'à des formes complexes par une série de mutations en réponse à des conditions environnementales changeantes, comme l'affirme le darwinisme, il devrait alors y avoir une surabondance de formes intermédiaires. Or les témoignages fossiles ne le confirment pas. Les fossiles nous donnent une image de la vie sur Terre où des espèces nouvelles et complètement formées apparaissent comme par enchantement, demeurent ainsi pendant de longues périodes, et puis disparaissent.

Cette image est un secret que les paléontologues et les darwinistes ont gardé pour eux. Le regretté Stephen Jay Gould, paléontologue, a en fait admis que « *tous les paléontologues savent que les témoignages fossiles ne contiennent rien de précieux sur les formes intermédiaires ; les transitions entre les groupes majeurs sont toujours abruptes.* »[20] Cette vérité est apparemment ce qui poussa Gould à publier sa théorie controversée d'*équilibre ponctué,* tentative d'expliquer pourquoi il existe des chaînons manquants et pourquoi des espèces apparaissent et disparaissent comme par magie, au lieu de suivre la lente progression par addition de petits changements prônée par Darwin.

Mais les collègues de Gould rejetèrent simplement sa théorie en disant que « *la théorie de l'évolution a déjà expliqué cela* »[21], en dépit du fait que Darwin n'in-

---

20 Stephen Jay Gould, *Wonderful Life : The Burgess Shale and the Nature of History* (New York : W. W. Norton, 1989). [NdT : traduction française, *La vie est belle*]

21 Le consensus parmi les pairs de Gould consistait à dire que sa nouvelle théorie était déjà sous-entendue dans celle de Darwin.

clut rien dans son hypothèse sur les apparitions et disparitions abruptes et intermittentes.

L'un des problèmes les plus contrariants pour Darwin fut d'essayer de rendre compte de la soudaine apparition de plantes à fleurs. Toutes les plantes primitives se sont propagées et ont survécu avec succès pendant des centaines de millions d'années par reproduction asexuée. Puis, il y a environ 100 millions d'années, des plantes à fleurs ont surgi de manière inexplicable. Darwin l'évoquait comme « *l'abominable problème* ».

Cette apparition subite est confuse pour différentes raisons. Tout d'abord, il n'y a pas d'espèces de transition dans le dossier fossile. Or, si la théorie de Darwin est correcte, on devrait pouvoir en trouver des milliers d'exemples. Les cycadées[22] et les fougères, qui existaient déjà il y a 300 millions d'années, sont des plantes primitives, sans fleurs, et que l'on trouve en abondance sous forme fossile. Les plantes donnant des fleurs n'existent que depuis 100 millions d'années et sont devenues le groupe dominant dans le monde (250.000 espèces recensées à ce jour). On en trouve aussi beaucoup sous forme fossile. Mais où sont les fossiles de plantes intermédiaires (entre celles qui fleurissent et celles qui ne fleurissent pas) ? Si elles ont bel et bien existé, on devrait trouver leurs fossiles en quantité.

La théorie darwinienne ne donne aucune explication sur cette absence. Les évolutionnistes, n'ignorant pas cette pénurie, ont tenté de se sortir de ce dilemme et présentent en général ces deux arguments (dont on peut douter) :

1) les témoignages fossiles sont incomplets ;

2) les fouilles ultérieures nous révéleront ces chaînons manquants.

En plus du problème de l'absence de preuves fossiles, la théorie de Darwin n'offre aucun mécanisme qui

22 NdT : ordre de plantes dont l'espèce la plus connue est le cycas, qui ressemble à un palmier avec un tronc court et bombé.

explique pourquoi une espèce « réussie » irait lutter et investir de l'énergie en vue de nouvelles structures (pétales, étamines, anthères, pollen, nectar) afin d'anticiper une évolution conjointe avec des insectes venant éventuellement les polliniser.

Une telle mutation implique une intention intelligente que les darwinistes contestent – d'autant plus que si les plantes développent des fleurs par anticipation, il faudrait aussi une anticipation intelligente du même genre chez les insectes pour qu'ils puissent se transformer en abeilles et papillons pollinisateurs.

La théorie de l'évolution plaît parce que c'est une façon simple d'expliquer comment la vie a évolué sur Terre. Au premier abord ou dans l'ensemble, elle a l'air sensée. Mais comme nous venons de le voir, le fait de construire un modèle d'évolution pour des espèces particulières à partir des principes darwiniens nous révèle les lacunes ou les points faibles de l'hypothèse. Le changement brusque des plantes remet en question l'insistance de Darwin sur l'évolution en tant que processus aléatoire de mutation accidentelle. Et l'énorme dépense d'énergie requise pour qu'une plante sans fleurs performante mute en une plante à fleurs moins efficace et moins compétitive défie la loi darwinienne de la sélection naturelle.

Le darwinisme ne tient tout simplement pas compte du problème complexe de coexistence de plantes avec deux types de système reproductif extrêmement différents.

L'autre souci tient au fait que les cycadées et les fougères existent toujours, aux côtés d'une abondance de plantes à fleurs, mais que les formes supposées transitoires n'existent plus. Il n'existe aujourd'hui pas d'avantage d'espèces intermédiaires d'insectes ou d'oiseaux qui auraient évolué en même temps que les plantes à fleurs. En résumé, il n'y a aucune preuve de l'évolution conjointe de plantes à fleurs et des créatures requises pour leur reproduction.

~ *Les média et le public*

On en est à se demander pourquoi les média ont adopté une position pro-darwiniste. L'émission de PBS (*Evolution*) s'est avérée un fort soutien au darwinisme, bien qu'elle ait été présentée comme un documentaire équitable et impartial rendant compte des faits établis. Les producteurs omirent deux éléments critiques : ils ne présentèrent aucune voix dissidente, ni les lacunes apparentes de la théorie de Darwin.

Interrogés, ils répondirent que le programme présentait « *les faits et les résultats cumulés d'une enquête scientifique, ce qui signifie comprendre les preuves sous-jacentes concédées par les faits et les théories proposées, et rendre compte de ces domaines où la science est fiable* [...] *En adoptant un journalisme scientifique et solide, nous examinons les explications testées de façon empirique* [...] *mais nous ne parlons pas de l'ultime cause sur "qui l'a fait" – le monde de la religion* ».[23]

La réponse ressemble beaucoup à la rhétorique des néo-darwinistes. En vérité, ceux qui critiquent la théorie de Darwin ne disent pas que le « thème religieux » devrait être évité. Ils soulèvent simplement d'importantes questions basées sur leurs propres recherches et sur des preuves empiriques qu'ils ont rassemblées contre la théorie de l'évolution.

Mais il semble que les darwinistes aient été plus à l'aise pour s'attaquer aux créationnistes que pour en découdre avec les sérieuses critiques émises par d'autres scientifiques ou pour répondre aux questions pointues des journalistes ne faisant aucun concession. A vrai dire,

23 The Evolution Project/WGBH Boston, « The Evolution Controversy : Use It or Lose It », 15 juin 2001.

la guerre entre les évolutionnistes et les créationnistes s'est enflammée ces dix dernières années. Les créationnistes se plaisent à dépeindre leurs contradicteurs comme des intellectuels impies qui adoptent de façon dogmatique une théorie de la vie profane qu'ils ne peuvent prouver, tandis que les évolutionnistes décrivent leurs adversaires comme des fondamentalistes bibliques dogmatiques. Ces portraits n'ont mené qu'à des polémiques et à des querelles – et à une adroite diversion face aux critiques scientifiques de la théorie de Darwin.

En fait, malgré toutes ses prétentions à éviter le thème religieux, le programme télévisé *Evolution* avait beaucoup à dire sur Dieu et la religion, même si ce n'était pas dans une perspective de croyant. Il fut rappelé plusieurs fois au téléspectateur, par le biais d'un groupe de scientifiques, que Darwin était « dans le coup » et Dieu « hors jeu ». Mais personne n'aborda la question, à savoir si la théorie de Darwin était viable ou si elle présentait de sérieux défauts.

Entre temps, le public américain insista pour trouver un compromis. Un sondage récent montra que « *83% des personnes interrogées soutiennent l'enseignement de l'évolution* ». On pourrait croire que la plupart des gens croient à la théorie de Darwin et désirent qu'elle soit enseignée à leurs enfants en tant que fait établi. Mais ce n'est pas le cas : « *71% des personnes disent que les professeurs de biologie devraient enseigner le darwinisme, tout comme les preuves scientifiques allant à l'encontre la théorie de Darwin.* »[24]

Ceci semble être une approche raisonnable et objective. Le public ne demande pas que le créationnisme soit enseigné ; il désire simplement que des théories alternatives soient présentées en classe. Mais depuis que Darwin fait partie du programme scientifique des éco-

24 « Darwinian Theory and its Critics », *Tampa Tribune*, 22 octobre 2001.

les publiques, aucun effort n'a été entrepris pour présenter des théories adverses. Il n'existe même aucun plan pour instituer une approche équitable dans le futur.

La pure vérité est que la théorie de Darwin – depuis qu'elle a été acceptée par les institutions scientifiques – a été enseignée strictement sans aucun discernement à des générations d'écoliers du monde entier. Toute autre théorie, qui aurait pu prouver sa validité même avec des faiblesses a été écartée depuis. Pourquoi alors la théorie de Darwin a-t-elle persisté ?[25]

Et si la réponse n'était pas dans la notion d'évolution, mais ailleurs ?

25 NdT : allusion ironique à la notion de « *persistance du plus apte* » (à conserver des différences individuelles favorables et à éliminer des variations nuisibles) émise par Darwin!

~ 3 ~

ORIGINES II : ÉVOLUTION, OU INTERVENTION EXTRATERRESTRE ?

Comment la vie est-t-elle née ? L'un des paradoxes du darwinisme – si nous l'adoptons – est qu'il nous laisse seul face à la notion selon laquelle l'ordre vient du chaos, ce quelque chose ayant commencé comme événement aléatoire pour finalement s'organiser. D'après les darwinistes, les êtres humains sont le résultat d'un processus évolutif qui a commencé il y a fort longtemps dans le chaos de la soupe primordiale.

Bien des cultures humaines ont cherché à expliquer le mystère des origines de la vie par la création de mythes, où les humains sont souvent façonnés à partir de boue (la soupe primordiale ?). Si notre civilisation moderne s'effondrait, comme tant d'autres dans l'histoire de l'humanité, de futurs anthropologues réduiraient peut-être en bouillie nos mythes et notre théorie de l'évolution pour les reconstruire comme suit : cette ancienne civilisation perdue croyait que les hommes avaient été créés à partir d'un « mélange de boue » marécageux, notion qui est bien évidemment le produit de leur imagination primitive ; selon leur entendement, ce qui avait été créé à partir de boue devint, à un certain point, un ver, qui se transforma ensuite en singe pour finalement devenir un être humain.

Certes, cette peinture du darwinisme est exagérée, mais il est vrai que Darwin n'aborda jamais la difficile question de l'origine de la vie ; pour lui, c'était le domaine de la religion, et l'évolution naturelle ne présentait pas de solution à l'énigme. Les néo-darwinistes n'affirmèrent pas non plus détenir une explication. La théorie de l'évolution se contente de mutation et de sélection naturelle comme facteurs de cause dans l'ensemble de l'univers.

Quoi qu'il en soit, la théorie de l'évolution a été employée comme modèle pour expliquer tout à la fois, de l'origine du cosmos (le Big Bang) jusqu'au développement de l'agriculture, des civilisations et l'existence des hiérarchies sociales (les plus riches sont les mieux placés). Elle suppose que tout évolue à partir d'un désordre, graduellement, pas à pas vers le triomphe ultime, être le gagnant de la super-loterie de la nature.

Le projet du génome humain n'a pas facilité cette théorie, lui opposant des obstacles supplémentaires. Il a prouvé qu'il n'y a qu'un seul arbre de la vie et qu'il ne s'est développé qu'une seule fois, ce qui suggère que l'arbre a été planté – que l'intention et le dessein, et non pas le hasard, étaient en œuvre. Il abrège aussi la durée d'évolution de la vie, depuis des formes très simples jusqu'aux plus complexes via des mutations aléatoires.

Néanmoins, Fred Hoyle ne voit aucune pièce qui puisse étayer la croyance selon laquelle la vie a évolué par des mutations aléatoires : « *En résumé, il n'y a pas la moindre preuve objective qui puisse soutenir l'hypothèse disant que la vie a commencé dans une soupe organique ici sur Terre.* [...] *La vie n'est pas apparue par hasard* ».[26] Il déclara un jour que l'apparition d'une nouvelle cellule à partir d'une soupe chimique inanimée ressemble à peu près à l'assemblage d'un 747 par un vent violent traversant le

26 Fred Hoyle, *The Intelligent Universe* (New York : Holt, Rhinehart, and Winston, 1983).

dépôt d'un ferrailleur ! Le mystère de l'origine de la vie s'aggrave par le fait qu'une chance de mutation et le processus de sélection naturelle n'avaient que quelques centaines de millions d'années pour accomplir ce qui est finalement un miracle, peu importe le nom que les darwinistes lui donnent. Darwin lui-même disait clairement que sa théorie était réfutable : « *Si l'on pouvait démontrer l'existence d'un organe complexe qui n'aurait pas pu se former par de nombreuses petites modifications successives, ma théorie serait un échec absolu.* »[27]

Dans un livre paru récemment, *Darwin's Black Box : The Biochemical Challenge to Evolution*, Michael Behe affirme que la biochimie l'a en fait déjà démontré. Nous devons garder à l'esprit qu'à l'époque de Darwin la cellule était considérée comme une vague entité et que personne ne savait quoi que ce soit en matière d'ADN. Il n'existait pas encore de technologie permettant d'entrer dans une cellule et de déterminer sa biochimie. Behe indique clairement que pour que « *la théorie de Darwin soit juste, elle* [la biochimie moderne] *doit rendre compte de la structure de la vie moléculaire* ».[28] Et il prouve dans son livre qu'elle ne le fait pas.

Tout chercheur, quelle que soit sa position à propos de la théorie de Darwin, doit admettre que l'origine de la vie est un problème ardu qui semble impossible à expliquer statistiquement. Comme le déclara un scientifique, « *La probabilité de non seulement avoir ensemble tous les bons ingrédients au même endroit, avec l'exacte dose d'énergie, mais aussi d'organiser ces ingrédients en un organisme complexe capable de se répliquer, semble extrêmement faible.* »[29] Sur la question du tout début de la vie, on peut diviser

---

27 Charles Darwin, *The Origin of Species* (Harmondsworth, Middlesex, U.K. : Penguin, 1985).
28 Michael Behe, *Darwin's Black Box* (New York : Simon and Schuster, 1998).
29 *The Planetary Society*, online editorial, février 2001, www.planetary.org.

la communauté scientifique en « improbabilistes » tel que Francis Crick et Fred Hoyle et en « inévitabilistes ». Crick observa un jour que l'origine de la vie ressemble à « *un miracle, si nombreuses les conditions qui ont dû être satisfaites pour que ça marche.* »[30] Mais dans son livre, *Climbing Mount Improbable*, Richard Dawkins contre-attaque : « *A mon avis, cette vie n'est probablement pas si rare et l'origine de la vie n'était probablement pas si improbable.* »[31]

Michael Behe soutient que la « *biochimie a repoussé les limites de la théorie de Darwin. Elle l'a fait en ouvrant l'ultime boite noire, la cellule, nous donnant ainsi la possibilité de comprendre le fonctionnement de la vie.* »[32] Dans les processus cellulaires basiques, il observe des systèmes et des dynamiques incroyablement complexes, et cette preuve, conclut-il, réfute la théorie de Darwin de manière écrasante : les cellules n'auraient pas pu être assemblées petit à petit, de façon fragmentée sur toute durée de temps.

Afin de suivre son raisonnement jusqu'à sa conclusion, Behe nous amène au niveau microscopique, où nous pouvons voir que la théorie de l'évolution ne parvient pas à expliquer certains processus moléculaires et intracellulaires. Il examine cinq principaux phénomènes :

- la coagulation du sang ;
- le système immunitaire de l'homme ;
- les ensembles de fibres ramifiés ;
- le transport des matériaux dans la cellule ;
- et la synthèse des nucléotides, blocs de construction de l'ADN.

Dans chaque cas, il rencontre des systèmes qui sont si complexes qu'aucun chemin darwinien, graduel et progressif n'aurait pu y conduire.[33] « *Le résultat de*

30 Francis Crick, *Life Itself : Its Origin and Nature* (New York : Simon and Schuster, 1981).
31 Richard Dawkins, *Climbing Mount Improbable* (New York : W. W. Norton, 1996).
32 Michael Behe, *Darwin's Black Box.*
33 Ibid.

cette accumulation d'efforts pour étudier la cellule – pour étudier la vie au niveau moléculaire – est un cri de "dessein" retentissant, net et perçant. »[34] Mais son enthousiasme sur cette découverte scientifique fut nettement refroidi par la manière dont elle a été reçue : « *Aucune bouteille n'a été débouchée, aucune main n'a applaudi. Au lieu de cela, un silence embarrassé et curieux a plané autour de l'absolue complexité de la cellule.* »[35]

Nous avons rencontré cet étrange silence auparavant, lorsque d'autres scientifiques ont critiqué le darwinisme. L'institution darwiniste semble considérer comme des transfuges ceux qui osent se poser des questions sur la théorie. Mais bien qu'elle sache comment combattre les créationnistes non scientifiques, c'est une toute autre affaire quand il s'agit de réfuter ceux dont les références ne peuvent pas être facilement écartées.

Richard Milton considère cette froide réception comme un besoin humain basique de se conformer : « *Puis, j'ai commencé à retrouver, un par un, de nombreux scientifiques internationaux qui avaient déjà réalisé que la théorie avait du plomb dans l'aile, mais qui ne pouvaient parler sans compromettre leur carrière et même leur emploi.* »[36]

~ *Panspermie : origines extraterrestres de la vie*

Pendant que chacun se concentre sur différents phénomènes, les critiques scientifiques de l'évolution darwinienne ont toutes abouti à la même conclusion : l'origine des espèces ne se trouve pas dans la mutation aléatoire et dans la sélection naturelle. Crick, Behe et Hoyle vont plus loin, en plaidant pour une théorie basée sur un dessein intelligent.

Dans la première moitié de son livre, *Life Itself : Its Origin and Nature*, Crick, lauréat du prix Nobel, se

34 Ibid.
35 Ibid.
36 Richard Milton, *Shattering the Myths of Darwinism* (Rochester, Vt. : Park Street Press, 1997).

consacre à démonter la théorie de Darwin et à monter pourquoi la vie ne pouvait pas être née sur Terre. Ensuite, il propose que la vie a été semée sur Terre via des spores arrivées de l'espace. Cette théorie de *panspermie* (nom de ce processus) semblait tenir de la nouveauté quand le livre est paru, mais provient d'un physicien suédois du XIXe siècle, du nom de Svante Arrhenius.

Ce qui distingue la théorie de Crick de la version originale, est sa proposition : la vie évolua sur une autre planète à un niveau technique supérieur à celui que nous avons atteint aujourd'hui. Lorsque cette civilisation extraterrestre eut atteint un certain niveau de développement, elle commença à envoyer dans l'univers des fusées contenant des spores (formes de vie primitives similaires aux bactéries et aux virus). Cette dissémination consciencieuse de graines de vie est appelée *panspermie dirigée,* et représente un mécanisme que nous pourrions aussi théoriquement employer en chargeant un module spatial de bactéries et de terreau pour l'envoyer vers une autre planète.

A la suite de Crick, Fred Hoyle – à l'origine de la théorie d'un univers stable – et son coauteur N. Chandra Wickramasinghe, employèrent la première partie de leur ouvrage *Lifecloud : The Origin of Life in the Universe* à prouver que cette vie n'est pas d'origine terrestre. Les preuves qu'ils présentent sont aussi solides que celles de Crick.

Après avoir établi cette origine extraterrestre de la vie, les auteurs proposent que les graines de vie ont voyagé sur des comètes qui se sont écrasées sur Terre. Cette théorie et leurs auteurs furent qualifiés de ridicules. Dans son article de la revue *Nature*, l'astronome Fred Whipple symbolise probablement l'opinion générale de la communauté scientifique : « *Je ne suis pas impressionné mais plutôt enchanté par l'image de formes de vie se développant au chaud dans de petits réservoirs, protégés dans leurs igloos de glace du froid cruel et du presque vide, en plein espace, et tombant sur la Terre primitive à des vitesses excédant 11 km par seconde. »*[37]

Bien que ridiculisée et rejetée, la théorie se refusa à jeter l'éponge en raison de nouvelles données d'observation et d'expérimentation réfutant aussitôt les principales objections lancées contre elle. Vingt années se sont écoulées depuis la parution des livres de Crick et de Hoyle et des première critiques ; certains développements très intéressants ont modifié l'attitude négative à l'encontre de la *panspermie*.

A la fin des années 60, une bactérie ordinaire de la gorge, *Streptococus mitus*, fut emmenée par inadvertance sur la Lune, embarquée sur une caméra montée sur le module d'atterrissage de Surveyor 3 ! La mission Apollo 12 vint au secours de l'atterrisseur sans contaminer les conditions stériles de la bactérie, et constata que la croissance bactérienne avait survécu et était demeurée viable après plus d'une année d'exposition à des conditions extrêmement inhospitalières sur la surface de la Lune.

Cette expérimentation imprévue ouvrit accidentellement la porte à la *panspermie* que les darwinistes pensaient voir définitivement condamnée. On ne pensait pas que la vie soit capable de survivre aux conditions brutales de l'espace intersidéral, ni à l'extrême froid, pas plus qu'aux intenses niveaux de radiation, considérés comme les principaux obstacles empêchant la vie d'arriver sur Terre via toute excursion interstellaire.

Le fait que la bactérie ait survécu soutient l'idée que la vie aurait pu évoluer dans l'espace et que cette forme de vie avait déjà les mécanismes de défense appropriés lui permettant de s'installer sur une planète quelconque. Cette résistance et cette vigueur furent confirmées lorsqu'on découvrit qu'une autre bactérie,

37 Fred Whipple, « Origin of the Solar System », *Nature* 278.

Deinococcus radiodurans, était capable de résister à d'énormes doses de radiation. Il est à présent clair que la vie a développé des mécanismes pour supporter des conditions universelles radicales.

Au fond, comme Crick et Hoyle l'ont suggéré, la vie pourrait bien être née ailleurs dans l'univers et avoir été apportée ici par une civilisation supérieure, ou par des comètes venues de loin, ou même par des sondes spatiales interstellaires conçues dans ce seul but.

L'évolution des hommes est rarement évoquée dans les débats sur l'évolution. Mais en analyse finale, nous devons être capable d'insérer la race humaine dans un schéma d'ensemble sur l'origine de la vie et du développement qui s'en est suivi. Même si l'évolution peut être prouvée pour l'essentiel par des faits, une anomalie cruciale demeure : l'*Homo sapiens sapiens*. Le darwinisme insiste sur le fait que les humains font partie – et sont une fraction – de l'évolution biologique, et ne devraient pas présenter ainsi des traits ou des propensions extraordinairement ou extrêmement divergents qu'on ne trouve pas chez les autres espèces de primates. Il n'y a donc aucune explication darwinienne concernant la farouche détermination humaine à fabriquer des outils, à domestiquer les plantes et les animaux, et tous les autres aspects d'une civilisation.

En fait, comme nous l'avons récemment réalisé, contrairement à l'insistance de la théorie de l'évolution sur le développement d'une espèce pour une plus grande probabilité de survie, ces capacités semblent toutes mener à des résultats anti-évolutifs comme la destruction de l'habitat, l'extinction d'espèces voisines et se faire soi-même du mal. Si la théorie de Darwin ne peut pas expliquer notre propre histoire, comment pouvons-nous alors espérer nous en servir pour percer le secret de la création même de la vie ?

Heureusement, les témoignages humains nous offrent quelques réponses éventuelles. Les plus anciens récits écrits et oraux convergent vers une forme hybride de la théorie de la *panspermie* que j'ai appelée *intervention extraterrestre intelligente*. Ces récits proviennent de Sumer, d'Égypte, du Mexique, du Pérou, de Chine et d'Inde : exactement là où sont nées les civilisations.

Par exemple, les Mayas, les Incas et les Aztèques nous parlent d'un homme blanc, barbu et vêtu d'une cape qui se promenait parmi eux, leur enseignant les arts de la civilisation. Les cultures lui attribuent différents noms mais les récits de ses actes sont identiques. Il apporta aux gens l'agriculture, les outils et les lois avant de partir avec ses assistants, en disant qu'ils reviendraient un jour. L'histoire a été rejetée comme mythe, et l'homme (Quetzacoatl ou Viracocha) est devenu un dieu dans le panthéon mythique.[38]

Comme nous le verrons, certaines de ces légendes contiennent une grande partie de vérité et ont mené à de nombreuses découvertes significatives. Plus nous creusons dans les mystères de la nature et dans les histoires de nos prédécesseurs, et plus il semble que nous soyons les descendants d'êtres plus ou moins extraterrestres qui, d'une façon ou d'une autre, ont envoyé leur semence sur Terre.

---

38 G. Gossen, *South and Mesoamerican Native Spiritualilty* (New York : Crossroad, 1993).

~ 4 ~

LE RÉCIT DE LA GENÈSE

L'une des plus anciennes et des plus importantes traces écrites historiques que nous ayons se trouve dans la Bible. Mais le sens de l'histoire que relate l'Ancien Testament n'est pas facilement déchiffrable, bien que des générations aient tenté de la décoder depuis plusieurs millénaires. Peut-être que la véritable signification du récit de l'Ancien Testament – en particulier la *Genèse* – nous a échappé parce que le développement technologique de nos cultures n'était pas suffisant pour donner un sens aux descriptions apparemment contradictoires de la façon dont la vie est née sur terre, de la manière dont les humains ont été créés, et l'identité de ceux à qui Dieu s'adresse. S'ajoute à ces difficultés le fait que pendant des siècles on ait donné aux hommes, durant toute leur enfance et leur vie d'adulte, un enseignement des interprétations et significations généralement acceptées des récits bibliques. Ces « leçons » ont pénétré au plus profond de notre imagination.

Depuis l'époque où Erich von Däniken a ouvert la voie à une nouvelle interprétation des écritures, des légendes et des civilisations perdues, bien des écrivains se sont penchés sur des versets spécifiques du *Livre de la Genèse* et du *Livre d'Ezéchiel* pour reconsidérer nos origines. Et bien qu'il ne soit pas vraiment possible de comprendre d'après seulement quelques versets tout ce que l'Ancien Testament nous dit sur l'histoire humaine, la *Genèse* est peut-être le texte le plus approprié pour débuter, car il donne une image fascinante et complexe de la création et des origines de l'homme.

La *Genèse* contient un code, sans pour autant impliquer des interprétations surnaturelles compliquées, des sauts métaphoriques ou allégoriques, ou une pensée magique. Au contraire, divulguer la vérité de la Bible demande une approche clinique, une logique intransigeante, une ferme détermination à coller au sens littéral des mots et un effort nécessaire pour comparer les nouvelles interprétations avec les faits établis à l'aide du sens commun.

Une analyse rigoureuse des chapitres 1 et 2 de la *Genèse* éclaircit d'emblée un point : il y eut en fait deux créations de l'humanité. Cette distinction est cruciale, car à ma connaissance, bien qu'aucun érudit biblique ni théologien ne l'ait fait, les premiers chroniqueurs de l'histoire humaine ont inclus deux différentes séquences de la création dans deux chapitres distincts du *Livre de la Genèse*.

Il est important de noter tout de suite que le flou de la *Genèse* 1 et 2 crée une confusion insoluble. Une grande partie de l'affaire nous échappe si l'on présume que les deux chapitres ne décrivent qu'une seule série d'événements. Or, il n'est indiqué nulle part que le deuxième chapitre est un éclaircissement du premier, en tous cas certainement pas dans les récits eux-mêmes qui diffèrent totalement.

Comparons ces deux séquences de la création. La *Genèse* 1 nous dit que Dieu créa les éléments de l'univers selon l'ordre suivant :

1. Le ciel et la terre
2. La lumière
3. Le jour et la nuit
4. Le firmament et les eaux
5. La terre sèche, l'amas des eaux, les mers
6. Les plantes et les arbres
7. Les étoiles, le Soleil, la Lune et les planètes
8. Les créatures vivantes
9. Les humains, mâle et femelle

Ce premier chapitre de la *Genèse* se conclut au verset 31 : « *Et Dieu vit tout ce qu'Il avait fait, et Il regarda, et c'était très bien. Et il y eut un soir, et il y eut un matin, le sixième jour* ».[39] Le deuxième chapitre commence par « *Ainsi furent achevés les cieux et la terre, et tous ses hôtes* » (*Genèse* 2:1). L'œuvre de la création terminée, Dieu se repose le septième jour. Mais dans la *Genèse* 2:4-9, on nous donne un récit d'une nouvelle création dans laquelle Dieu crée :

1. L'homme à partir de poussière
2. Le jardin d'Eden
3. Les arbres, dont l'arbre de la connaissance du bien et du mal, et l'arbre de la vie

Après quoi, Dieu

4. Divise le fleuve en quatre fleuves
5. Place l'homme dans le jardin d'Eden pour le cultiver
6. Enseigne à l'homme qu'il peut manger de tout arbre « *mais de l'arbre de la connaissance du bien et du mal tu ne mangeras pas* »
7. Forme « *toute bête des champs et tout oiseau du ciel* »

---

39 Dans ce texte, toutes les citations bibliques sont extraites de la *New American Standard Bible*. NdT : par soucis de logique, les citations bibliques ont été traduites littéralement à partir du texte anglais qui peut parfois présenter des différences notables par rapport aux traductions françaises que nous connaissons.

8. Fait s'endormir Adam et prend l'une de ses côtes
9. Façonne Eve à partir de cette côte

Les deux versions de la création (*Genèse* 1 et *Genèse* 2) sont manifestement complètement différentes, et séparer les informations en deux actes de la création distincts – lecture littérale du contenu et de la structure bibliques – permet d'y voir plus clair. La *Genèse* 1 est la création originale. On y trouve le mot hébreu employé pour le Dieu qui crée les cieux et la terre, Yahvé, désignation singulière pour le Seigneur Tout Puissant. C'est l'Être Unique Suprême responsable de la création de l'univers, du système solaire et des galaxies.

Dans la *Genèse* 1:27 nous lisons : « *Et Dieu créa l'homme à Sa propre image, à l'image de Dieu Il le créa ; mâle et femelle Il les créa.* » Le sens de ce passage a longtemps été sujet à discussion. Si nous l'interprétons d'une façon strictement littérale, il nous dit que la forme physique des êtres humains est une copie de celle de leur créateur. Mais si le Dieu Unique Éternel n'a pas de forme et est purement spirituel, omnipotent, omniscient et un être omniprésent, comment les hommes ont-ils été façonnés à son image ?

Bien que les théologiens, les érudits bibliques et les enseignements de l'Église aient insisté pour que ce verset soit pris dans un sens métaphorique ou spirituel, sa signification est bien plus directe. Pour comprendre ce que les anciens ont tenté de nous dire dans ce verset, nous devons regarder de près le passage précédent, *Genèse* 1:26 : c'est là que le mot hébreu employé pour désigner Dieu change soudainement de celui employé jusqu'ici. Ce n'est plus Yahvé, mais Elohim, une forme *plurielle* pour une déité : « *Puis les dieux dirent, faisons l'homme à notre image, d'après notre ressemblance ; qu'ils règnent sur les poissons de la mer et les oiseaux* [...] *et sur toute chose rampante* ».

Les théologiens ont traditionnellement ignoré ce changement crucial à la voix plurielle, et bien qu'il existe clairement dans le texte et soit employé dans les passages suivants, nous pouvons être pardonnés de toute confusion : y a-t-il un Dieu ou plusieurs dieux, ou Dieu peut-il d'une manière ou d'une autre devenir pluriel ? Un Dieu unique crée le ciel et la terre, la lumière et les créatures, pendant que des dieux – la race de la Genèse, ou une race supérieure humanoïde – se consultent et décident de créer les hommes.

Bien que les versets 26 et 27 semblent défier le monothéisme, tout texte biblique est sujet à interprétation. Les fondamentalistes, qui sont aussi généralement des créationnistes, insistent pour que la Genèse soit prise au sens littéral et pour que nous considérions le contenu de la Bible comme juste d'un point de vue historique, bien qu'eux-mêmes ne prennent pas ces deux passages au sens littéral. En réalité, ces versets sont tout à fait compréhensibles au sens littéral si nous comprenons qu'un Être Suprême Unique ayant créé l'univers et la vie n'est tout simplement pas le même que les Elohim, les dieux qui sont venus après la création universelle.

Qui étaient donc ces êtres supérieurs, à l'image de Dieu tout en ressemblant à l'homme ?

J'envisage la possibilité qu'ils aient été des humains très avancés, issus d'une planète ressemblant à la Terre, ayant voyagé dans l'espace avant d'arriver sur Terre avec un savoir et des techniques en avance d'un million d'années sur les nôtres. Le fait d'être si supérieurs aux premiers humains – avec la capacité d'intervenir génétiquement chez l'homme – les aurait certainement amenés à être désignés comme des dieux et des seigneurs par les êtres qu'ils avaient créés.

Cette interprétation a été tournée en ridicule et qualifiée de science-fiction avant-gardiste. Mais au vu des trois histoires récentes évoquées dans l'introduction de ce livre, de ce que la science moderne a déjà accompli, cette interprétation est-elle si inacceptable ?

De fait, dans l'état actuel de notre civilisation nous reflétons presque les Elohim de la *Genèse* 1 : nous explorons l'espace et réalisons des expériences de manipulation génétique.

Gardons à l'esprit que rien dans les versets 26-27 n'évoque des hommes créés par des moyens surnaturels. Nous sommes évidemment des êtres physiques, partie intégrante du monde vivant biologique, et d'après les récits bibliques il est clair que les dieux créaient des êtres physiques. Bien sûr, nous ne savons pas exactement quand ils l'ont fait. Le processus n'est pas expliqué dans la *Genèse* 1, et nos ancêtres ne pouvaient certainement pas le comprendre ou l'exprimer si leurs créateurs même ne leur avaient pas dit exactement comment ceci avait eu lieu.

A ce point de notre histoire, nous pouvons émettre une supposition éclairée sur leurs méthodes. Nous possédons déjà la réponse dans les banques de sperme, les clones, les ordinateurs et les laboratoires de génétique. Nous modifions génétiquement les plantes et les animaux. Nous pouvons même acheter des organismes génétiquement modifiés dans des supermarchés ! Si les Elohim ont créé les hommes à leur image, il est alors fort probable qu'ils détenaient une connaissance très approfondie de la génétique et des sciences biologiques, connaissance que les scientifiques modernes sont sur le point de maîtriser.

Il est important de noter que la *Genèse* 1 ne fait aucune référence aux hommes comme ayant un être intérieur ou une âme – en fait, elle n'évoque rien de nature spirituelle. Certains théologiens affirment que la phrase « *Dieu fit l'homme à Son image* » signifie en vérité « *Dieu fit l'homme à Son image spirituelle* », mais le récit des origines humaines dans la *Genèse* ne concerne que la création physique – la biologie, pas le spiritisme.

A ce niveau de la création, les humains sont des animaux. Dieu crée la terre et les dieux ingénieurs en biologie créent l'homme qui doit vivre de la terre presque comme les autres créatures.

La *Genèse* 1:29 donne le plan de Dieu (des dieux) concernant la survie de l'humanité, tel qu'il est présenté au premier homme : « *Soit productif et multiplie-toi* [...] *et règne sur les poissons des mers et sur les oiseaux du ciel* [...] *Vois, Je t'ai donné toute plante donnant graine qui est sur la surface de la terre, et tout arbre qui a fruit donnant graine : ce sera ta nourriture* ». C'est donc tout ce dont les premiers hommes avaient besoin pour vivre : des animaux, des plantes et des fruits. Ce qui atteste qu'ils n'avaient pas besoin de cultiver le sol mais qu'ils étaient des chasseurs-cueilleurs.

La *Genèse* 1 est en réalité un récit de la création des proto-*Homo sapiens sapiens* – les hommes de Neandertal et leurs précurseurs qui deviendront les hommes d'aujourd'hui. Ces premiers hommes erraient sur terre, vivant de la manière dont les dieux l'avaient fixé à la fin de la *Genèse* 1. En fin de compte, les hommes de Neandertal n'ont pas survécu, et la science n'explique pas leur extinction vers l'époque où les hommes modernes ont émergé en tant qu'espèce légèrement supérieure. Mais à la fin de la *Genèse* 1 ces premiers hommes sont nouveaux. Le texte dit clairement que les hommes et les femmes ont été créés au même moment à l'image des dieux et, comme le précise les versets 29 à 31, ils doivent être des chasseurs-cueilleurs dans un monde naturel créé pour eux.

On ne trouve aucune explication dans tout le livre de la *Genèse* sur l'existence de la seconde histoire de la création contée dans le chapitre 2. Néanmoins, une comparaison directe des chapitres 1 et 2 révèle que ce dernier décrit une tout autre séquence de la création et introduit un tout autre genre d'homme – un homme qui est plus développé, capable de conscience de soi, acquérant de nouvelles techniques et adoptant une toute nouvelle vie. C'est cet homme qui, à la fin du chapitre 3, est renvoyé du Paradis et est contraint de transformer sa vie de chasseur-cueilleur en une existence de cultivateur.

Nous pouvons spéculer que les premiers hommes du chapitre 1 n'étaient pas adaptés à une civilisation basée sur l'agriculture. Mais cela n'explique pas ce qu'ils sont devenus après la création des hommes plus évolués du chapitre 2. Je pense qu'il y a peut-être eu un cataclysme global qui a balayé les premiers hommes, événement ayant eu lieu sur l'ordre des dieux qui changent l'histoire par leurs interventions décrites dans les chapitres suivants de la *Genèse* – le Déluge, la destruction de Sodome et Gomorrhe etc.

La *Genèse* 2:7 nous dit : « *Puis le Seigneur forma l'homme à partir de la poussière du sol, et souffla dans ses narines le souffle de la vie* [...] ». L'homme était créé. Mais qu'en était-il du monde qui l'entourait ? Dans quelle sorte de monde était-il arrivé, et en quoi ressemblait-il au monde des plantes et des animaux de la *Genèse* 1 ?

Une lecture attentive de ce chapitre nous révèle que les conditions terrestres sont différentes : « *Il n'y avait encore aucun arbuste du champ dans la terre, et aucune plante du champ n'avait germé, car le Seigneur Dieu n'avait pas envoyé la pluie sur la terre ; et il n'y avait pas d'homme pour cultiver le sol* » (*Genèse* 2:5). Le monde luxuriant et vivant de la *Genèse* 1 semble à présent dénué de végétation, comme s'il avait subi un cataclysme. Cela rappelle le monde au temps des dinosaures, avec une riche végétation et qui fut ensuite ravagé par quelque cataclysme planétaire.

Les hommes ont vécu sur terre la plus grande partie du temps comme des enfants de la nature, chassant, cueillant et migrant en fonction du temps et des saisons. Nous savons grâce à la science que la race humaine a progressé très lentement, et que les capacité élémentaires de raisonnement ne sont venues qu'au bout de millions d'années. Les premières étapes de développement tournent autour de l'invention d'outils en pierre et de l'apprentissage de la maîtrise du feu, et même cette lueur de capacité mentale représentait un grand pas en avant. Ce n'est que depuis 10.000 ans que les hommes sont devenus des jardiniers ou des laboureurs.

Adam, le nouveau prototype (celui qui a remplacé l'homme de Neandertal) est un *Homo sapiens sapiens.* Il finira par quitter le jardin d'Eden et amener la révolution agricole. En hébreu, Adam signifie « celui a un objectif différent ». Le fait qu'il soit différent est révélé plus loin, lorsqu'il nomme les créatures qui l'entourent – un détail complètement omis dans la *Genèse* 1 et qui indique qu'il possède des talents de base intellectuels et de langage – et plus tard, lorsqu'il reçoit un ordre des dieux au sujet des deux arbres particuliers qu'ils ont plantés dans le jardin d'Eden.

De façon intéressante, l'Eden est aussi absent du récit du chapitre 1, bien que la terre soit mentionnée à de nombreuses reprises. Une partie de la confusion dans la compréhension du véritable message de la *Genèse* 1 et 2 résulte d'une erreur d'interprétation, à savoir que l'Eden est le même que l'état naturel sauvage qui règne sur terre dans le chapitre 1.

Un jardin, néanmoins, implique un aménagement et une croissance tout à fait différents de ceux qui s'exercent librement dans la nature. Il suggère une sélection de plantes, une culture et une attention spéciale à leur croissance, ce qui donne un tout autre tour à l'objectif et à la mission de l'humanité. Dans la *Genèse* 2:9, on nous dit que Dieu (les dieux) « *ont fait pousser chaque arbre beau à voir et bon à manger* » ainsi que « *l'arbre de vie également, au milieu du jardin, et l'arbre de la connaissance du bien et du mal* » – deux spécimens dont nous savons qu'ils étaient considérés comme particuliers.

Enfin, dans la *Genèse* 2:15, l'homme lui-même est situé dans le jardin : « *Puis le Seigneur prit l'homme et le plaça dans le jardin d'Eden pour le cultiver et le garder* ». Ici le mot cultiver laisse penser qu'Adam est censé prendre soin du jardin – car ses plantes sont déjà clairement en place.

Les différences entre les chapitres 1 et 2 ne touchent pas que l'environnement physique et la nature de l'homme. La *Genèse* 2 évoque en particulier la création de la femme, aspect totalement absent du chapitre 1 : « *Le Seigneur fit alors tomber un profond sommeil sur l'homme, et il dormit ; puis Il prit une de ses côtes, et ferma la chair à cet endroit* ».

Le Seigneur (les dieux) façonna ensuite Eve à partir de la côte d'Adam. Ici, les images et les mots suggèrent presque un acte chirurgical réalisé par une personne, un être physique. Il n'est pas dit que l'esprit du Seigneur gagna Adam – souvenez-vous, il n'y a aucune référence spirituelle dans ce récit et toute interprétation serait en fait un manquement aux mots des écritures.

Nous avons ainsi un nouveau genre d'humain – homme et femme – assez différent de celui de la Genèse 1, et un nouveau lieu – un jardin – dans un monde qui n'a plus de végétation.

Mais y a-t-il plus d'information sur le Créateur ?

Le chapitre suivant (*Genèse* 3) corrobore l'assertion selon laquelle les dieux qui apparaissent au cours de la *Genèse* après la création universelle sont en réalité des êtres physiques. La *Genèse* 3:8 nous dit : « *Et ils entendirent la voix du Seigneur Dieu marchant dans le jardin dans la fraîcheur du jour, et l'homme et sa femme se cachèrent* [...] ». Dieu (un des dieux) est sans aucun doute quelque part dans le jardin, car comment Adam et Eve se seraient cachés du Seigneur qui voit tout, entend tout, est omniprésent et qu'évoquent les théologiens dans ces passages ? Or, comment Dieu en personne aurait-il pu marcher dans le jardin s'il n'est pas une entité physique ? Qui plus est, il demande peu après à savoir où se cache Adam : « *Puis le Seigneur appela l'homme, et lui dit "où es-tu ?"* » (*Genèse* 3:9). Mais pourquoi un Dieu pouvant tout voir a-t-il à chercher deux de ses créatures dans le jardin qu'il a lui-même créé ?

Dans la suite du chapitre 3, après que ce dieu ait réprimandé Adam et Eve pour avoir goûté à l'arbre de la connaissance, il fait des « *vêtements de peau pour Adam et sa femme* » afin d'habiller leur nudité. Cela le désignerait-il – être physique – comme montrant en fait à ses créations humaines l'art de fabriquer des vêtements rudimentaires à partir de peaux ? Nous savons que peu après, à cause de leur infraction, il les chassera de ce jardin pour les envoyer en pleine nature avec une nouvelle mission : cultiver la terre.

L'aurait-il fait sans leur procurer le savoir et les dons requis pour survivre – y compris l'art de s'habiller et de cultiver le sol ? Les récits sur les dieux instruisant les premiers êtres humains dans l'art de l'agriculture et de la civilisation se rencontrent dans les anciennes cultures de Sumer, du Mexique et du Pérou. Il est apparemment évident qu'Adam apprit à cultiver la terre dans l'Eden.

Ce qui nous amène à débattre de l'action centrale de la *Genèse* 3 – le fait d'avoir mangé le fruit de l'arbre de la connaissance du bien et du mal, l'apprentissage pour Adam et Eve de leur nudité, et l'ordre de quitter le jardin d'Eden pour un lieu sauvage. Avec le temps, ces événements ont fait l'objet de bien des interprétations et des études.

Dans la *Genèse* 3:7, nous apprenons qu'après qu'Adam ait goûté au fruit défendu, lui et Eve eurent conscience de leur nudité. En général, on dit que cela signifie qu'ils découvrirent leur sexualité. Mais la réaction de Dieu et leur propre réaction impliquerait qu'il y ait quelque chose de négatif et de honteux dans cette sexualité, qu'en quelque sorte Dieu attache une certaine honte à leur différences sexuelles et aussi au fait qu'Adam et Eve sont destinés à procréer. Tout le scénario qui s'est déroulé dans l'Eden prend ainsi une connotation de piège tendu par Dieu, avec le sexe comme fruit défendu. Suivant cette interprétation, on a le sentiment que l'objectif de Dieu, décrétant qu'Adam et Eve ne doivent pas manger le fruit de l'arbre, est de leur faire passer un test dont il sait qu'ils le ne réussiront pas, avec pour résultat un état de culpabilité et de honte permanent.

Mais l'Ancien Testament est parfaitement rempli de références sexuelles explicites, y compris l'inceste, l'homosexualité et l'adultère. Si cette supposition sur l'objectif de Dieu concernant l'ordre de ne pas goûter à l'arbre est correcte, il n'y aucune raison pour son plan soit autant dissimulé ici. Il est tout à fait évident qu'Adam, le jardinier de l'Eden, a le droit de manger de tous les arbres, excepté de deux, et il n'est certainement pas question que ce soit un test sur ses capacités d'obéissance aux ordres, test auquel il a lamentablement échoué. Une fois qu'Adam a montré son inclinaison à défier les ordres de Dieu en goûtant à l'arbre, il est exclu du jardin. Mais on pourrait s'étonner de la réaction divine extrême à la désobéissance d'Adam et Eve. Pourquoi leur demande-t-on de quitter l'Eden en raison de cette action ?

La réponse se trouve dans la *Genèse* 3:22, passage qui fait écho à la *Genèse* 1:26 dans l'utilisation du pluriel par le Seigneur lorsqu'il se réfère à lui-même : « *Alors le Seigneur Dieu dit, "Voici, l'homme est devenu comme l'un de Nous, connaissant le bien et le mal ; et maintenant, qu'il ne tende sa main et qu'il ne prenne aussi de l'arbre de vie, et mange et vive à jamais."* »

Le texte continue avec le verset 23 et le renvoi du couple du jardin. La raison pour laquelle les dieux les renvoient est très claire, et se trouve en complète contradiction avec la théologie dominante judéo-chrétienne : les dieux de la *Genèse* 2 et 3 ne veulent pas que ces humains soient immortels! Manger de l'arbre de la connaissance du bien et du mal amène à goûter à l'arbre de vie, après quoi ces humains seraient amenés à vivre pour toujours, devenant comme les dieux.

De façon intéressante, la *Genèse* ne mentionne nulle part des dieux créant un âme éternelle pour les humains – ou leur conférant une vie éternelle. Il n'est pas difficile de comprendre pourquoi : c'est la prochaine étape dans le développement humain. Nous devons nous souvenir que la *Genèse* se passe au tout début de l'histoire des êtres humains et traite principalement de la création physique de la terre et des hommes ; jusqu'ici rien n'a été dit sur le caractère humain ou l'aspect psychologique – jusqu'à ce changement dans la *Genèse* 3.

La *Genèse* devient à ce moment une histoire d'hommes qui prennent conscience d'une certaine distinction entre eux et le reste du royaume animal. Manger de l'arbre de la connaissance du bien et du mal les amène à soudain réaliser qu'ils sont différents des autres animaux. Cela leur donne pour la première fois un sentiment de honte et de culpabilité – le tout premier bourgeonnement de la conscience humaine qui démontre que les hommes disposent d'un libre arbitre (que les animaux ne possèdent pas) – et leur donne conscience de leur nudité.

Dans la *Genèse* 1 les hommes vivent comme les autres animaux, bien qu'il soit clair que les hommes sont supérieurs et exercent un empire potentiel sur la terre. Dans la *Genèse* 2 les deux humains sont d'abord présentés comme des animaux – *l'homme et sa femme étaient tous deux nus et n'en n'avaient pas honte* (*Genèse* 2:25)– comme des créatures qui ne savent pas encore qu'ils sont en quelque sorte différents du reste du royaume animal (dont les créatures avaient toujours été nues).

Bien qu'on ne le sache pas avec certitude, il est probable que ce changement de conscience humaine ait eu lieu il y a 40.000 ans, lorsque les hommes de Neandertal se sont inexplicablement éteints et que les hommes modernes sont devenus l'espèce dominante d'*Homo sapiens* (voir à ce sujet le chapitre 19). Ainsi, les chapitres 2 et 3 de la *Genèse* témoignent de nos premiers pas vers la civilisation.

Nous savons à présent que la *Genèse* 1 et la *Genèse* 2 ne possèdent pas le rapport qu'on leur attribue souvent : le deuxième chapitre n'est pas vraiment un récit détaillé du premier, car les résultats sont complètement différents. De plus, alors que le premier chapitre ne s'accorde pas avec le deuxième, le deuxième et le troisième s'accordent tout à fait.

Dans la *Genèse* 3:19, après que les dieux aient condamné Adam, ils lui disent qu'il peinera pour se nourrir et qu'il devra « *manger les plantes du champ ; à la sueur de son visage* » – style de vie complètement différent de celui des protohumains décrit à la fin de la *Genèse* 1.

Dans la *Genèse* 3:23, distinction est faite entre le jardin et le monde naturel extérieur qui sera la demeure d'Adam et Eve : « *Alors le Seigneur Dieu le renvoya du jardin d'Eden, pour cultiver le sol d'où il avait été pris* ». Ici, le mot cultiver implique qu'il s'occupera du sol et des plantes de bout en bout. Adam et Eve doivent devenir fermiers, faisant le premier pas majeur vers la civilisation.

En termes scientifiques, les trois premiers chapitres de la *Genèse* sont le squelette de l'histoire du développement humain, depuis les protohumains chasseurs-cueilleurs ayant peu de différences avec les animaux de la terre, jusqu'aux horticulteurs du néolithique. En la décodant ainsi, nous avons trouvé que les trois premiers chapitres de la *Genèse* s'alignent avec les découvertes de la science moderne et le chemin bien connu de l'histoire de l'humanité.

~ 5 ~
LA GENÈSE : SUITE

Nous venons de voir dans la *Genèse* 2 et 3 que la race de la Genèse – une race de dieux – crée les hommes et les femmes, et les amènent au niveau des *Homo sapiens sapiens* modernes. Quand Adam est tout d'abord placé dans le jardin, sa tâche consiste plutôt à s'occuper du monde tel qu'il est – *Alors le Seigneur prit l'homme et le mit dans le jardin d'Eden pour le cultiver et le garder* – et il subviendra à ses besoins, tout comme la nature sauvage pourvoit aux besoins des animaux et a subvenu aux besoins des premiers hommes, les chasseurs-cueilleurs.

Mais après avoir quitté le jardin, la tâche d'Adam sera de labourer la terre, de cultiver le sol, et de faire venir sa nourriture à partir de « rien ». Ainsi les dieux lui donnent un savoir, des outils et les principes de l'agriculture. Dans les chapitres suivants de la *Genèse*, nous allons trouver d'autres indices d'une intervention extraterrestre au cours du développement de l'humanité.

Après le fratricide tragique – le meurtre d'Abel par Caïn – raconté au chapitre 4 de la *Genèse*, ce sont l'ADN et les traits hérités de Caïn qui sont transmis. Dans la *Genèse* 6, nous apprenons que la population humaine augmente. Mais il y a un problème sous-jacent : la violence des êtres humains les uns envers les autres, dont la racine est peut-être dans l'ADN de Caïn – une prédisposition génétique à la violence qui augmente à mesure que se déroule le chapitre 6.

L'héritage génétique est un des éléments de grande importance tout au long du premier livre de l'Ancien Testament. Les récits généalogiques reprennent sans cesse, et parfois des chapitres entiers sont consacrés à des généalogies, comme le 4 et le 7. Garder trace de la lignée génétique était apparemment très important pour les chroniqueurs, sans doute parce que cela l'était aussi pour les dieux qui auraient institué ces généalogies.

Il est intéressant de noter que la *Genèse* 6:2 introduit une autre branche de l'arbre généalogique : « *les fils de Dieu virent que les filles de l'homme étaient belles ; et ils prirent pour femmes celles qu'ils avaient choisies* ». Mais qui sont les « *fils de Dieu* » ? De ce passage, nous pouvons déduire qu'ils sont certainement des êtres physiques, car s'ils ne l'étaient pas, ils ne pourraient pas s'unir avec des femmes.

Néanmoins, une distinction est faite entre ces derniers et les hommes[40] ordinaires. On peut penser que les fils de Dieu sont les descendants d'une race supérieure qui a créé les humains dans la *Genèse* 1, et qui a vécu sur terre quelque temps. Ce qui confirme la suggestion du chapitre 4 de ce présent livre, à savoir que le mot « notre » dans l'expression « *à Notre image* » (*Genèse* 1:26) évoque les dieux qui étaient en fait des êtres humains supérieurs ou plus évolués.

Au sujet de la création de l'humanité, il existe une corrélation saisissante entre la version de l'Ancien Testament et le récit de la civilisation sumérienne con-

40 NdT : au sens mâle de l'espèce humaine.

servé sous la forme de tablettes cunéiformes, connu sous le nom de *Enuma Elish*.

Dans les deux cas les dieux créent les humains et leur font don de la civilisation. Les cultures qui ont produit ces récits sont assez proches d'un point de vue géographique. Ce qui correspond de façon étonnante avec le fait que cette petite zone géographique s'avère être le berceau de la civilisation.

Quel mécanisme évolutif naturel peut bien expliquer pourquoi la civilisation s'est d'abord développée à cet endroit et pourquoi ses habitants ont fait des sauts quantiques en matière d'agriculture et de civilisation alors que le reste du monde était à la traîne ?

Avant de répondre à ces questions, nous devons revenir en arrière et considérer l'énormité des découvertes archéologiques dans les ruines de l'ancienne Sumer. Des fouilles ont mis au jour des bibliothèques entières composées de livres intacts, ou plutôt de tablettes cunéiformes ayant pour sujet les mathématiques, le programme scolaire, l'agriculture, la poésie ou encore le paiement des taxes.

Ces écrits sumériens et d'autres objets attestent que les anciens peuples de cette région possédaient de très bonnes connaissances, comme celle du cercle à 360 degrés, du zodiaque, du nombre actuel des planètes du système solaire (qui comprenait Pluton redécouvert en 1927 seulement) et de bien d'autres choses dont on pensait qu'elles n'avaient été comprises que mille ans plus tard.

D'où venait ces connaissances avancées ?

D'après les textes cunéiformes, ce sont les dieux qui les enseignèrent à ces peuples. Les témoignages écrits affirment que leurs avancées technologiques, au lieu de venir de leur propre ingéniosité, leur furent apportées par les dieux – y compris l'art d'écrire, d'établir les canaux d'irrigation, de cultiver l'orge et de fondre les métaux.

Comme nous le verrons, les civilisations avancées des Incas, Mayas et Aztèques témoignent d'une intervention similaire à l'autre bout du monde.

Le fait que ces anciennes cultures ne s'attribuent pas le mérite de leurs réalisations conforte la conclusion que les dieux étaient la source d'une explosion de croissance et d'innovation impressionnantes qui se produisit entre 3.500 et 3.000 av. JC et qui n'a jamais eu d'égal depuis.

Malgré des parallèles évidents entre la *Genèse* de l'Ancien Testament et les récits de la création des tablettes cunéiformes découvertes à Sumer, les récits sumériens sont plus clairs sur les créateurs, sur qui ils étaient et à quoi ils ressemblaient. Les tablettes nous parlent d'une époque où une race surhumaine descendit des étoiles dans une « *barque* » et dans des bateaux « *de feu* ».[41] Ces êtres, la race génitrice issue d'un autre monde, au lieu de ressembler à l'image des frêles extraterrestres aux larges crânes que les média ont propagée depuis ces 25 dernières années, ressemblaient tout simplement aux hommes. Ce qui est, évidemment, tout ce que l'on aurait espéré d'êtres créant des humains à leur image et que confirme la *Genèse* 6:3 : « *Alors le Seigneur dit, "Mon Esprit ne sera pas toujours avec l'homme, car il est aussi chair."* » Ceci suggère clairement que les dieux sont humains et n'ignorent pas que « l'homme » – la race qu'ils ont créée – sera un jour ou l'autre en conflit avec eux, résultat inévitable d'un processus qu'ils ont cherché à retarder dans le jardin d'Eden en empêchant les humains d'accéder à l'arbre de vie. Ils sont conscients du

41 L. W. King, éd., *Enuma Elish* (vol. 1 et 2): *The Seven Tablets of Creation; The Babylonian and Assyrian Legends Concerning the Creation of the World and Mankind* (New York: AMS Press, 1976).

caractère et du potentiel des hommes car ces derniers sont tout simplement leur progéniture.

D'autres preuves de la nature humaine des dieux se trouvent dans le verset suivant (6:4) où nous découvrons que l'accouplement entre les « *fils de Dieu* » et les femmes donne des résultats inattendus : « *Les Nephilim étaient sur terre en ces jours, et aussi après que les fils de Dieu soient venus chez les filles des hommes, et qu'elles donnèrent naissance à leurs enfants. C'étaient les grands hommes qui furent jadis des hommes de renom.* »

Nephilim a été traduit par « géant » ou par « ceux qui sont descendus ». Le texte suggère qu'ils étaient de réels géants, ou bien qu'ils avaient des attributs surhumains ou géants. Ce verset nous donne l'impression que différentes races supérieures vivaient sur terre avec les êtres humains. Il nous rappelle la tragédie de Caïn avec la violence pour héritage génétique.

Les traits hérités de Caïn, et ceux des descendants des *fils de Dieu,* et des filles des hommes, semblent avoir créé de graves problèmes au verset 6:5 – comme si une expérimentation génétique avait vraiment mal tourné : « *Alors le seigneur vit que la méchanceté de l'homme était grande sur terre, et que les pensées de son cœur n'avaient que pour intention le mal.* »

La situation est grave et les dieux considèrent comme intolérable le comportement de l'homme. Quelle que soit la nature exacte des événements, la situation est à présent incontrôlable. Les dieux ne semblent avoir qu'une option : « *J'effacerai de la surface du sol l'homme que J'ai créé, depuis les hommes jusqu'aux animaux et jusqu'aux choses rampantes et jusqu'aux oiseaux du ciel, car Je me repens de les avoir faits.* » (*Genèse* 6:7)

Qu'est-ce qui a pu aller si mal pour que le créateur détruise sa propre œuvre ?

Les descendants de Caïn, les autres habitants, et les Nephilim (les descendants des fils de Dieu et humaines) ne semblent pas aller ensemble. Au verset 6:13 les dieux voient qu'ils sont corrompus et que « *la terre est remplie de violence à cause d'eux ; et voici, Je suis sur le point de les détruire avec la terre* ».

Il se peut que le réservoir de gènes ait été contaminé et qu'il doive être nettoyé, que table rase soit faite, excepté pour Noé que les dieux chargent de construire une arche et de rassembler des animaux, « *deux de chaque espèce dans l'arche, pour les garder en vie avec toi ; qu'il y ait un mâle et une femelle* » (*Genèse* 6:19).

C'est ici qu'est raconté, comme dans les traditions de 230 autres cultures de par le monde, le grand déluge cataclysmique qui change complètement la face de la terre.

Nous retrouvons les thèmes de la *Genèse* 6 dans les mythes créationnistes de Sumer, mais aussi dans les récits incas et mayas. La race humaine est créée, mais s'avère ensuite inapte, pour une raison ou pour une autre, à continuer.

Les premiers humains sont détruits lors d'un événement de portée cataclysmique, puis, soit une race nouvelle et améliorée est créée, soit quelques « vestiges » survivent.

Ces thèmes sont tellement courants à travers le monde qu'ils doivent commémorer une véritable catastrophe dont le souvenir repose dans notre inconscient collectif.

Le temps est l'un des aspects capitaux de la *Genèse* – et la source de bien des confusions. Un événement comme le Déluge, qui semble entraîner d'énormes conséquences pour l'humanité, est raconté en un synopsis concis, et de courts chapitres de 200 à 400 mots seulement, décrivent de longues périodes de temps. Les événements décrits dans la *Genèse* 11 par exemple, se passent apparemment bien après le Déluge. Au verset 11:1, la terre s'est remise d'une catastrophe globale : « *Maintenant toute la terre employait le même langage et les mêmes mots.* »

Il semble que les hommes ayant repeuplé la terre, s'ils venaient tous du même petit groupe de survivants, devaient naturellement parler la même langue. Ce « rétrécissement » est corroboré par les dernières découvertes en matière de génome humain et d'ADN, basées sur l'analyse et les études des mitochondries[42] : elles indiquent un point dans le temps où la race humaine remonte à un embranchement qui débute avec une très petite population (voir le chapitre 19).

Les survivants se déployèrent et devinrent ambitieux, comme nous le découvrons dans le verset 11:3 : « *"Allons, et faisons des briques et cuisons-les, parfaitement." Et ils utilisèrent les briques comme pierre, et ils utilisèrent le bitume comme mortier.* » Ce développement ne rencontre pas l'approbation des dieux. Ils surveillent de près le travail d'une population nouvelle pendant que les bâtisseurs poursuivent leur discours entre eux au sujet de leur plan et de sa raison : « *"Allons, construisons-nous une cité, et une tour dont le sommet atteindra le ciel, et faisons-nous un nom; de crainte que nous ne soyons dispersés sur toute la surface de la terre* » (*Genèse* 11:4).

Qu'est-ce qui peut leur faire croire qu'ils seront dispersés aux quatre coins du globe ?

Qui plus est, pourquoi leurs efforts offensent-ils les créateurs ?

Se pourrait-il qu'ils refassent le « véhicule céleste » de leurs créateurs ?

Les dieux descendent sur terre pour inspecter la ville et la tour que les « *fils des hommes bâtissaient* » (11:5) : « *Et le Seigneur dit, "Voici, ils sont un seul peuple,*

42 NdT : un des éléments se trouvant à l'intérieur d'une cellule vivante et assurant une fonction particulière (respiratoire et énergétique).

et ils ont tous le même langage. Et voici ce qu'ils ont commencé à faire, et maintenant rien de ce qu'ils proposent de faire ne leur sera impossible."»

Cette référence à « *un seul peuple* » nous amènerait à conclure que les hommes qui peuplent la terre sont à présent génétiquement plus homogènes et plus uniformes, ce qui a un sens, compte tenu que Noé et sa famille furent les seuls survivants du Déluge et eurent pour tâche de régénérer la population terrestre.

Mais l'issue des événements n'était apparemment pas ce qu'avaient espéré les dieux. Il apparaît que cette nouvelle race évolue trop vite, ce que les dieux veulent empêcher, tout comme ils avaient empêché Adam de goûter à l'arbre de vie. Au verset 11:7, ils adoptent une ligne de conduite : « *Allons, descendons et là brouillons leur langage, pour qu'ils ne comprennent plus le langage des uns et des autres.* »

Les dieux reviennent sur terre et dispersent les bâtisseurs qui « *cessèrent de construire la cité.* » Par la suite, la tour de Babel devient un symbole de désunion et de confusion. Il n'est pas précisé exactement comment les gens sont dispersés. Mais dans ce chapitre, il devient clair que les différentes interprétations d'un seul mot – nous[43] qui est traditionnellement considéré comme le Dieu (singulier) – change complètement le sens.

Les chapitres 1 à 11 de la *Genèse* concernent les premières histoires et les origines des hommes sur la Terre. A partir de l'épisode de la tour de Babel, après que la population ait été dispersée, la *Genèse* se concentre sur l'histoire des Israélites, les tribus juives. Comment tout cela se raccorde-t-il avec le récit sumérien de la genèse ?

43 NdT : dans les versions françaises, il s'agit plutôt de l'emploi de verbes à la 1ère personne du pluriel (allons, descendons, brouillons etc.).

D'après les tablettes sumériennes – l'*Enuma elish* – les dieux sont venus sur terre et ont créé l'homme : « *Nous avons besoin de serviteurs. Créons-les.* »[44] Il y a là une proche corrélation avec la *Genèse*, où Adam est créé pour s'occuper du jardin d'Eden. Dans l'*Enuma elish*, les personnages sont faits à partir d'argile et la vie est « *soufflée en* » eux : Nintu, qui porte aussi le nom de Mami, la déesse mère ou déesse du ventre et accoucheuse des dieux, passe pour avoir créé les êtres humains avec l'aide d'Enki. Elle mélange l'argile au sang des dieux pour façonner et faire naître sept hommes et sept femmes. Les premiers prototypes sont inaptes, mais finalement des prototypes humains acceptables sont créés afin de servir les dieux.

Un élément est clairement mis en valeur dans l'*Enuma elish* et la Bible : les êtres humains sont inférieurs et sont créés à l'image des dieux, avec du sang des géniteurs mélangé à leur sang animal terrestre. Les dieux déterminent leur caractère et leur ultime destinée, mais les êtres humains ont un libre arbitre.

On pourrait probablement insister sur ce même ordre des choses si nous en étions à créer ou modifier génétiquement une espèce de primate, par exemple, et à tenter de l'élever à un point où elle pourrait comprendre la raison, la philosophie, la loi et la science. Les dieux offrent aux hommes les dons d'intelligence supérieure et d'agriculture dans les deux récits, celui de la *Genèse* et celui des tablettes sumériennes : « *Selon notre croyance, nos dieux ont préparé en eux ces villes et ces routes et ces institutions. Ils nous ont créés et dit "prenez vos villes."* »[45]

Alors que les dieux sumériens, comme leurs homologues de l'Ancien Testament, vivent à jamais, l'homme reste mortel « *de crainte qu'il ne tende sa main, et ne prenne aussi de l'arbre de vie, et mange, et vive à jamais* »

44 L. W. King, éd., *Enuma Elish* (New York: AMS Press, 1976).
45 Ibid.

(*Genèse* 3:22). L'histoire sumérienne est en fait entrelacée avec les histoires des dieux déclenchant des désastres qui exigent des vies humaines, dont la maladie, les inondations mineures, la sécheresse et le Déluge. Le déluge sumérien, qui précède celui de l'Ancien Testament, est très similaire à celui de la *Genèse* ; l'histoire sumérienne nous dit que les Ut-napishtim sont les très vieux survivants du désastre qui a balayé le reste de l'humanité.

Tout comme les Ut-napishtim, Noé et ses descendants vivent jusqu'à un âge pour le moins avancé, ce qui a toujours rendu perplexes les érudits bibliques ; mais qui n'est pas du tout surprenant si les premiers hommes étaient en fait une race mixte, et si ceux qui les avaient créés disposaient d'une longévité aussi importante que celle des dieux sumériens. Bien que les premières générations d'hommes (après l'amélioration génétique) devaient atteindre des âges très avancés, la durée de vie humaine a fini par être abrégée à environ 72 ans, comme l'ont prédit les dieux (*Psaumes* 90:9-10 : « *Notre vie est de 70 ans ou même de 80 ans...* »).

Les archéologues sont encore aujourd'hui étonnés par l'ingéniosité et la sophistication, aussi soudaines qu'inexpliquées, de la fructueuse civilisation sumérienne. Son origine et son langage, qui n'ont pas d'équivalent dans la région, demeurent mystérieux, même si les scientifiques relèguent encore actuellement les récits des Sumériens (sur leurs origines et la façon dont il sont devenus civilisés) au rang de vulgaire mythe polythéiste.

Néanmoins, bien des choses demeurent tout autant inexpliquées dans la Bible. Qu'est-ce qu'un ange, par exemple ? Sont-ils des êtres surnaturels ou physiques ? Et certains des événements de la Bible sont-ils en vérité des faits historiques ou des mythes ? Le récit suivant, tiré de la *Genèse* 19, allie à la fois les anges et le genre d'événement désastreux qui pourrait être historiquement vrai : « *Deux anges virent le soir à Sodome, alors que Loth était assis à la porte de Sodome. Quand Loth les vit, il se leva à leur rencontre et s'inclina face contre terre.* » (*Genèse* 19:1)

Ce passage ne dit pas que les anges sont des êtres sans substance, éthériques. Loth les invite dans la maison : « *Ainsi ils se tournèrent vers lui et entrèrent dans sa maison ; et il leur prépara un festin, fit cuire du pain azyme, et ils mangèrent.* » (*Genèse* 19:3) A aucun moment dans cette histoire, ni dans le reste de la Bible, le texte ne dit que les anges ont des ailes. Ils volent, mais ils n'ont pas d'ailes. En fait, ce furent les artistes chrétiens qui transformèrent les anges en créatures ailées des milliers d'années après la composition de la Bible – et nous les dépeignons encore ainsi de nos jours.

Mais, avec ou sans ailes, ces anges s'assoient et mangent le pain avec Loth. De quelle autre preuve avons-nous besoin sur leur apparence corporelle et humaine ? Certes, le fait que les hommes de Sodome les voient entrer dans la maison de Loth est déjà une preuve en soi. Ils lui demandent : « *Où sont les hommes qui sont venus chez toi ce soir ? Fais-les sortir devant nous pour que nous puissions avoir des relations avec eux.* » (*Genèse* 19:5)

Puis la foule commença à s'agiter et les anges s'impatientèrent de plus en plus contre eux : « *Et ils frappèrent de cécité les hommes qui se trouvaient à l'entrée de la maison.* » (*Genèse* 19:11) Il n'est pas précisé quel type d'arme employèrent les anges « humains » pour frapper les hommes de cécité. Mais peut-être est-ce suffisamment impressionnant pour que les hommes de Sodome, comparativement primitifs, considèrent les deux visiteurs comme des « dieux » surnaturels et des « anges » ailés. Le jour suivant, Sodome est détruite pour sa perversité : « *Puis, le Seigneur fit pleuvoir sur Sodome et Go-*

morrhe du soufre et du feu venant du Seigneur, du ciel. » (*Genèse* 19:24)

Nous aussi, nous avons fait pleuvoir des bombes qui peuvent détruire des villes entières, et cela, à de nombreuses reprises au cours de notre histoire récente.

Comme nous l'avons vu, en adoptant une perspective novatrice, le récit biblique peut être perçu sous un angle qui nous permet d'explorer de façon nouvelle ce qui est réel et quels aspects de l'histoire de nos tout débuts peuvent être prouvés. Dans le chapitre qui suit, nous avancerons dans le temps, explorant les mystérieux événements qui donnèrent naissance aux premières civilisations le long du Tigre et de l'Euphrate.

~ 6 ~

LES SUMÉRIENS : L'ÉTRANGE TRIBU DES TÊTES NOIRES

Vers la fin du néolithique, entre 5.000 et 4.500 av. JC, les tribus de la vallée du Nil vivaient dans des maisons ovales à demi souterraines, dont les toits étaient faits de boue et de bâtons. Ils fabriquaient des poteries simples et utilisaient des haches de pierre et des pointes de flèches en silex taillé. Pendant ce temps, de la Scandinavie à l'Europe de l'Est, les cultures tribales suivaient encore largement un mode de vie de chasseurs-cueilleurs. Ils fabriquaient du fil avec des fibres de plantes, fabriquaient des pagaies en bois et, en 3.500 av. JC, ils commencèrent à construire des monuments mégalithiques à des endroits stratégiques au milieu du paysage.

La majorité de la population des Amériques, de l'Asie et de l'Afrique vivait à peu près comme les Européens, voire de façon plus primitive, pendant que d'autres commençaient à expérimenter la production de nourriture et la vie dans de petits villages. L'agriculture en était à ses premiers pas. Les plus anciens témoignages de vie dans des villages basée sur la production de quelques récoltes céréalières complémentaires viennent des flancs montagneux du Moyen Orient en 7.000 av. JC, à Jarmo dans le nord de l'Irak, et en 6.000 av. JC à Çatal Höyük, dans le sud de la Turquie).

Jarmo et Çatal Höyük sont deux des sites néolithiques les plus étudiés dans le monde. Ces premières colonies, expérimentant l'agriculture, étaient très petites et modestes. Cent cinquante personnes vivaient à Jarmo dans un vingtaine de maisons aux murs en boue. A Çatal Höyük, les maisons en briques de boue, celles où l'on faisait de la poterie, où l'on tissait du textile, étaient réparties sur 13 hectares. Ils moissonnaient le grain avec des faucilles de pierre, conservaient leur nourriture dans des bols de pierre, et gardaient des chèvres, des moutons et des chiens domestiqués. Cela ne signifie pas que leur subsistance dépendait uniquement de leur bétail et des céréales qu'ils cultivaient. Ils se reposaient encore sur la chasse et la cueillette.

Dans ces colonies – représentant les peuples les plus évolués de cette période – il n'y avait pas de médecins, de marchands, d'ingénieurs, d'architectes, de mathématiciens, ni de charpentiers, de maçons, de musiciens ou de forgerons. Il n'y avait pas de charrette ou de charrue, ni de système d'écriture.

En résumé, la majorité des peuples sur Terre vivaient en association étroite avec la nature, comme des milliers de générations l'avaient fait avant eux. Rien ne présageait l'explosion d'événements qui allait se produire en six points distincts du globe : en Égypte, dans la vallée de l'Indus, en Chine, au Mexique, au Pérou et le long du Tigre et de l'Euphrate.

La période glaciaire était alors de l'histoire ancienne. La Terre s'était réchauffée, le niveau des mers avait monté, les fleuves s'étaient gonflés et la terre devenue inondée. Aux alentours de 4.000 av. JC, une étrange tribu extérieure parlant une langue inconnue s'installa près des embouchures des imprévisibles Tigre et Euphrate, dans l'actuel sud de l'Irak. Nous ne savons toujours pas d'où ils venaient, et ne connaissons pas l'origine de leur langue qui n'a pas de lien avec les langues essentiellement sémitiques des cultures tribales de la région à cette époque.

Les nouveaux arrivants s'attelèrent bientôt à la prodigieuse tâche de drainage des marais et de construction des digues afin de contrôler les promptes inondations du Tigre, les détournant sur un système d'irrigation parfaitement planifié avec des canaux et des rigoles.

Le Tigre est un fleuve agité et rapide qui historiquement était connu pour avoir dévié de son cours. Le mot employé par les Sumériens pour désigner une voie navigable est *idigna*, qui signifie « rapide comme une flèche ». Dompter ce fleuve pour en faire un système d'irrigation à grande échelle nécessitait une main d'œuvre importante et bien organisée.

Nous entendons fréquemment les savants parler de la manière dont les civilisations anciennes se sont installées dans les vallées fluviales, comme si cela était facile et naturel pour nos ancêtres. Nous sommes amenés à penser que de telles installations n'étaient que purement logiques, ne leur apportant que bénéfices et guère de défis – du moins pas de ceux qu'ils n'auraient pu relever. Mais cet exposé des faits est-il exact – particulièrement au sujet des colonies dans la région du Tigre et de l'Euphrate ?

Avant que les Sumériens ne s'installent le long de ces fleuves, nos ancêtres – sur 100.000 générations – n'avaient aucune expérience du contrôle hydrologique. Ils n'avaient pas mis au point les connaissances techniques particulières ou l'organisation de la main d'œuvre requises pour relever un tel défi. Tout simplement, il n'existait aucune culture humaine antérieure ayant suffisamment d'expérience et de connaissances pour dominer les fleuves en vue d'une irrigation, et il n'existait pas d'avantage de contemporains des Sumériens entreprenant un tel projet dans d'autres parties du monde.

Sumer s'étendait sur 25.000 hectares de pays plat et fluvial, sans minéraux, quasiment sans pierre, et sans arbres. Pour les nouveaux arrivants, ce n'était pas véritablement un pays de cocagne, riche en ressources naturelles. Pourquoi, alors, un peuple qui avait erré autour de la région depuis un point de départ inconnu arriva-t-il soudainement en Mésopotamie avec l'idée qu'il pourrait dominer un formidable fleuve, drainer les marais et créer une civilisation ? Comment en sont-ils arrivés à croire qu'ils allaient réussir une tâche herculéenne qu'aucune autre culture n'avait même tenté ailleurs dans le monde ?

Sumer, terre de forces erratiques et violentes, était accablée par une chaleur étouffante cinq mois de l'année durant, battue par les vents froids venant du nord au cours de l'hiver, puis était inondée par les eaux au printemps.

Aujourd'hui, le pays que la Bible évoque sous le nom de Shinar est un désert brut et ses cités anciennes sont ensevelies sous des couches de sable. Il n'est pas rare de voir les températures passer de 43 à 51°C. Aucune pluie n'y tombe pendant 8 mois de l'année et les tempêtes de sable font souvent rage sur le pays. Il semble que l'agriculture et la civilisation auraient pu commencer dans des conditions plus favorables.

La tribu vagabonde qui contemplait ce paysage, y découvrant des déserts, des fleuves et des marais, ne disposait que de simples outils – et non de roues, de charrettes ou chariots, ou d'animaux de trait. Même aujourd'hui, les eaux débordant du fleuve ne peuvent être utilisées pour l'agriculture que si les champs sont protégés par un système complexe de barrages, de digues et de canaux interdépendants.

Mais qui parmi ces arrivants possédait les connaissances, la perspicacité et le savoir-faire pour envisager puis implanter un système d'une telle sophistication ?

Afin que les Sumériens puissent s'installer le long du Tigre avec l'intention de bâtir un système d'irrigation à grande échelle pour une production agricole, ils auraient dû nécessairement arriver avec un haut niveau de connaissances sur la façon de s'y prendre, et cela afin de s'assurer suffisamment de nourriture pour eux-mêmes. A vrai dire, ils savaient que la première étape requise pour transformer la Mésopotamie en terre agricole productive consistait à se charger des fleuves et des marécages.

Mais où pouvaient-ils avoir acquis un tel corpus de connaissances ?

Les scientifiques n'ont pas découvert de preuves expliquant comment les Sumériens ont acquis leurs techniques agricoles et d'irrigation, ni le restant de leurs connaissances si en avance sur le reste du monde. Leur installation se produisit à un point de l'histoire antérieur à l'avènement des villes (qu'ils inventeront eux-mêmes plus tard) et de la stratification sociale, et elle précéda également la spécialisation du travail.

En gardant ces détails à l'esprit, il semble difficilement probable qu'une vallée fluviale de cette importance aurait été le choix initial le plus logique pour l'installation de cette tribu primitive. En outre, à cette époque de l'histoire, le monde n'était pas surpeuplé et ne manquait pas de choix alternatifs. Il n'y avait pas de nations ou d'armées souveraines au sujet desquelles s'inquiéter, et les peuples n'avaient pas conservé la trace ou le souvenir d'une quelconque réussite à suivre un mode de vie sédentaire et à cultiver des récoltes dans un pays montagneux.

Nous pourrions nous demander s'il est possible que le climat et l'environnement aient été différents dans cette région géographique il y a 6.000 ans. Car ceci pourrait expliquer le choix de Sumériens.[46] Or, nous avons la chance d'en savoir beaucoup sur cette région parce qu'elle détient 70% des réserves mondiales de pétrole, ce qui a encouragé des études approfondies par les prospecteurs pétroliers et les géologues.

Pendant la période glaciaire, le niveau des mers autour du monde était de 120 mètres en dessous de celui que nous connaissons. Même à une période aussi récente qu'il y a 12.000 ans, le niveau des mers était si bas que les eaux marines pénétraient tout juste dans le bassin peu profond de la mer d'Arabie (ou mer d'Oman). A cette époque, le système fluvial du Tigre et de l'Euphrate coulait dans les parties les plus profondes du golfe Persique, le long de ce que les géologue appellent le fleuve Ur-Shatt. Le delta mésopotamien n'existait pas. Des dunes de sable submergées sous la partie nordique du golfe et des relevés d'isotope d'oxygène au milieu des profondeurs marines offrent une solide preuve de l'extrême aridité de la région.

Entre 13.000 et 4.000 av. JC, le niveau des mers augmenta de façon significative alors que les calottes glaciaires fondaient. Les météorologues suggèrent qu'il y eut une augmentation des précipitations dans le Proche-Orient durant cette période et les botanistes indiquent une croissance du règne végétal. En 5.000 av. JC, se forma un large estuaire marin, là où l'Euphrate se trouve aujourd'hui. Puis, sur les deux millénaires suivants, le vaste estuaire se remplit de vase. La nappe d'eau resta toutefois élevée. Alors que la poussière était apportée par le vent depuis la péninsule arabique, le ni-

46 Jack M. Sasson, éd., *Civilizations of the Ancient Near East* (New York : Scribner, 1995).

veau des mers se stabilisa, et la vase et la poussière accumulée obstruèrent tant les estuaires que se formèrent de grandes zones marécageuses.

Cela nous donne une bonne image de ce que trouvèrent les Sumériens à leur arrivée dans le pays qui allait devenir le leur : un patchwork de déserts, de plaines semi-arides, d'estuaires luxuriants et de rivages qui ne sont pas ceux que l'on connaît aujourd'hui. C'était les matières premières agraires avec lesquelles les nouveaux arrivants allaient travailler. Ce n'était certainement pas un environnement bien arrosé et tempéré semblable à, disons, l'actuelle Central Valley de Californie, mais les Sumériens allaient poursuivre pour y bâtir les premières grandes cités, et créer les premiers terrains agricoles irrigués à partir de marais asséchés. Les scribes sumériens nous parlent de leurs arbres et de leurs vergers, de leurs prairies bien arrosées, de leurs champs généreux, de leur sol fertile – un pays de cocagne.

Néanmoins les Sumériens ne s'attribuaient pas le mérite de leur miraculeux moyen de transformer leur rude environnement. Au contraire, ils disaient qu'Enlil – un dieu du Ciel et de la Terre qui était descendu sur cette planète depuis une autre planète – « *avait fait s'étendre les peuples dans de paisibles pâturages comme du bétail et avait approvisionné Sumer en eau, apportant une joyeuse abondance* ».[47]

Ils parlent également d'autres dieux, comme Ea (Enki), le frère d'Enlil. En tant que linguiste, Zecharia Sitchin note dans son premier livre, *La 12ᵉ planète*, au sujet d'Enki :

> « *Dans les textes sumériens, son arrivée sur Terre est associée à une époque où les eaux du golfe Persique allaient plus loin dans les terres qu'à l'heure actuelle, transformant en marais la partie sud du pays.*

47 Zecharia Sitchin, *The 12th Planet* (Rochester, Vt. : Bear and Co., 2002).

Ea (nom qui signifie littéralement « maison-eau »), qui était un maître ingénieur, planifia et supervisa la construction des canaux, des digues des fleuves, et le drainage des marais ».[48]

Bien sûr, les scientifiques contemporains nous disent que ce ne sont que des mythes. Mais avant de voir plus en détails ce que nous disent les Sumériens sur leur propre histoire, nous devons examiner le contexte historique du savoir moderne relatif à la culture sumérienne.

Comme je l'ai brièvement souligné dans chapitre 1, dès le milieu du XVIIIe siècle, les savants occidentaux, les historiens et bien des laïcs ne considéraient plus l'Ancien Testament comme représentatif de l'histoire véritable. En fait, il avait été relégué au statut de folklore et de « *légende tribale* ». A cette époque, les Européens et les Américains attribuaient les débuts de leurs civilisations à la Grèce et à Rome, c'est-à-dire aussi loin que l'histoire remontait, démontrant à quel point et à quelle vitesse l'histoire concrète peut être perdue.

L'opinion générale commença néanmoins à changer vers la fin du XVIIIe siècle, lorsque Napoléon s'aventura en Égypte avec son armée et une équipe de savants. Et lorsque les témoignages des merveilles du Nil atteignirent l'Europe, l'ancienne Égypte de la Bible devint tout à coup réelle.

Lors des premières décennies du XIXe siècle, pendant que les savants français commençaient à reconstituer le puzzle de l'Égypte ancienne, divers archéologues et explorateurs se mirent à fouiller l'Empire ottoman, sur le déclin au Moyen-Orient. D'étranges monticules poussiéreux parsemaient cette régions désolée. Pouvaient-ils être les cités oubliées de l'Assyrie biblique ? L'archéologue français Paul Emile Botta décida de mettre au jour un monticule du nord de la Mésopotamie

48 Ibid.

près de l'ancienne ville de Mossoul. Ses recherches prouvèrent que c'était les ruines de Dur Sharru Kin, la demeure du roi Sargon II.

Quand à l'archéologue anglais Austen Henry Layard, il opta pour un site à environ 15 kilomètres en aval du fleuve, où, en 1843, il mit au jour Ninive, capitale de l'Assyrie d'après la Bible. Ninive s'avéra pleine de trésors, mais les savants réalisèrent qu'elle existait à une date plus tardive dans la chronologie biblique ; elle était tombée aux mains de Babylone en 612 av. JC : *« Et il étendra sa main contre le Nord, et détruira l'Assyrie ; et il livrera Ninive à la dévastation, région aride comme le désert »* (*Sophonie* 2:13).

Pour sa part, Babylone ne fut découverte qu'au début du XXe siècle. Les récits bibliques prirent vie lorsque on trouva la grande ziggourat comme la tour de Babel. L'ancienne cité était une forteresse, avec une enceinte de murs suffisamment larges pour permettre à dix chars, côte à côte, de passer dessus au galop. Les fouilles montrèrent qu'elle était exactement comme décrite dans la Bible et par les historiens antiques grecs et romains : un vaste complexe de palais et de temples où se situaient autrefois de merveilleux jardins suspendus.

Les découvertes de Layard donnèrent un nouvel intérêt à la Bible en tant que document historique valide. Il découvrit plus tard la bibliothèque royale du roi d'Assyrie, Assurbanipal, laquelle renfermait 25.000 tablettes d'argile. Pendant que plusieurs générations de linguistes s'acharnaient à déchiffrer ces tablettes cunéiformes ainsi que celles qu'avaient trouvées d'autres archéologues du milieu du XVIIIe siècle, ils continuaient à trouver des écrits postérieurs, presque des démentis, affirmant que les tablettes avaient été retranscrites à partir de sources plus anciennes dont on ne pouvait déterminer ni la forme, ni l'origine. Bien avant la mise au jour des véritables ruines de la civilisation sumérienne, les savants tombèrent, dans les tablettes babyloniennes et assyriennes, sur des références à l'ancienne langue des Sumériens (qui n'était pas connue des linguistes modernes[49]) et sur des noms inhabituels qui n'appartenaient pas à des peuples ou à une langue identifiables.

Après la découverte de Ninive par Layard, la plupart des gens pensaient que cette ville et celle de Babylone existaient depuis une époque très ancienne, c'est-à-dire aussi loin que l'on pouvait remonter dans l'histoire. Néanmoins, les scientifiques furent convaincus qu'il existait un prédécesseur aux civilisations assyriennes et babyloniennes. Lors d'un curieux revirement, les historiens qui n'avaient pas tenu compte de la Bible, la considérèrent comme la source de la découverte suivante.

La *Genèse* indiquait deux possibilités : à savoir Akkad et le pays de Shinéar : « *Et à l'origine de son royaume : Babel et Erech et Akkad* » (*Genèse* 10:10); « *Et il advint qu'ils voyagèrent vers l'est, qu'ils trouvèrent une plaine dans le pays de Shinéar et s'y installèrent* » (*Genèse* 11:2). Lorsque les ruines de l'ancienne Akkad furent mises au jour et révélèrent qu'elle avait précédé Babylone de 2.000 ans, il fut évident qu'elle était le tronc et que Babylone et l'Assyrie en étaient les ramifications. Ce qui établissait ceci : la civilisation datait de 3.500 ans et remontait à l'ancienne Akkad.

Néanmoins l'affaire n'était pas tout à fait classée. Quand les linguistes étudièrent les statues, les obélisques et les tablettes d'Akkad, ils découvrirent exactement ce qu'ils avaient glané en examinant les artefacts assyriens et babyloniens : la preuve qu'ils avaient été

49 Note JdL: voir à ce sujet *Biographie de l'Archange Gabriel*, où il est montré que le sumérien ancien a directement donné le hongrois contemporain. Si la parenté est désormais claire pour tous les linguistes, en revanche personne ne comprend comment ce peuple sumérien a migré jusqu'en Europe centrale. Ed. Jardin des Livres, 2006, Paris.

précédés par une civilisation bien plus ancienne. Après tout, le tronc devait avoir des racines.

La scène archéologique était prête à offrir la vedette à un brillant archéologue anglais. C. Leonard Wooley commença ses fouilles en 1922 dans le sud de la Mésopotamie. Pendant 12 saisons, il mit au jour les vestiges d'une autre cité biblique, l'Ur des Chaldéens, la ville natale d'Abraham, et retrouva des cylindres d'argile cunéiformes. Les linguistes réalisèrent bientôt que c'était les originaux que les scribes akkadiens et babyloniens avaient étudiés et copiés.[50] Il était à présent clair que la « *plaine de Shinéar* » où – nous dit la Bible – « *les hommes se mirent à ériger une tour atteignant le ciel* », était la Mésopotamie.

La découverte de Sumer captiva l'imagination du monde. Les fouilles de Wooley furent suivies avec beaucoup d'attention et rapportées dans les média. Il trouva des murs entourant les palais, les temples et les ziggourats des villes sumériennes. Le chemin du mythe à l'histoire avait été un long dédale, couvert de poussière, complexe et tortueux.

C'est là que nous devons garder à l'esprit un fait très important : jusqu'à ce que ses vestiges soient découverts, Sumer était considérée comme un mythe, un produit de l'imagination. Il est incroyable que ce qui s'avéra être le berceau de la civilisation occidentale ait été relégué comme un simple conte folklorique jusqu'au moment de sa découverte. En cela, c'est une leçon pour les scientifiques modernes que d'émettre des hypothèses moins hâtives et de rester plus humbles dans leurs déclarations sur ce qui est vrai ou faux dans l'histoire ancienne. De nouvelles découvertes sont effectuées chaque année, qui défient souvent – puis modifient – les déclarations et les modèles anciens.

---

50 Sir Charles Leonard Wooley, *Ur of the Chaldees: A Record of Seven Years of Excavation* (Harmondsworth, Middlesex, U.K. : Penguin, 1940).

D'autres « mythes » de la Bible évoquant plusieurs cités anciennes et peuples légendaires se sont peu à peu révélés être de l'histoire factuelle. Bien que passionnantes, les nouvelles découvertes menèrent également à des mystères plus profonds, à des controverses et des défis : qui étaient les Sumériens qui bâtirent des digues et des canaux, et entourèrent des cités de murs d'après des plans qui seraient par la suite transmis sur des milliers d'années, jusqu'aux fondateurs de Babylone ? Ils se qualifiaient eux-mêmes de peuple des têtes noires. Lorsque les linguistes déchiffrèrent finalement leur écriture cunéiforme, leurs récits sur l'avènement de leur civilisation ressemblait à de la science-fiction, mêlée à un savoir humain très pragmatique :

> « *Lorsque le sceptre royal descendit du ciel, l'auguste couronne et le trône royal étant déjà descendus du ciel, il* [le roi] *réalisa régulièrement à la perfection* [...] *posa la brique de ces cités en des lieux purs. Ces cités, qui avaient été nommées par des noms, et qui avaient été assignées de paniers d'un demi boisseau, draguèrent les canaux qui étaient obstrués par de l'argile cramoisie portée par le vent, et elles amenèrent l'eau. Leur nettoyage des plus petits canaux instaura une abondante croissance* ».

Ces descriptions et instructions viennent de ce qu'on appelle le *Premier almanach du fermier* : « *Gardez un œil attentif sur l'ouverture des digues, des rigoles et des remblais* [de telle manière que] *quand vous inondez le champ, l'eau n'y monte pas trop vite* ». Les instructions se poursuivent avec une attention toute particulière aux détails : « *Que le maniement de la pioche éradique les sabots des bœufs pour vous* [après le sarclage et] *les égalise* [...] [Ce sont] *les instructions de Ninurta, le fils d'Enlil* ».[51]

---

51 Cité d'après *The First Farmer's Almanach*, in Samuel Noah Kraemer, *Cradle of Civilization* (Alexandria, Va. : Time-Life, 1978).

Le peuple des têtes noires ne prétendait pas avoir inventé les points essentiels de leur remarquable civilisation. Dans les textes qui se répétant, les Sumériens affirment que des « dieux » sont venus sur terre et leur ont tout enseigné après avoir dragué les terres marécageuses et construit les cités. Les scientifiques du XXe siècle ont considéré ces récits comme des mythes, tout comme les savants de la fin du XIXe siècle avaient facilement jugés que Ninive et Ur étaient des mythes.

Un bien curieux revirement avait eu lieu au sujet de ces villes : alors qu'elles ne pouvaient elles-mêmes plus être prises comme de simples légendes, les récits historiques des peuples qui avaient fondé ces premières cités ne pouvaient être que considérés comme des contes folkloriques culturels!

Sans cesse, les récits sumériens se réfèrent à la fois aux dieux principaux comme Enlil, Enki, Ninurta et Ninhursag, et aux dieux travaillant à un rang inférieur, les Anunnaki, qui comptent un dieu piocheur, un dieu façonneur de briques, un dieu forgeron et ainsi de suite. Mais de telles distinctions amènent une certaine confusion au sujet de ce que les Sumériens considèrent comme des dieux. Visiblement, ce n'était pas des dieux tels que nous le pensons. Ils sont d'avantage dépeints comme des hommes qui réalisent des tâches spécifiques ou donnent des instructions précises sur la façon de les accomplir (comme la citation précédente tirée du *Premier almanach du fermier*). Même si les Anunnaki agissaient comme ce que nous appelons des guides ou des mentors, les Sumériens les désignaient comme des dieux.

Les scientifiques modernes ont relégué ces êtres dans le royaume mythologique, ou religieux, du panthéon sumérien. Ils contestent les descriptions des Sumériens à propos des dieux, personnes réelles, en chair et en os, qui sont venus sur Terre pour les créer et les guider. Et qui devons-nous croire : les Sumériens eux-mêmes, qui révolutionnèrent le monde, laissèrent de nombreuses preuves archéologiques de leurs prouesses, et ne cherchèrent pas à s'attribuer le mérite de ces exploits, ou les universitaires modernes dont la vision du monde vient de ceux qui ont auparavant nié l'existence même des Sumériens et qui maintenant nient la véracité de leur histoire ? Ou bien les dieux sumériens étaient des conseillers et des professeurs humains supérieurs, comme il est affirmé dans leurs écrits cunéiformes, ou ils étaient les créations d'une imagination ancienne.

Que fournissent les preuves ? Mis à part le fait que les scientifiques ne connaissent pas le lieu d'origine des Sumériens ou les racines de leur langage, ce qui laisse entrevoir une possibilité à la véracité des récits sumériens, voyons les indices révélant les prouesses de cette civilisation ancienne : ils bâtirent les premières villes, ce qu'aucun être humain n'avait jusque là conçu ou accompli. Pour réaliser ce tour de force il fallut organiser une nombreuse main-d'œuvre, et la nourrir. Comme nous l'avons déjà dit, une agriculture à grande échelle pour sustenter toute la population exigeait l'aménagement d'un système d'irrigation et de contrôle des crues complexe. L'on doit aussi aux Sumériens les premières charrues à bœufs, mentionnées dans l'ancien *Premier almanach du fermier*.

Les villes, une douzaine en tout, furent soigneusement établies. Le premier travail consista à construire un tertre élevé pour chacune afin de se protéger des inondations. Puis les bâtiments furent érigés en employant des briques standardisées, composées d'argile renforcé de roseaux coupés en morceaux et de paille, puis moulées et cuites dans des fours. Les maisons typiques comportaient un ou deux niveaux ; solides, elles étaient construites côte à côte, avec d'étroits passages entre les rangées de maisons.

Il est à noter que le mode de construction employé par les Sumériens demandait l'avènement de deux importantes innovations : le four et la standardisation des matériaux de construction. L'invention du four permettait aussi de fondre et d'allier des métaux, deux autres procédés à ajouter à un étonnant chapelet d'innovations en une période de temps très réduite.

Un autre accomplissement à porter au crédit des Sumériens est l'invention de l'écriture, car nous ne saurions pas grand chose d'eux s'ils n'avaient pas inscrit toutes sortes de faits et de procès-verbaux sur leurs ingénieuses tablettes d'argile. Ils inventèrent aussi les sceaux dont ils imprimaient la marque sur leurs tablettes, forme de caractère ou d'impression mobile semblable aux tampons (ou timbres en caoutchouc) que nous utilisons de nos jours.

Nous devons à présent rappeler à quoi ressemblait le monde sumérien : il n'y avait pas d'arbres, pas de pierres et aucun métal dans l'environnement, faisant de la région un improbable lieu de colonisation, quel que soit le type d'installation, et encore moins pour établir une culture aux aspirations grandioses. Les bâtisseurs et les occupants des cités avaient besoin de combustible pour le fonctionnement de leurs fours à brique et le chauffage de leurs maisons en hiver ; ils avaient besoin de minerai brut à fondre, et, de plus, de combustible pour les opérations de fonte.

Comment les Sumériens échappèrent-ils à ces limitations ? Ils utilisèrent les produits pétroliers naturels comme le bitume et l'asphalte qui, dans cette région, bouillonnaient à la surface du sol. Ils découvrirent – ou on leur montra – que ces substances pouvaient aussi être employées pour sceller et calfater les fissures, et pour construire des routes.

Avant les Sumériens, il n'y avait pas de boulangers, de harpistes, de charpentiers, de forgerons, de bijoutiers, d'artistes, d'ingénieurs, de mathématiciens, de bureaucrates ou de scribes. Toutes ces innovations apparurent pour la première fois dans leurs cités entre 3.700 et 3.000 av. JC. Outre l'irrigation, l'agriculture, les fours et l'écriture, ils inventèrent la roue, le chariot, le bronze, les bateaux à voile, les mathématiques, la harpe, l'astrologie, les écoles et l'idée de commerce et de professions. En bref, ils inventèrent quasiment l'entière base de toute civilisation future – d'un seul coup.

Après les Sumériens, la civilisation était basée sur cinq éléments de base : l'agriculture, les villes, la métallurgie, la spécialisation et la stratification sociale. Les Sumériens devaient posséder quelques gènes très spéciaux parce qu'ils semblent être arrivés de nulle part pour réaliser des miracles – du moins en matière de technologie – quand on les compare à leurs contemporains et à la totalité de la préhistoire humaine.

L'époque d'innovation sumérienne n'était pas seulement sans précédent ; elle ne s'est pas d'avantage reproduite. La Grèce et Rome n'ajoutèrent que bien peu au cadre technique de base qui fut transmis à partir Sumer via la Babylonie et l'Assyrie. Jusqu'au XVIe siècle, l'Europe occidentale contribua très peu aux inventions révolutionnaires. La charrue tirée par des bœufs ou des chevaux était toujours utilisée en Europe, en Amérique comme dans le reste du monde au XXe siècle, presque 5.000 ans après avoir été inventée.

Le Grèce antique, Rome et le reste de l'Europe dépendaient des récoltes céréalières basiques originaires du Moyen Orient. Nous faisons toujours pousser des hybrides de ces mêmes récoltes. Les techniques des procédés métallurgiques et les métaux basiques de l'ancien monde demeurèrent les mêmes après la chute de la Grèce et de Rome; le huitième métal ne fut découvert que 1.000 ans plus tard. Mais le véritable problème qui entoure tous ces impressionnantes réalisations, si radicalement avancées vu la situation de la population du reste du monde, est qu'il n'y a pas de chemin que l'on puisse retracer, pas à pas, menant de ces Sumériens au mode de vie de chasseur-cueilleur. La science n'a pas expliqué l'explosion de développements – soudaine et sans précédent – des Sumériens. Mais la science ne pourrait pas être bavarde quand – comme l'ont affirmé les Sumériens eux-mêmes – ces développements ont été institués par une civilisation déjà avancée – la « race de la Genèse ».

~ 7 ~
ÉGYPTE : MYSTÈRES DANS LE DÉSERT

Vers la même époque, lorsque les cités de Sumer se développaient, une autre curieuse civilisation commença à construire une ziggourat, puis une grande pyramide le long du Nil. Mais comme pour Sumer, la gloire qui fut un temps celle de l'ancienne Égypte disparut finalement comme par enchantement, tel un mirage. L'utilité de ces pyramides et temples fut oubliée au gré du sable que les vents du désert apportèrent siècle après siècle. Les pharaons qui, vêtus de leurs tenues royales, avaient régné sur le pays du Sphinx trois millénaires durant, étaient partis depuis longtemps, évanouis, tels des rêves exotiques. Les sables avaient recouvert leurs tombes et leurs trésors multiples, laissant seulement la tête du Sphinx exposée au dieu du soleil, Rê.

Un héros peu probable exposa au grand jour la grandeur et le mystère de ce pays oublié. En cette fin du XVIIIe siècle, Napoléon Bonaparte se débattait avec ses ambitions et les opportunités restreintes d'élever sa propre réputation en Europe. Bien qu'il ait été éduqué dans une école militaire, il se considérait en fait d'avantage comme un scientifique rationnel que comme un général : « *Si je n'étais pas devenu commandant en chef de l'armée, je me serais lancé dans l'étude des sciences exactes.* [...] *Et comme j'ai toujours eu du succès dans mes grandes entreprises, je serais devenu une scientifique hautement distingué.* »[52]

Le petit chef français ambitionnait de suivre la voie d'Alexandre le Grand, qui avait conquis l'Égypte par le passé. Et comment atteindre au mieux ses buts, si ce n'était en organisant une campagne militaire et en partant pour le pays le long du Nil ? Néanmoins, Napoléon n'avait pas seulement en tête de conquérir l'Égypte et le pays alentour. Il voulait étudier l'Égypte. Dans ce but, il organisa une équipe de 167 érudits, des scientifiques pour la plupart, afin de prendre part à l'opération militaire, sélectionnant une partie des meilleurs esprits de France et les faisant jurer le silence. Ceux qui acceptèrent de suivre l'expédition ne connaissaient ni leur destination finale, ni leurs objectifs.

Pendant que Napoléon menait son armée à travers une série de batailles, de nombreux érudits étaient expédiés en diverses parties de l'Égypte afin de tout étudier, de la flore et la faune aux artefacts. Géomètres, mathématiciens et cartographes faisaient partie de l'équipe qui réalisa une série de découvertes-clés sur la Grande Pyramide.[53] Après avoir minutieusement inspecté et mesuré le monument, les scientifiques réalisèrent qu'il était parfaitement aligné vers le nord géographique, ce qui le carra automatiquement vers les autres points du compas et en fit une référence précise, ainsi qu'un point de triangulation.

Les recherches qui se sont poursuivies depuis cette époque ont montré que la Grande Pyramide est

---

52 Institut d'Égypte et Description de l'Égypte, Fondation Napoléon, www.napoleon.org/en/reading_room/articles/files/institut_egypte_description.asp. [NdT : la *Description de l'Égypte* de Napoléon Bonaparte, publiée en 1809 a été rééditée par Taschen en 1994]

53 Herold J. Christopher, *Bonaparte in Egypt* (New York : Harper and Row, 1962).

essentiellement un modèle d'échelle de la Terre et un repère géodésique du centre de la masse terrestre. Le rapport entre la hauteur de la pyramide et son périmètre est égal au rapport entre le rayon de la Terre et sa circonférence. Le monument colossal fait élégamment la quadrature du cercle et inclut *pi* en bien des points.

Outre le fait d'avoir été l'initiateur de ces découvertes, Napoléon fut profondément affecté par sa rencontre avec la Grande Pyramide. Le 12 août 1799, il demanda à ses hommes de le laisser seul dans la Chambre du Roi, comme l'avait fait Alexandre le Grand un millénaire plus tôt. L'on rapporta que le général en sortit très pâle et impressionné. Et lorsqu'un aide lui demanda sur un ton facétieux s'il avait été témoin d'une chose mystérieuse, Bonaparte lui répondit abruptement qu'il n'avait aucun commentaire à faire et ajouta d'une voix plus douce qu'il voulait que cet incident ne soit plus jamais mentionné.

Bien des années après, alors qu'il était empereur, Napoléon persista dans son refus de parler de ce moment passé dans la pyramide, laissant simplement entendre qu'il avait reçu un présage de sa destinée. A Sainte-Hélène, juste avant sa mort, il parut sur le point de confier son expérience à l'historien français Emmanuel de Las Cases (également son mémorialiste), mais secoua la tête, disant, « *A quoi bon ? Vous ne me croiriez jamais.* »[54]

· L'expédition de Napoléon éveilla un intérêt pour l'Égypte ancienne qui incita des générations à tenter de résoudre ses mystères. Son équipe produisit 26 volumes grand format (*grand monde*[55]) de savants travaux. Ce n'était – fait incroyable – que le début de l'égyptologie. La somme d'effort intellectuel investi depuis dans l'étude des antiquités égyptiennes donne le vertige.

54 Peter Tompkins, *Secrets of the Great Pyramid* (New York : Harper and Row, 1971).
55 NdT : en français dans le texte.

Quelque 10.000 sites archéologiques ont été répertoriés et des millions d'objets ont été découverts et catalogués au cours de plusieurs siècles de fouilles. Ils attestent tous une grande civilisation, équivalente à celle de Sumer, si ce n'est la surpassant. En fait, après que les guerres aient éclaté entre les deux cultures, Sumer fut consumée en moins de quelques millénaires pendant que les événements de la Bible continuaient à se dérouler.

Bien des livres et des articles ont été publiés sur chaque aspect de l'Égypte ancienne, qui pourraient remplir des bibliothèques entières, mais le débat sur la construction de la Grande Pyramide – par qui, comment et pourquoi – fait encore rage de nos jours. Les égyptologues affirment qu'elle fut construite vers 3.500 av. JC, durant le règne de Khéops, afin de servir de tombe. Des esclaves et des fermiers auraient employé des méthodes rudimentaires, dont des traîneaux en bois, des rampes et des cordes. Il n'y a cependant aucune preuve de ce scénario de construction. La seule chose que l'on puisse étudier est le monument lui-même, qui nous fournit ces pièces informatives :

1) Chaque détail de son architecture précise semble avoir été méticuleusement planifié.

2) La structure comprend des alignements et mesures géodésiques, et des rapports mathématiques.

3) La structure est faite de pierre solide, contrairement à d'autres pyramides plus tardives qui furent construites avec des matériaux de maçonnerie (remplissage) et une couche externe de pierre taillée.

4) La pyramide couvre un peu plus de 5 hectares.

5)Elle comprend environ 2,5 millions de blocs de pierre pesant chacun entre 1 et 70 tonnes, avec un poids total de 6 millions de tonnes.

6) Bien que la plupart des blocs pèsent de 1 à 3 tonnes, de nombreux blocs atteignent 5, 10, 20 et même 40 tonnes. Le plus lourd est à 75 tonnes.[56]

La Grande Pyramide qui a été étudiée, et que nous pouvons voir aujourd'hui, ne représente pas la construction originale finie. Comme l'explique le physicien John Zajac, « *alors que la plus grande partie de la pyramide était composée de blocs de calcaire tendre de 2 à 20 tonnes, l'extérieur de la pyramide était fait d'une couche de pierre polie protectrice et brillante. Ces "pierres de garniture" sont aujourd'hui manquantes.* »[57] Il y avait ainsi 144.000 pierres de calcaire blanc poli, similaire au marbre quant à sa dureté et sa résistance. Le poids moyen de chacune était de 20 tonnes. On a dit qu'un tremblement de terre au XIIIe siècle détacha les pierres, et que la pyramide fut rapidement mise à sac, les voleurs se servant des pierre prédécoupées pour terminer leurs palais et mosquées. Cette version sur la disparition de ces pierres n'a cependant jamais été confirmée, et ni les archéologues, ni les historiens n'ont approfondi ce mystère.

Néanmoins, le mystère le plus important et le plus difficile à résoudre reste de découvrir comment et pourquoi ont été bâtis d'énormes monuments comme la Grande Pyramide et le Sphinx. Un des aspects de l'énigme entourant leur construction concerne le fait

---

56 J. P. Lepre, *The Egyptian Pyramids : A Comprehensive Illustrated Reference* (Jefferson, N.C. : McFarland, 1990).
57 John Zajac, « Who Built the Great Pyramid ? » *After Dark* 1, n°2 (Art Bell newsletter), février 1995.

que les Egyptiens n'ont jamais décrit ou dépeint, dans aucun de leurs textes hiéroglyphiques ou dans leur art, comment et pourquoi ils avaient construit ces édifices. Pourtant ce peuple est connu pour avoir laissé d'abondantes traces, sous une forme ou une autre, sur chaque aspect de leur vie : dans les tombes et les temples, sur les vases et les bas-reliefs, des scènes détaillées révèlent tout, depuis les habitudes de leur vie quotidienne jusqu'à leurs conceptions des dieux dans les cieux. Pourquoi n'y a-t-il alors pas de mentions, de descriptions ou d'explications relatives à ces deux monuments ?

Un deuxième aspect sur le mystère de ces édifices provient du fait que l'ancien peuple, qui a construit la Grande Pyramide d'après les égyptologues, vivait dans une société basée sur une agriculture de dur labeur. Avec l'irrigation à maintenir, les animaux à nourrir, les champs à s'occuper, il semble bizarre qu'ils aient détourné les précieuses ressources humaines vers un gigantesque projet de construction, et même s'ils avaient un réservoir d'ouvriers à leur disposition pour construire la pyramide, il ne pouvait être très important.

Concernant la construction du monument, comment les Egyptiens ont-ils acquis les principes architecturaux perfectionnés et les concepts d'ingénierie avancés nécessaires, pour planifier et exécuter une entreprise d'une telle importance ? D'après Zajac, « *les pierres d'angles comportent des emboîtements et des billes* » et étaient placées aux angles pour permettre à la pyramide de bouger librement en cas de tremblement de terre. Zajac pense que la construction trouvée dans la Grande Pyramide et le Sphinx est si perfectionnée à certains égards que nous ne pourrions la reproduire même avec notre technologie actuelle. Qui donc pouvait avoir bâti ce monument à l'ingénierie de précision, et comment réussir à construire ce qui demeure aujourd'hui la plus grande structure mondiale en pierre fabriquée par l'homme ?

Se peut-il que la Grande Pyramide fut érigée – comme l'assurent les égyptologues, avec des esclaves et des fermiers à l'aide de traîneaux en bois, de rampes et de cordes pour placer en force les pierres ? Cela a-t-il pu s'accomplir sans l'emploi d'outils en métal, d'animaux de traits, ou de véhicules à roues (qui n'étaient ni connus, ni employés à cette époque) ?

Un bloc de pierre d'une tonne équivaut à peu près au poids d'une voiture de taille moyenne ou d'un éléphant adulte. Même en ôtant les plus petits blocs de la roche mère dans la carrière, et en les taillant pour le transport, cela aurait constitué en soi une tâche considérable – de celle qui est aujourd'hui déjà difficile avec l'emploi d'explosifs et de marteaux-piqueurs. Et s'il fut possible de libérer de la roche mère les blocs de construction et de les tailler pour le transport avec des marteaux de dolérite et de roseaux que les Egyptiens employaient régulièrement selon les archéologues, cela dut être un processus vraiment lent et fastidieux.

S'il fut possible de transporter des blocs de 1,5 à 2,5 tonnes depuis la carrière jusqu'au site avec des traîneaux en bois et des cordes, là encore cette méthode dut être extrêmement ardue, longue, et dangereuse, tout comme le transport par radeau le long du Nil, et l'emploi d'une rampe pour amener les pierres jusqu'aux étages supérieurs de la pyramide au fur et à mesure que la construction avançait. Mais, quand bien même les plus petites pierres furent déplacées selon l'une ou l'autre de ces méthodes, les blocs de 40 tonnes, eux, n'auraient pas pu l'être. En réalité, aucune étude, ni aucune simulation n'aborde le transfert de ces charges colossales.

Pour nos constructions actuelles, nous n'employons jamais de matériaux de la taille et de la masse des pierres que l'on trouve dans les monuments de l'Égypte ancienne, et tout ce qui a une masse substantielle est transporté sur roues d'acier très solides. Par exemple, un autoclave de 200 tonnes fut transporté sur 1.200 kilomètres à travers les Etats-Unis par une semi-remorque équipée de 112 roues, et tirée par deux gros tracteurs diesel. La NASA dut construire une grue spéciale afin de dresser sa navette spatiale qui pesait 430 tonnes. Et une compagnie d'ingénierie de New York emploie une énorme grue hydraulique avec une capacité de charge de 500 tonnes maximum pour élever de plus petites grues aux sommets des buildings en construction. Sans ces moyens de transport perfectionnés à disposition, il semble que le travail d'édification de la Grande Pyramide, avec des matériaux de construction massifs, soit impossible.

Si la communauté actuelle d'archéologues veut prouver que les anciens Egyptiens ont construit la Grande Pyramide à l'aide de techniques et dispositifs primitifs spécifiques et de labeur, il est nécessaire que les scientifiques, lors de leurs tests, emploient les mêmes matériaux et reproduisent exactement les mêmes conditions qui furent ceux et celles que les anciens employèrent, selon leur théorie ; faire par exemple un test qui consiste à tailler, dresser et transporter de la carrière au site de construction un bloc de 70 tonnes. Puis, hisser le bloc sur une rampe positionnée d'après un angle de 30°, afin de coller à l'inclinaison des faces de la Grande Pyramide, sur une distance égale à la longueur d'un côté de la pyramide. Et par dessus tout, la rampe doit s'élever à 90 mètres de hauteur par rapport au sol...

Ce test représente une version minimaliste du défi titanesque auquel les anciens ont dû faire face, et, avant que puisse être universellement reconnue la théorie des égyptologues sur la façon dont ont été construits ces monuments, il faut prouver que ce défi est réalisable.

Il convient de noter qu'en 1995 une équipe d'experts – menée par l'archéologue Mark Lehner, le maître maçon Roger Hopkins, et le regretté Aly el Gasab, un des meilleurs spécialistes d'Égypte dans le déplacement de lourdes statues – tentèrent de démontrer comment les anciens Egyptiens extrayaient et transportaient les lourdes pierres. Ils décidèrent de fabriquer une réplique – de 35 tonnes – d'un obélisque, en utilisant ce qu'ils pensaient être les méthodes des anciens (35 tonnes ne représente que 1/10e du poids du plus lourd obélisque égyptien).[58]

L'équipe commença par essayer d'extraire un bloc de granit à l'aide du même type de marteau en dolérite dont se seraient servi les anciens. Cependant, le travail avançait si lentement qu'ils les abandonnèrent au profit de bulldozers et d'autres engins afin d'abréger la durée de la taille de l'obélisque.

L'abandon de ces anciennes méthodes par l'équipe semble prouver que même un obélisque, pesant moitié moins que le plus lourd bloc de la pyramide, ne peut être extrait, taillé et transporté de façon efficace en utilisant des moyens rudimentaires.

L'équipe tenait néanmoins à prouver que l'obélisque pouvait être érigé d'après le système supposé des anciens. Cela impliquait d'abaisser l'obélisque dans une tranchée inclinée, tout en le maintenant en place avec des cordes diversement positionnées et tendues. Plus de 100 hommes de l'équipe furent nécessaires pour le hisser – à moitié seulement – dans la position verticale. Par la suite, ils furent capables de hisser un obélisque de 2 tonnes, mais, comme le patron de la carrière égyptienne l'affirma dans une interview, ils n'auraient pas dû rencontrer de difficultés avec des blocs de moins de 100 tonnes s'ils voulaient prouver le bien-fondé de leur théorie.

Après une interruption de 5 ans, l'équipe se re-

58 *Nova*/PBS Online Adventure, « Mysteries of the Nile : Raising the Obelisk », Public Broadcasting Online, 1995.

groupa pour un deuxième essai de levage d'obélisque, lequel était déjà en place grâce aux engins modernes. Et cette fois-ci, ils réussirent à mettre debout un obélisque de 35 tonnes ; mais parce qu'ils ne tentèrent pas d'extraire et de tailler l'obélisque, ni de graver sa surface au préalable, comme l'auraient fait les anciens, ce ne fut pas une stricte reproduction de la tâche qui avait été accomplie des milliers d'années auparavant.

Il est humiliant d'imaginer que d'une façon ou d'une autre, les Egyptiens sont parvenus à extraire, tailler et déplacer non pas un, mais plusieurs millions de blocs de pierre pour créer la Grande Pyramide. Alors combien pouvaient-ils en placer en un jour, un mois, ou une année ? S'ils avaient posé 5 pierres terminées par jour, et ce chaque jour de l'année, cela aurait pris plus de 500 ans pour finir le monument. Même s'ils avaient mis en place 100 blocs par jour – ce qui est inconcevable – la construction de la pyramide aurait pris quasiment 70 ans.

Si la Grande Pyramide fut construite en tant que tombe pour le pharaon, comme on le suppose, le pharaon régnant lors des débuts des travaux aurait-il songé à la sépulture des futurs pharaons ? Peut-être projeta-t-il d'avoir son propre corps momifié et entreposé en attendant d'être placé dans la pyramide lors de son achèvement. Qu'aucune momie n'ait jamais été trouvée dans la Grande Pyramide jette quelque doute sur la supposition selon laquelle cette construction gigantesque était destinée à servir de tombe. La théorie généralement reconnue au sujet de toutes les pyramides d'Égypte est qu'elles furent construites comme des monuments à la grandeur des pharaons et que leurs chambres étaient remplies de toutes sortes de trésors et de nécessaire pour la vie du pharaon dans l'au-delà. Mais aucun trésor de la sorte n'a été découvert dans la Grande Pyramide.

Peut-être que le véritable trésor de la Grande Pyramide repose dans son alignement géodésique, et dans le fait que *pi* se trouve dans différents rapports employés pour la structure en pierre par les architectes qui la conçurent. La hauteur de la pyramide est à son périmètre de base comme un rayon de cercle est à sa circonférence : deux fois la longueur d'un côté de sa base, divisé par sa hauteur, est égal à la valeur de *pi*.[59] Sans doute est-ce ça qui indique par qui, comment et pourquoi la Grande Pyramide fut construite.

Si les dieux l'ont bâtie, ils l'ont fait pour une raison, une raison que nous avons oublié au fil du temps. La Grande Pyramide nous transmet au moins un message évident : elle incarne le savoir même de ses constructeurs, leur très bonne connaissance de la taille et de la forme de la terre, et des principes architecturaux et mathématiques qui n'auraient pu être reconnus que par une culture (telle la nôtre) pouvant plus ou moins partager cette conscience.

Les ruines de l'Égypte ancienne donnent quelques clefs pour comprendre l'histoire humaine et l'intervention d'une race plus avancée dans notre passé. Les mystères de la Grande Pyramide, bien que parfaitement connus, demeurent non résolus ; les égyptologues ne sont toujours pas capables d'expliquer comment les anciens Egyptiens ont pu construire une telle structure à l'aide de leurs connaissances mathématiques rudimentaires, de leurs talents d'ingénieurs basiques et de leurs outils primitifs.

Comme nous le verrons dans les chapitres suivants, d'autres structures monumentales ont été trouvées en Chine, au Pérou et au Mexique – trois régions où d'anciennes civilisations se sont soudainement épa-

59 NdT : ou, son périmètre (4 fois le côté de sa base) divisé par 2 fois sa hauteur est égal à *pi* : (4 x 232,805) ÷ (2 x 148,208) = 3,1416 (calculs de l'abbé Moreux).

nouies et ont prospéré, et trois endroits qui indiquent l'intervention d'une race de la Genèse.

~ 8 ~
VALLÉE DE L'INDUS : LE PEUPLE DE L'EAU

Exactement comme pour les anciennes Sumer et l'Égypte, des ruines éparpillées sur une vaste région, allant de l'Inde au Pakistan, font preuve d'une sophistication inattendue si l'on songe que ces édifices originaux furent construits alors que la plupart des peuples vivaient encore dans des huttes aux toits de boue ou de chaume. Et plus encore que les cinq autres civilisations primitives de la planète, celle qui émergea soudainement dans cette partie du monde demeure « perdue » parce que son langage n'a toujours pas été décrypté.

D'après les anthropologues, la vallée de l'Indus était le foyer de la plus grande des civilisations anciennes urbaines venant d'émerger. Située dans l'actuel sud-est du Pakistan et l'ouest de l'Inde, la civilisation harappéenne[60] semble s'être brusquement épanouie sous une forme extraordinairement sophistiquée vers 3.000 et 2 500 av. JC. Comme l'ont établi les archéologues, les Harappéens construisirent une demi-douzaine de villes

60 NdT : appellation due au site d'Harappa, ville située dans l'actuel Pakistan qui fut mise au jour dans les années 1920 et révéla l'existence de cette civilisation, connue aussi sous l'expression civilisation de l'Indus.

majeures, faites de briques et de pierre, assorties d'un système d'égout, de rues ordonnées, et de bains publics et privés. Leur société, multiraciale – comme le montre les statues et autres objets d'arts – s'étendit par la suite à 1.600 kilomètres de son point d'origine et comprenait au moins 1.500 colonies.

Nous ne savons pas qui édifia cette société urbaine sophistiquée. Des tablettes avec des inscriptions ont été découvertes mais n'ont toujours pas été déchiffrées. Comparativement à celle de l'Égypte ancienne, la culture harappéenne fut découverte assez tard – dans les années 20 par des archéologues occidentaux. La plupart des ruines, y compris celles des principales cités, doivent être mises au jour.

Lorsque des villes harappéennes telle Mohenjo-Daro furent découvertes, les savants présumèrent qu'elles ressembleraient plutôt à celles de Mésopotamie. Ils ne trouvèrent cependant aucune trace d'armée. Il est clair que cette civilisation industrieuse avait réussi à se répandre sur une région plus grande que la France, sans employer la force. Autre caractéristique intéressante la différenciant des autres civilisations anciennes (d'Égypte et du Pérou), les temples, les palais, l'architecture monumentale et l'étalage de richesses y sont absents, ce qui indique qu'elle était relativement égalitaire.

Les Harappéens bâtissaient leurs villes selon les modèles que nous employons de nos jours. Les rues étaient droites et disposées selon un plan quadrillé rectangulaire tel un damier. Comme les Sumériens, ils employaient la brique (de terre cuite et de bois) comme matériaux de construction de base. Ces briques – standardisées selon un rapport longueur-largeur-hauteur de 4:2:1) constituaient la signature d'une construction harappéenne. Leurs pièces de monnaie, jetons et sceaux nous indiquent qu'ils avaient adopté des poids standard lors de l'ample expansion de leur civilisation.

La ville harappéenne de Dholavira depuis longtemps désertée – découverte en 1967 dans l'Etat de Gujarat en Inde – peut prétendre à plusieurs premières : le premier panneau d'affichage, le premier système de tout-à-l'égout, et les premiers bains. Curieuse ironie de l'histoire humaine, la sophistication dont fait preuve la ville de Dholavira, planifiée et ayant bénéficié d'un travail d'ingénierie il y a plus de 4.000 ans, surpasse celle de ses homologues actuelles dans la majeure partie du Pakistan et de l'Inde.

Quel était le message de l'ancien panneau qui surplombait autrefois cette grande ville qui a chuté depuis ? Personne ne le sait, l'écriture pictographique n'ayant toujours pas été décodée.

La communauté harappéenne de Mohenjo-Daro, abritant 50.000 résidents, était située sur la rive du fleuve Indus. Elle comprenait des maisons, un grenier (entrepôt de grain), des bains, un hall de rassemblement (ou une salle de réunion) et une tour, tous en briques. Les rues étaient larges de 2,5 à 3 mètres en moyenne, et la ville était divisée en deux parties.

Sur le niveau supérieur se trouvait la Citadelle, qui comprenait un réservoir complexe appelé le Grand Bain. Ce Grand Bain faisait 13 mètres de long sur 9 de large, avec 2,5 mètres de profondeur – un bel aménagement public toutes normes confondues. Avec sa maçonnerie en briques de fine qualité et ses canalisations, il retenait l'eau grâce à deux couches de briques, du ciment à base de chaux et du bitume pour l'étanchéité. Le bain, entouré d'une véranda, comportait une section peu profonde pour les enfants. Un grenier géant, un grand bâtiment résidentiel, et plusieurs salles de rassemblement ou de réunion à bas-côté se trouvaient également à ce niveau supérieur.

A l'est de la Citadelle se situait la ville basse, qui consistait en maisons, ateliers de potiers, fours, cuves de teinturier, forges et boutiques de bijoux. Comme les Sumériens, les gens de la société harappéenne devaient s'accommoder des débordements massifs et périodiques du fleuve et semblaient ainsi avoir une excellente connaissance pratique de l'irrigation et des techniques de contrôle des crues. En outre, leur maisons disposaient d'installations sanitaires[61] et beaucoup avaient des salles de bains. Tout indique que les Harappéens partageaient les mêmes conceptions hygiéniques que nous.

A partir des fouilles, on apprit que les collecteurs de taxes utilisaient des poids standardisés pour titrer les biens, que les potiers produisaient des dessins standardisés, et que l'élite usait de seaux en stéatite, personnalisés et estampés de l'écriture de l'Indus et de dessins d'animaux, pour tamponner les produits marchands.

« *Ils possédaient également une formidable technologie d'artisanat, si ce n'est la meilleure de l'âge du bronze* » affirme Jim Shaffer de la Case Western Reserve University. « *Dans les villes, les unes après les autres, le peuple de l'Indus construisait des puits profonds garnis de briques, fondait et coulait le cuivre et le bronze, et fabriquaient des bijoux.* »[62] Les anciens textes sumériens évoquent un commerce au troisième millénaire av. JC avec deux civilisations de navigateurs, évoquées sous les noms de Makkan et Meluha, dans les environs de l'Inde. Ces récits fascinent par leurs descriptions du commerce – dont apparemment celui du cuivre par tonnes – conduit grâce à de subtils arrangements financiers. Les tablettes sumériennes décrivent Meluha comme une culture aquatique au sein de laquelle l'eau et les bains jouaient un rôle clé, ce qui nous amène à songer aux bains publics harappéens. Le fait que des objets de la vallée de l'Indus aient été retrouvés enterrés avec des Mésopotamiens corrobore l'idée que ces deux civilisations avaient des contacts.

---

61 NdT : c'est-à-dire puits, écoulement des eaux en tuyaux de poterie, et puits de décantation. (*Dictionnaire de l'archéologie*, Guy Rachet, Paris : R. Laffont, 1994).

62 Extrait in Tim Appenzeller, « A Mystifying Script : Why Did the Indus Love Baths and Unicorns ? », *U.S. News and World Report*, 24 juillet 2000.

Les mêmes questions générées par les autres civilisations anciennes nées dans la même région peuvent se poser sur la culture harappaéenne : pourquoi trouvons-nous cette soudaine explosion de connaissances avancées et quelle en est l'origine ? Les archéologues et les anthropologues ont affirmé qu'avant l'épanouissement de la société harappéenne, les peuples avaient vécu dans la vallée de l'Indus pendant des milliers d'années au sein de petits villages primitifs ; mais pourquoi les artefacts et les traces appuyant ce fait en sont-ils absents ?

En fin de compte, le perfectionnement qui a subitement fait son apparition à Dholavira et Mohenjo-Daro s'est étendu à l'ouest sur 1.600 kilomètres – et peut-être encore plus loin.

Une découverte récente sur la côte, dans l'est de l'Inde, indique que les anciennes civilisations de ce pays étaient sans doute plus répandues qu'on ne le pensait. Il a toujours existé des légendes de cités perdues, submergées sous les mers de Poompuhur sur la côte de Coromandel. Mais dans les années 2000, lors d'une étude de routine, l'Institut National d'Océanographie d'Inde trouva dans ces eaux 20 traces anormales sur une zone de 8 kilomètres.

L'Institut National d'Océanographie fit appel à l'auteur Graham Hancock pour mener une série de plongées exploratoires, et Hancock fut stupéfait de trouver des preuves concluantes d'installations humaines – un « *indice archéologique flagrant* » comme il le qualifia. La raison est manifeste : les ruines reposent à 25 mètres sous la surface – niveau qui n'a jamais été au dessus de l'eau depuis au moins 11.000 ans.

Comme nous le verrons bientôt dans ce livre, cette découverte récente d'une cité submergée est similaire à celles réalisées en Amérique du Sud, ou les légendes locales attribuent la création de leur fantastiques cités et l'invention de la civilisation aux « dieux » ayant des caractéristiques humaines et qui ont rapporté leurs connaissances de très loin.

~ 9 ~

LA MYSTÉRIEUSE CIVILISATION X : LES PYRAMIDES CHINOISES

Il est bien connu que la civilisation chinoise est ancienne et qu'au fil du temps ses peuples ont créé des merveilles comme la Grande Muraille, de sublimes porcelaines et de soies délicates. Mais, contrairement à l'Égypte, le pays du dragon n'est pas vraiment connu pour ses pyramides – bien qu'il en existe une centaine, toutes situées dans un rayon de 100 kilomètres autour de la ville de Xi'an dans les plaines centrales au sud-ouest de Pékin.

Les pyramides sont restées inconnues du monde extérieur pendant les années de la Révolution culturelle, lorsque la Chine était fermée aux étrangers. Bien que le pays soit aujourd'hui ouvert aux visiteurs, l'accès à la région où se trouvent les pyramides est normalement interdit car le gouvernement chinois y a établi son programme spatial. Néanmoins, en 1994, un écrivain allemand du nom de Hartwig Hausdorf réussit à visiter et photographier quelques unes des zones interdites et eut suffisamment de chance pour voyager jusqu'à Xi'an, ou Qin Chuan, province centrale de la Chine, où il trouva des pyramides aussi importantes que celles d'Égypte. Hausdorf rédigea un livre au sujet de ses aventures intitulé *Le Roswell chinois : rencontres d'OVNI dans l'Extrême-Orient depuis les temps anciens jusqu'à présent*.[63]

Lors de son séjour, Hausdorf examina six des pyramides, prit des photos et réalisa une vidéo de 18 minutes. Lorsqu'il rentra chez lui et visionna les cassettes, il réalisa qu'il y avait au moins 100 pyramides à l'arrière-plan. De nombreux édifices étaient en mauvaise condition, ce qui n'est pas surprenant car ils sont faits de remblai et d'argile, et non de pierre.

La plupart font de 30 à 100 mètres de haut, même si Hausdorf a estimé que la Grande Pyramide Blanche atteint les 300 mètres. (Ce pourrait être une exagération due à la platitude du terrain aux alentours.) Le chercheur allemand – qui a écrit plusieurs autres livres sur son expédition en Chine – est convaincu qu'une race extra-terrestre a construit ces pyramides.

La zone que Hausdorf explora n'est pas la seule région en Chine où il existe des pyramides. Des archéologues chinois ont récemment annoncé qu'ils avaient découvert une structure de forme pyramidale dans la région autonome de Mongolie-Intérieure, au nord de la Chine. La pyramide en pierre de trois étages est située sur une chaîne de montagne à moins d'un kilomètre de la commune de Sijazi. L'assise de pierre mesure 30 mètres de long et 15 de large. Sept tombes et les ruines d'un autel, ainsi que des tessons de poteries furent trouvés à l'intérieur du bâtiment.

L'archéologue chinois Wang Shiping s'aperçut que l'une des pyramides récemment découvertes est située exactement au « *nombril* » géographique du pays.[64]

---

63 Hartwig Hausdorf, *The Chinese Roswell : UFO Encounters in the Far East from Ancient Times to the Present.* (Boca Raton, Fla. : New Paradigm, 1998).

64 Laura Lee, « China's Secret Pyramids », *Atlantis Rising Online*, prin-

Nous avons vu cette même orientation géographique à Gizeh[65]. En fait, si nous suivons la latitude 30° nord depuis Gizeh, via le Pakistan et l'Inde jusqu'au fleuve Jaune, nous aurons suivi une trajectoire passant par trois des premières et des plus anciennes civilisations de la Terre : celles d'Égypte, de la vallée de l'Indus, et de la Chine.

Le fait qu'il y ait de mystérieuses pyramides en Chine surprit beaucoup de monde. Pour autant que l'on sache, le gouvernement chinois n'a pas officiellement autorisé de recherches archéologiques sur ces structures. Ce qui semble étrange quand on sait que les Chinois sont particulièrement fiers de leur héritage ancien. Néanmoins, les pyramides n'étaient pas totalement inconnues du gouvernement américain. Durant la Seconde Guerre mondiale, la Chine autorisa les avions de reconnaissance-photo des Etats-Unis à survoler la majeure partie du pays. Durant ces missions, des photographies des pyramides éparpillées dans les plaines centrales du pays furent prises, mais, pour des raisons de sécurité, ne furent jamais révélées au public.[66]

Dans *The Chinese Roswell*, Hausdorf relate l'histoire de deux négociants australiens qui voyageaient par ces vastes plaines du centre de la Chine il y a 100 ans. Ils découvrirent les pyramides et allèrent dans un monastère local afin de se renseigner sur leur origine et leur âge, et le gardien du monastère leur répondit qu'elles étaient très vieilles – les archives du monastère remontaient à 5.000 ans et les pyramides avaient précédé l'habitude monastique de garder des traces écrites. Le gardien leur raconta aussi que les pyramides dataient d'une époque où les anciens empereurs régnaient

temps 1997, www.atlantisrising.com.

65 NdT : ville où se situe la Grande Pyramide construite sous le règne de Khéops.

66 Hartwig Hausdorf, *The Chinese Roswell : UFO Encounters in the Far East from Ancient Times to the Present.*

sur la Chine. Et l'on disait de ces empereurs qu'ils avaient insisté sur le fait qu'ils n'étaient pas originaires de la Terre ; ils étaient les descendants des « *fils du ciel, qui étaient descendus sur cette planète à toute allure sur leurs ardents dragons métalliques* », un peu comme les premiers « *souverains divins* » de Sumer.

Hausdorf affirme que le gouvernement chinois l'a bloqué dans ses tentatives de poursuivre ses investigations. Il est convaincu qu'il tente de cacher quelque chose, et indique deux points à l'appui de ses assertions : le gouvernement a planté des pins à croissance rapide sur les côtés des pyramides pour éclipser leur forme actuelle, et il ne n'autorisera aucune fouille des structures.

La région de Xi'an, où Hausdorf découvrit les pyramides, est connue pour ses guerriers en terre cuite[67] qui gardent la nécropole du légendaire premier empereur de Chine, Qin Shi Huangdi. Les textes anciens disent que la tombe de Qin Shi Huangdi – située dans un tertre pyramidal – contient un modèle de l'empire chinois avec des fleuves de mercure, et possède un plafond couvert de joyaux disposés comme les constellations dans le ciel. Ces textes semblent irrécusables car ils font aussi allusion à l'existence des guerriers en argile.

La nécropole est haute de 45 mètres. Selon l'historien chinois Sima Qian, sous le tertre extérieur se trouve une pyramide de 40 mètres, à degrés, construite en cinq terrasses. Le texte de Qian affirme que 700.000 ouvriers travaillèrent à l'édifice. Le sol fut fabriqué avec du bronze fondu, sur lequel le sarcophage fut déposé. La tombe doit encore faire l'objet de nombreuses fouilles suite à plusieurs tentatives qui ont montré de hautes concentrations de mercure dont la toxicité pour-

67 NdT : plus de 6.000 statues.

rait rendre dangereux le travail archéologique.[68] La plupart des historiens ont relégué les Xia – la race perdue qui créa cette civilisation ancienne – au royaume du mythe et de la légende. Cependant, comme pour beaucoup des premières civilisations de la Terre, les preuves archéologiques ont montré qu'ils avaient tort. D'après la tradition chinoise, les Xia s'installèrent près des fleuves, des lacs et des cours d'eau, comme les Sumériens et les Harappéens l'avaient fait. Le philosophe Feng Hu Tzu, qui aborda la question des outils employés par les Xia, établit qu'à « *l'époque de Yu, les armes étaient faites en bronze pour construire les canaux et les maisons...* »[69]

Le Grand Yu évoqué par Tzu, était connu pour avoir régulé les eaux, et construit les canaux qui draguèrent le fleuve Jaune après la grande inondation, tout comme Enki avec le Tigre. Il voyagea inlassablement pendant 13 ans, drainant l'eau des terres, comme les dieux sumériens l'avaient accompli. Une tradition chinoise affirme que « *si Yu n'avait pas existé, nous serions tous des poissons* ». Le mythe du héros du déluge est conté depuis l'époque post-glaciaire quand les glaciers et de vastes couches de glace fondirent et créèrent de grands fleuves mugissant et d'immenses lacs sur tout l'hémisphère Nord. Le fleuve Jaune que Yu dompta est connu sous l'expression « le chagrin de la Chine » parce qu'il causa des inondations terribles et meurtrières tout au long de l'histoire, de la même façon que le Tigre.

Nous avons là une étrange convergence entre les récits chinois et sumériens qui, comme nous le verrons, s'accordent également avec ceux des anciennes civilisations mexicaines et péruviennes. Quel que soit l'endroit

---

68 Sima Qian, *Records of the Grand Historian*, trad. Burton Watson (New York : Columbia University Press, 1993).

69 Michael Loewe et Edward L. Shaughnessy, éd., *The Cambridge History of Ancient China* (Cambridge, U.K. : Cambridge University Press, 1999).

où nous croisons des civilisations avec des pyramides, et le début d'une agriculture basée sur l'irrigation, nous rencontrons des récits de « dieux » descendant sur Terre pour apprendre aux humains à vivre une existence civilisée. Comme la mythologie de ces autres cultures, la mythologie chinoise commence avec un créateur de l'univers – Pangu par exemple – suivi d'une succession de sages empereurs et de héros culturels qui descendent sur Terre pour enseigner aux Chinois l'art de s'habiller, de faire pousser des plantes, d'employer un langage et une architecture.

Une autre similarité se retrouve dans le dragon, qui était considéré comme un serpent déifié. Cet emblème de clan trouvé sur les sites des Xia est également un motif que l'on retrouve communément en Mésopotamie. Le dragon était aussi le symbole de l'homme parfait, le fils du Ciel, l'empereur. Et les mythes de ces cultures se croisent encore dans l'origine des hommes.

Selon le mythe chinois, les êtres humains sont faits de boue et de terre jaune, récit qui trouve un écho dans le chapitre 2 de la *Genèse* et dans le mythe de Sumer :

> « *Ô mère! La créature que vous allez nommer a pris naissance. Donnez-lui l'image des dieux. Mélangez la boue de l'abîme sans fond. Faites ses bras et jambes. Ô mère! Annoncez la destinée du nouveau-né : c'est l'homme!* »[70]

D'anciennes légendes chinoises retracent aussi une grande inondation dans laquelle huit personnes – nombre identique à celui de la *Genèse* – survivent au déluge dans un bateau.

Bien que toutes ces similarités soient intrigantes, nul doute que l'ancienne civilisation ayant construit les

70 Zecharia Sitchin, *The 12th Planet* (Rochester, Vt. : Bear and Co., 2002).

édifices pyramidaux en Chine soit encore plus énigmatique et inconnue que les cinq autres ayant émergé si soudainement à travers le monde. Pour cette raison, peut-être est-il sage de demeurer sceptique au sujet des histoires qui sont apparues dans cette région, et, comme on le serait pour tout récit de ce genre, de rester consciencieux dans la recherche des sources matérielles les confirmant. Par exemple, une histoire d'intervention extraterrestre en Chine qui a largement circulé – à laquelle Erich von Däniken (auteur des *Chariots of the Gods ?*) et Hausdorf font référence dans leurs ouvrages – demeure particulièrement controversée et difficile à confirmer, étant donné la réticence des Chinois à reconnaître officiellement ou à enquêter sur des événements inexplicables. Pour ma part, je n'ai pu effectuer de vérifications satisfaisantes, et le fait que ceci se soit prétendument passé il y a une génération rend le processus de confirmation encore plus complexe.

En quelques mots, cela implique la présumée découverte d'étranges squelettes en 1938 dans une région reculée chinoise bordant le Tibet. Les squelettes, dont on dit que les corps sont anormalement fins et les têtes larges et très développées, ne ressemblent à aucun groupe racial humain. Avec les squelettes fut trouvé un disque de pierre portant une spirale sillonnée de caractères dont le Dr. Tsum Un Nui, un archéologue chinois respecté, a déterminé qu'il s'agissait d'une sorte d'écrit. Mais apparemment, l'Académie de Préhistoire de Pékin lui a interdit de révéler les conclusions de ses recherches.

En 1965, l'histoire se poursuivit avec la découverte de 716 autres disques dans le même ensemble de grottes que le premier, et l'Académie de Pékin autorisa finalement le professeur et ses quatre collègues à publier leur rapport, intitulé « *The Grooved Script Concerning Spaceships Which, as Recorded on the Discs, Landed on*

Earth 12.000 Years Ago ».[71] Les disques parleraient d'une sonde spatiale fatidique envoyée sur Terre par les habitants d'une autre planète. Cette sonde rencontra des soucis à proximité de la montagne Bayan Kara Ula et dut atterrir. Les survivants de l'accident tentèrent en vain de communiquer leur condition critique et leurs intentions pacifiques aux habitants de la région, la tribu Han qui vivait dans les grottes avoisinantes.

Avec la mauvaise interprétation de leurs intentions, il est probable que les Han furent effrayés par l'apparence de ces survivants extra-terrestres en détresse. Certains des Dropas (nom que les extra-terrestres se seraient eux-mêmes donnés) furent traqués et tués jusqu'à ce que, finalement, les Han réalisent qu'ils étaient inoffensifs. Les Dropas expliquèrent leur difficulté : ils avaient dû descendre sous les nuages et, parce qu'il n'y avait aucun moyen de réparer leur vaisseau, ils ne pouvaient rejoindre leur foyer.

Les archéologues ont continué d'étudier les grottes, découvrant de grossiers dessins du Soleil, de la Lune, d'étoiles non identifiées, et de la Terre, inscrits sur les murs, avec des points de la taille d'un petit pois connectant ces représentations. Les disques et les dessins des grottes dateraient de 12.000 ans. La région située aux alentours des grottes où auraient été découverts ces disques est toujours habitée par deux tribus, bien que les anthropologues aient eu des difficultés à les identifier ; ils sont plutôt petits et frêles et semblent n'être ni Chinois, ni Tibétains.

A présent, alors que l'histoire de ces découvertes à Bayan Kara Ula est intrigante, est-elle néanmoins véridique ? Bizarrement, les disques semblent ne plus exister – mais dans ma quête de réponses je suis tombé sur une documentation dont les sources sont sûres, et qui, bien que n'étant pas directement reliée au récit du dis-

71 NdT : « L'Ecriture en sillon concernant les vaisseaux spatiaux qui, comme il est consigné sur les disques, atterrirent sur Terre il y a 12.000 ans ».

que, est très intéressante par elle-même. C'est un rapport de l'agence Reuters à Pékin daté du 6 juin 2002, intitulé « *Tunnels, Pipes, Tower, from "ET Launch Site" Found in China* ».[72] L'article dit qu'une équipe de scientifiques chinois se trouvait dans une région reculée pour enquêter sur « *une pyramide mystérieuse dont la légende locale dit qu'elle est une tour de lancement laissée par les extra-terrestres de l'espace* ». Puis l'article décrit le site qui comporte une pyramide haute de 55 mètres et des « *morceaux de fer rouillés, des tuyaux, et des pierres aux formes inhabituelles* » surnommés « *reliques ET* ».

Peu de temps après la publication de ce rapport, un article d'investigation de Jo Lusby et Abby Wan fut publié dans *City Weekend*, un bimensuel en anglais imprimé à Pékin. L'article commence ainsi :

> « *Sur la rive sud d'un lac salé se trouve une pyramide métallique dont on dit qu'elle fait entre 50 et 60 mètres de haut. Devant l'édifice se trouvent trois cavernes, chacune ayant une ouverture triangulaire. Les deux plus petites se sont écroulées, mais la plus grande, la centrale, est praticable. A l'intérieur sur le sol repose un tuyau de 40 cm de long, coupé en deux. Un autre tuyau brun-rouge est enfoncé dans la terre, et seul son bord est visible au-dessus du sol.*
>
> *A l'extérieur de la caverne, des demi-tuyaux, des morceaux de métal, et des pierres aux formes étranges sont éparpillés le long de la rive sud du lac. Certains tuyaux échouent dans l'eau ; on ne sait pas ce qui pourrait se cacher dans les fonds salés.*[73]

Le site décrit dans cet article est un coin extrêmement reculé de la province de Qinghai. Les « *reliques ET* » furent les premières à êtres mentionnées aux auto-

72 NdT : « Tunnels, tuyaux, tour, depuis la "base de lancement ET" basée en Chine ».
73 Jo Lusby, Abby Wan, « The Truth Is Out There », *City Weekend* (Beijing), juin 2002, www.cityweekend.com.cn/issues/2002/14/Cover_UFO.

rités chinoises par une équipe de scientifiques des Etats-Unis à la poursuite de fossiles de dinosaures en 1998. Le site fut ignoré jusqu'à ce qu'un journaliste chinois ait eu vent du rapport ; lui et un groupe de collègues décidèrent d'en avoir la preuve *de visu*. Le journaliste en question, Ye, prétend que « *nous collons juste aux faits* [...] *nous avons simplement essayé de décrire le site tel que nous l'avons vu* ». Ye boucla six rapports détaillant ses observations, qui furent publiés dans le journal *Hanan Dahe Bao*. Le véritable mystère de ces édifices découverts dans un désert stérile et désolé à côté d'un lac salé fut constaté après que les pierres et les échantillons de métal prélevés sur le site aient été analysés. D'après l'agence de presse Qinhua, « *les résultats des analyses de roche et de métal préliminaires montrent que les tubes sont composés d'oxyde de fer à 30%, avec une haute teneur en dioxyde de silicone et en oxyde de calcium ; 8% de la composition de l'échantillon a été classé non identifiable* ».

Les ingénieurs ayant mené les études dirent que les niveaux de dioxyde de silicone et d'oxyde de calcium montrent que les tuyaux sont restés sur des versants de montagne pendant longtemps – au moins 5.000 ans. La fonte du fer, cependant, ne remonte qu'à 2.000 ans.

Les origines des découvertes effectuées sur le site de la province de Qinghai ne sont toujours pas résolues. Jusqu'à aujourd'hui, rares sont ceux qui connaissent l'existence de pyramides parsemant le paysage de la Chine, et tout le complexe souterrain caché sous le tumulus de l'empereur Qin Shi Huangdi doit encore être étudié. Mais comme les gens et le gouvernement sont de plus en plus enclins à découvrir la vérité de leur longue histoire, et à la partager, nous serons peut-être bientôt sur le point d'en savoir beaucoup plus sur cette culture qui, comme les autres dans le monde, est apparemment parvenue, au-dessus de ses moyens et de ses connaissances, à créer de grandes pyramides dont nous pouvons encore voir les vestiges aujourd'hui.

~ 10 ~
CHAÎNONS ENTRE L'ANCIEN MEXIQUE ET LE PÉROU : LE MYSTÈRE DU PEUPLE JAGUAR

~ *La tribu perdue*

Des premières civilisations qui sont apparues sur Terre, les historiens en mentionnent habituellement quatre : celle de la Mésopotamie, de l'Égypte, de l'Inde, de la Chine, chacune ayant prétendument surgi dans la vallée d'un grand système fluvial entre 3.700 et 1.500 av. JC. Les civilisations des Amériques font rarement partie de ce regroupement, quand bien même certaines sont apparues à une époque aussi reculée dans l'histoire que leurs homologues asiatiques.

Un peuple très peu connu, vivant voici des millénaires dans la jungle sur la côte du golfe du Mexique, organisa une société hautement raffinée et stratifiée qui comprenait des sites cérémoniels avec un ensemble de bâtiments. Connus sous le nom d'Olmèques, leur culture fut la première civilisation du Mexique ancien. La datation au carbone du charbon de bois trouvé sur des sites comme La Venta et San Lorenzo indique que les Olmèques occupèrent ces régions entre environ 1.500 et 400 av. JC.

Dans les années 40, l'archéologue Matthew Sterling fit quelques découvertes détonantes à La Venta. A peine arrivée sur le site, son équipe remarqua un gros morceau de pierre saillant du sol au centre d'une zone jalonnée. La pierre, inclinée en avant, était couverte de gravures insolites. Quand ils la déterrèrent, ils se trouvèrent face à une stèle qui mesurait environ 4 mètres de haut, 2 mètres de large, et 30 centimètres d'épaisseur. Toutefois, leur excitation se transforma bientôt en perplexité car il était impossible que les deux grands hommes dépeints par la stèle aient existé au Mexique il y a 4.000 ans!

Les personnages, dont la représentation était extrêmement réaliste, étaient vêtus de robes recherchées et portaient des chaussures de style européen avec des pointes recourbées. L'un avait été abîmé mais l'autre était visiblement un mâle blanc avec un nez arqué et une barbe. Pour autant que l'on sache, néanmoins, il n'y avait aucun blanc au Mexique avant l'arrivée des conquistadores.

Qui avait sculpté ces monuments, et qui avait servi de modèle ?

Et comment une stèle de 20 tonnes avait été transportée là depuis une carrière de basalte éloignée de quelque cent kilomètres ?[74]

Mais la stèle ne fut pas la seule découverte intrigante de La Venta. Un grand tertre en forme de flûte fournit un parallèle énigmatique à la ziggourat qui était le foyer des cérémonies religieuses communes à Sumer. Haut de plus de 30 mètres, on pense qu'il appartenait à un énorme centre cérémoniel comprenant une pyramide à degrés. La totalité du complexe original de La Venta mesurait 1.200 mètres de long et 600 de large.

---

74 E. Benson, éd., *The Olmecs and Their Neighbors : Essays in Memory of Matthew Stirling* (Washington, D.C. : Dumbarton Oaks, 1981).

L'autre site olmèque, San Lorenzo, ne fut mis au jour qu'en 1966, lorsque l'archéologue Michael Coe et son équipe firent une série de découvertes étonnantes. Durant leurs fouilles, ils déterrèrent ce qui est certainement un des plus étranges artefacts du monde : les têtes olmèques. Au nombre de cinq, ce sont de massives pièces de basalte sculpté qui semblent avoir été délibérément enterrées selon un alignement bien spécifique.[75] Les têtes pèsent entre 5 et 20 tonnes, font entre 2 et 3 mètres de haut, et la plus large a une circonférence de 6 mètres. Avec la carrière de basalte distante de 101 kilomètres exactement, comment des sculptures massives furent-elles tirées sur le lieu de sépulture ? En fait, pourquoi en première instance étaient-elles sculptées – et pourquoi furent-elles enterrées si elles étaient destinées à être des monuments ? Les archéologues sèchent totalement.

Mais le principal mystère des têtes réside dans leur apparence : leurs traits sont clairement négroïdes, bien que, selon les archéologues, il n'y ait pas eu d'Africains dans le Mexique pré-colombien à l'époque des Olmèques !

Lors de ses fouilles, Coe découvrit également un système d'écoulement des eaux sophistiqué, avec des rigoles en basalte et un réseau de canaux et d'écluses élaboré, qui se remirent à fonctionner une fois débarrassés des débris qui s'y étaient accumulés. Toutefois, l'équipe de Coe ne parvint pas à comprendre le but du système. Les Olmèques avaient intensément travaillé dans cette région de jungle dense ; peu à peu, il devint clair que le site de San Lorenzo était loin d'être le seul. Dans certaines régions de collines proches, des vestiges non exhumés appartenaient aussi sans doute à cette civilisation oubliée.

---

75 Michael Coe et Richard A. Diehl, *In the Land of the Olmec* (Austin : University of Texas, 1980).

En plus de la création de ces têtes, de ces stèles, de la distribution d'eau, les Olmèques s'adonnèrent à des déplacements massifs de terre et à de curieuses pratiques d'inhumation. La pyramide principale à La Venta, d'un volume de 8.700 m^3 environ, faisait partie d'un site couvrant une surface de 8 hectares, avec des plates-formes, des places et d'autres pyramides plus petites. Pour créer les tombes, il avait fallu enlever environ 450 m^3 de terre afin de creuser une fosse profonde. Puis le sol de la fosse fut couvert de blocs de serpentine, et les tombes elles-mêmes revêtues de petits carreaux bleus, ou pavées de mosaïques.

Alors que les tombes de La Venta contiennent plusieurs grandes têtes, des pièces de joaillerie en jade et d'autres objets, la grande majorité des artefacts olmèques sont des sculptures : figurines, stèles en pierre décorées, haches votives et autels. Certains étaient polis jusqu'à refléter comme un miroir, et tout démontre d'habiles connaissances dans l'esthétique des sculptures et dans les techniques de gravure avec un niveau de sophistication très avancé, comparativement à l'art primitif généralement associé aux premières cultures agricoles.

Le basalte et le jade sont deux matières que les Olmèques utilisaient souvent mais qui sont difficiles à travailler. Le basalte est une roche volcanique dure et le jade un minéral très dur classé au niveau 7 sur une échelle qui place le diamant au niveau 10. Il faut du temps, un grand talent et les bons outils pour créer une œuvre d'art complexe à partir de ces matériaux. Les Olmèques ne possédaient pas d'outils en métal, ce qui nous laisse émerveillés devant l'art avec lequel ils ont habilement travaillé ces pièces et devant l'acquisition de leurs techniques.

Pour des raisons inconnues, tous les sites olmèques semblent avoir été brusquement abandonnés. La plupart des bijoux et autres objets montrent des signes de dégradations ou de mutilations partielles. Personne ne sait véritablement qui étaient les Olmèques, pourquoi ils ont construit d'énormes monuments dans les jungles du Mexique, pourquoi ils ont sculpté des têtes gigantesques, ou pourquoi ils ont soudainement disparu. Nous ne savons même pas comment ils s'appelaient eux-mêmes. Le mot « olmèque » vient du mot aztèque *Olman*, qui signifie « caoutchouc ».

A la différence des civilisations aztèques et mayas postérieures, nous n'avons pas de mythes ou de légendes olmèques vers lesquelles nous tourner afin d'y trouver des indications ou des réponses. Il n'y avait plus d'Olmèques pour raconter leurs histoires lorsque les conquistadores arrivèrent, et les habitants que rencontrèrent les Espagnols – au sujet desquels les archéologues affirment qu'ils avaient toujours habité le Mexique – ne ressemblaient pas aux diverses races dépeintes dans l'art découvert sur place.

En fait, il est très curieux que les indigènes rencontrés par Cortés ne soient dépeints nulle part dans les œuvres olmèques. Comment toute une civilisation s'est-elle évanouie et où ses citoyens sont-ils partis ?

C'est un travail fastidieux de mettre au jour et de documenter des artefacts, d'inventorier et cataloguer des tessons de poterie, et de trier à travers les ruines de bâtiments et de monuments. Mais tout reconstituer, donner un sens historique au passé que racontent les objets, constitue finalement un réel défi. Quand nous lisons les récits anthropologiques décrivant la culture, la religion et la structure sociale olmèques, nous devons garder une chose à l'esprit : tous sont basés sur la spéculation, sur des conjectures et des hypothèses. Les descriptions sont des reconstructions plausibles fondées sur des suppositions éclairées qui sont souvent émises *conformément* aux modèles archéologiques et anthropologiques préexistants.

En 1996 la National Gallery of Art de Washington, D.C., présenta une exposition intitulée « L'Art olmèque de l'ancien Mexique », la première étude d'ensemble des objets olmèques à être présentée aux Etats-Unis. L'exposition fut couverte par le magazine *Time* :

> « *Ils construisirent de grandes colonies, établirent des routes de commerce complexes et développèrent des rituels et une iconographie religieux, comprenant des jeux de balle cérémoniels, des effusions de sang et des sacrifices humains, qui furent adaptés par toutes les civilisations méso-américaines suivantes.*
>
> *Et puis, vers 300 av. JC, leur civilisation disparut. Personne ne sait pourquoi. Mais ils laissèrent les plus beaux ouvrages d'art jamais produits dans l'Amérique ancienne* ».[76]

La première fois que l'on découvrit des sites olmèques, il y eut un grand débat pour déterminer leur place dans le système. Le débat fut finalement clos et aujourd'hui l'on s'accorde généralement pour dire que la civilisation olmèque est la « *culture mère* » qui donna naissance à la civilisation en Mésoamérique. Mais cette assertion cadre-t-elle avec son haut degré de développement artistique et d'autres accomplissements ?

Dans une culture qui germe, nous ne nous attendrions pas à découvrir une organisation sociale complexe et hautement stratifiée qui produise des monuments monolithiques et des œuvres d'art élaborées. Où se trouvent donc les précurseurs de la culture qui a produit les artefacts rencontrés sur les sites olmèques ? Le problème inhérent à l'étiquetage « *culture mère* » – à vrai dire cette question se pose partout où une civilisation apparaît soudainement, que ce soit à Sumer, en Égypte, en Inde ou au Mexique – est résumé dans l'article du *Time* :

---

76 Michael Lemonick, « Mystery of the Olmec », *Time Magazine*, 1er juillet 1996.

> « [Mais] *les archéologues ne savent pas ce qui a transformé une société de paysans en ces structures sociales olmèques basées sur des classes, avec leurs dirigeants et leurs roturiers, leurs chefs et leurs travailleurs, leurs artisans et leurs prêtres* [...] *Alors que bien des experts émettent nombre de théories sur les origines, la structure sociale et la religion des Olmèques, rares sont les idées qui sont universellement reconnues.* »

Ainsi les mystères demeurent – et les scientifiques ne possèdent même pas d'explication incertaine. Les énormes têtes olmèques qui n'ont pu être déplacées par les moyens dont disposaient les Olmèques, les façades des monuments qui reflétaient les traits des gens vivant à presque un demi-monde de là, l'apparition subite, et la disparition soudaine de toute une civilisation – ces faits inexplicables désignent peut-être un point faible dans notre propre cadre conceptuel, notre manque de certaines données-clés et de vision globale pour reconstituer le puzzle.

Les témoignages pourraient démontrer la possibilité que les Olmèques soient arrivés sur la côte du golfe du Mexique en ayant déjà atteint un stade avancé. Contrairement à la spéculation des archéologues selon laquelle les différentes races dépeintes dans l'art olmèque représentent une interaction avec les cultures étrangères, la société olmèque comprenait peut-être diverses races qui représentent séparément les précurseurs de la civilisation olmèque. Et peut-être, comme nous le verrons, ces précurseurs olmèques avaient-ils acquis leur civilisation de la race de la Genèse, ou race génésiaque.

~ *Connexions avec la civilisation pré-inca*

Dans les montagnes des Andes et le long de la côte du centre et du nord du Pérou, ont été découvertes des traces d'une civilisation dont les monuments, les artefacts et le modèle de développement sont strictement semblables à ceux des Olmèques. Et comme elle, cette ancienne civilisation d'Amérique du Sud disparut sans laisser de traces écrites derrière elle. Un des sites – Chavín de Huantar dans le centre nord du Pérou – a été daté de la même époque que la culture olmèque : entre 1 500 et 300 av. JC.

Située à 3.300 mètres sur le bassin supérieur de la Mosna, entre la Cordillère Blanca et la Cordillère orientale dans un environnement magnifique, un complexe de terrasses et de places est entouré de structures taillées en pierre qui sont ornées d'illustrations zoomorphes. Un monticule en forme de U encadre une place de 40 mètres située dans l'axe de ce monument, et, en contrebas, une cour circulaire de 20 mètres bordée de blocs de pierre taillée siège au milieu du complexe.

L'obélisque de Tello est l'un des objets les plus intéressants trouvés sur ce site : pièce de 4 mètres de haut, il est orné de granit blanc et de gravures compliquées. Conservé aujourd'hui au Musée National de Lima, l'obélisque, un quadrilatère en fuseau dont la base mesure un mètre de périmètre, était probablement disposé au centre de la cour encaissée.

La source de granit blanc la plus proche est éloignée de 16 kilomètres dans un terrain montagneux. Le granit utilisé est de type cristallin, très dense et dur, presque résistant au burin, et pourtant, le produit fini était parfaitement poli et taillé avec beaucoup de précision. Les premiers Péruviens manquaient d'outil métalliques, et les questions que nous avons soulevées avec les monuments olmèques se posent à nouveau : comment ont-ils sorti l'obélisque de la carrière et comment l'ont-ils transporté, et avec quels outils le sculpteur a-t-il gravé les bas-reliefs complexes ?

Un puzzle désormais familier se présente à nous concernant l'émergence de cette culture avancée qui a réalisé l'obélisque et conçu les sites. D'après Carlos G. Elera du Département de Recherche au Musée National du Pérou :

> « *La culture chavín*[77], *qui a acquis sa renommée grâce à la stèle en pierre magnifiquement sculptée découverte à Chavín de Huantar au milieu des Andes, a été considérée comme la "culture mère" ou le foyer de l'architecture monumentale et du cérémonialisme officiel dans les Andes comme* [l'a été la culture] *olmèque en Méso-Amérique.* »[78]

Carlos Elera poursuit, et décrit un site qu'il a étudié en 1990 le long de la côte nord du Pérou, où, selon certains archéologues, a été découverte la plus ancienne architecture monumentale des Amériques : « *Les investigations ont rapporté des données sans précédent sur l'origine et le développement de centres cérémoniels durant la période formatrice de la côte nord péruvienne.* »[79] Elera pense que la côte septentrionale s'est développée à peu près à la même époque, ou peu avant Chavín de Huantar, faisant de cette région le site des premières sociétés complexes des Amériques.

On estime que la population résidente de ces premiers centres côtiers était environ 30 fois supérieure – de 1.000 à 3.000 personnes – à celle des villages de chasseurs-cueilleurs antérieurs de la région. La preuve d'une complexité sociale remonte à 4.700 ans environ. A la même époque, on trouve des témoignages de l'utilisation accrue de plantes acclimatées et du commerce croissant entre différentes régions. Des ensembles architecturaux de grande échelle émergèrent entre 2.700 et 1.800 av. JC, correspondant à la construction de ziggourat à Sumer et de pyramide à degrés à Saqqara en

---

77 NdT : le site (Chavín de Huantar) a donné son nom à la culture chavín.
78 Carlos G. Elera, « Puepmape Archaelogical Project », article non publié, Musée National du Pérou.
79 Ibid.

Égypte. Plus de 50 cours d'eau coulent à travers le nord de la région côtière jusqu'au Pacifique depuis la Cordillère occidentale. Ils coupent transversalement un terrain autrement aride et désert, formant des oasis en lignes. Bien que le désert avoisinant – le désert d'Atacama – soit l'un des plus arides du monde, les oasis fluviaux en font un environnement habitable. De plus, la côte péruvienne est l'une des pêcheries les plus riches au monde. Il existe 7 vallées principales dans la région et 24 complexes ont été au moins partiellement fouillés et étudiés.

Ces premiers monuments étaient bien plus que de simples monticules de terre et de graviers. Les plans des sites ressemblent beaucoup à ceux des ensembles olmèques : de grands tertres à une extrémité, une pyramide à degré à l'autre extrémité, et une cour au milieu du complexe. Les murs des plates-formes présentaient des frises modelées et peintes, et les murs extérieurs des plates-formes étaient construits avec les blocs de basalte monolitiques, taillés selon une forme anguleuse, fixés dans du mortier d'adobe, revêtus de plâtre et parfois peints.

Le complexe d'Aspero est l'une des plus anciennes et des plus grandes colonies originales, avec ses 15.000 m^3 de dépôts culturels. Loin d'être un ensemble primitif de petite échelle, il couvre une surface de 10 hectares et comprend 6 pyramides tronquées réparties autour des 17 tertres. La plus grande, Huaca del los Idolos, fait 40 mètres sur 29, avec une hauteur de 10 mètres qui était autrefois couronnée de pièces et de cours en son sommet. La Huaca del los Sacrificios est de taille similaire, avec des pièces de 3 m^2 et des murs de pierre hauts de 2 mètres et épais de 90 centimètres.

Un autre complexe important, El Pariso, est situé à 1,5 kilomètres de l'embouchure du fleuve Chilon adjacent à la plaine alluviale. Il comporte les plus grands monuments de la région. L'ensemble est formé de 13 tertres répartis sur 50 hectares. Un groupe nucléaire de 7 tertres est disposé en U, dont les plus larges, sur les côtés, encadrent une place. La cour fait approximativement 6 hectares. Les deux plus grands édifices du site sont parallèles, 370 mètres de long à 160 mètres de distance l'un de l'autre, et toutes les structures du site sont uniformément orientées légèrement à l'est du nord (comme sur les sites olmèques et mayas), perpendiculaires au soleil levant du solstice d'été en 1500 av. JC.

Certes, les scientifiques reconnaissent la soudaine expansion de la civilisation dans la région : « *Sans aucun précédent local, la subite apparition d'énormes monuments est relative à une époque correspondant à la stabilisation du niveau des mers vers 3.000 av. JC* »[80], mais ils ne sont pas d'accord sur la cause de cette soudaine genèse de la culture.

Une fois de plus, nous devons nous pencher sur la somme de travail à déployer et le temps nécessaire pour réaliser des ensembles d'une telle taille. Il a été estimé que les complexes de pyramides de la période initiale sur la côte nord du Pérou (à Lurin, Rumac et Chilon) représentent plus de 12 millions de jours de travail par personne.

Basée sur une main-d'œuvre de 50 personnes travaillant tous les jours, la construction de tels monuments aurait pris 700 ans – une proposition inouïe, impliquant un effort de dévouement pendant plus de 40 générations.

Il est peu probable que d'avantage de main-d'œuvre ait été disponible au sein d'une population somme toute peu importante et qui comprenait des femmes, des enfants et des personnes âgées, sans compter les personnes dont les responsabilités majeures étaient centrées sur la production de nourriture, les projets d'irri-

80 M. E. Mosley, *The Exploration and Explanation of Early Monumental Architecture in the Andes* (Washington, D.C. : Dumbarton Oaks, 1985).

gation, la distribution de nourriture et d'autres tâches relatives à l'agriculture.

Comme pour la Grande Pyramide et les têtes olmèques, la manutention de blocs de pierre colossaux avec des méthodes et des outils primitifs ressemble à un défi tout aussi impossible, et à nouveau ces facteurs démontrent l'extraordinaire étendue de l'effort requis pour construire de tels complexes et monuments.

~ ***Mystères communs***

Hormis la construction de leur ensembles monumentaux, la culture chavín, les autres anciennes cultures de la côte du Pérou et la civilisation olmèque partagent bien des points communs. Des ressemblances sont visibles dans divers artefacts de deux civilisations. En effet, la culture chavín et la culture olmèque présentent des figures zoomorphes dans leur iconographie – en particulier aviaires et félines – leur sculpture et leur art. La culture chavín est connue pour son culte rendu au jaguar, de même que la culture olmèque. En outre, les deux groupes sculptèrent de curieuses statues, des têtes dont certaines ont les commissures des lèvres tirant vers le bas, et ce sont les seules cultures à présenter ces caractéristiques.

Sans doute le plus énigmatique parallèle entre ces deux civilisations reste leur brusque apparition depuis d'obscures origines, suivie d'une urbanisation, d'une stratification et d'une spécialisation coïncidant avec la construction de monuments plutôt imposants. Et ce sont des monuments comme les colossales têtes olmèques et l'obélisque de Tello qui attirent l'attention vers la question la plus fondamentale qui soit : d'où venaient ces civilisations ?

La question non élucidée des cultures chavín et côtières est identique à celle de la culture olmèque, pas d'avantage résolue : nous manquons de témoignages sur les étapes progressives de leur développement, d'une compréhension sur la manière dont ils ont appris à relever des défis herculéens dans l'édification de monuments monolitiques, et sur la façon dont ils ont acquis des concepts sociaux élaborés et des talents artistiques. Le scénario suivant, sur le développement d'une culture, est tiré de théories reconnues par les anthropologues :

Une petite tribu composée d'un groupe de familles de chasseurs-cueilleurs, probablement à la recherche d'un chef charismatique et de son chaman du même ordre, décide de s'installer et modifie son mode de vie à demi-nomade en se concentrant sur la culture de récoltes particulières. Le chef est convaincu qu'ils doivent construire de grands monuments pour des raisons qui ne sont pas très claires. S'installe une courte période d'intenses découvertes, des changements rapides s'opèrent et leur société commence à réaliser la valeur, la nécessité en fait, de la spécialisation des tâches, et de la mobilisation et l'organisation de la main-d'œuvre.

C'est là une évolution facile à décrire mais un processus difficile à comprendre. Où se trouve la motivation derrière ces efforts ? Nous pouvons facilement envisager les stades de développement social et technique ayant lieu quand un peuple passe d'une culture de chasseurs-cueilleurs à une culture basée sur l'agriculture jusqu'à finalement devenir une civilisation à part entière, parce que nous avons lu les récits de ces transitions et que nous sommes nous-mêmes à l'autre extrémité du processus. Mais pour les chasseurs-cueilleurs au début du processus, il n'y a pas de précédent, pas de précurseurs à copier, rien à quoi ou à qui emprunter ou se rattacher. Ce dont ils auraient eu besoin, c'est de plus de main-d'œuvre et de temps – et ils ne disposaient ni de l'un, ni de l'autre comme le confirment les preuves archéologiques – ou d'une aide externe, l'aide d'une race évoluée qui possédait déjà une telle connaissance.

~ 11 ~

LE CLASH DES CIVILISATIONS

~ Empires du Yucatán

En 1519, lorsque Cortés naviguait vers les plages de la péninsule du Yucatán, il n'avait aucune idée du pays étrange, enchanté et dangereux qu'il allait conquérir. Une tempête l'avait obligé à dévier de la route initialement prévue mais si son voyage n'avait été jusque-là que folie, la chance était sur le point de tourner. La fortune souriait à Hernan Cortés comme elle l'avait fait avec quelques mortels jusqu'ici.

Cortés et les autres conquistadores étaient très motivés, et rétrospectivement, il n'est pas difficile de comprendre pourquoi. L'Histoire attire d'habitude l'attention sur les sociétés exotiques que les Espagnols ont découvert dans le « Nouveau Monde », mais il est important de se rappeler ce qui se passait à l'époque dans l'ancien monde. La peste avait sillonné l'Europe à maintes reprises au fil des siècles, avec une éruption épidémique au début du XVIe. Certaines parties de l'Espagne, en particulier l'Andalousie, avaient souffert de famines récurrentes.

A ce point de l'histoire, l'Europe n'était en aucun cas très civilisée, en dépit des illusions des Européens qui pensaient le contraire. Le siècle des Lumières n'avait pas encore commencé et la superstition et l'illettrisme constituaient la norme. Les Européens n'avaient qu'une bien pauvre connaissance de la géographie ; les gens pensaient encore que le monde était plat et que le soleil tournait autour. A vrai dire, le calendrier maya – imaginé des milliers d'années plus tôt – était plus exact que celui qu'utilisaient les capitaines espagnols. L'Église était extrêmement puissante sur tout le continent ; l'Inquisition, ceux qui ne toléraient pas les idées hérétiques et les autres religions s'étaient assurés qu'aucune ne prospère.

L'Espagne était dirigée par une monarchie ; les aristocrates espagnols disposaient d'immenses richesses et exerçaient le pouvoir. Il n'y avait que peu, si ce n'est aucune mobilité sociale. Les hommes comme Cortés étaient condamnés à rester des officiers militaires de bas ou de moyen rang durant toute leur carrière. Lui et les autres conquistadores s'embarquèrent pour le Nouveau Monde afin de trouver la richesse et la notoriété auxquelles ils ne pouvaient pas avoir accès dans leur pays. Une fois sur place, ils durent respecter le programme de l'Église qui se concentrait sur la conversion au christianisme des indigènes mais qui devint une priorité secondaire quand ils eurent obtenu l'or et le pouvoir.

Pendant que Cortés étudiait le pays et tentait de rassembler autant d'information que possible, il n'avait pas la moindre idée que des ruines d'anciennes civilisations l'entouraient. Il ignorait que la ville aztèque de Tenochtitlan – vers laquelle lui et ses hommes marcheraient bientôt – valait les villes d'Europe.

Les Aztèques étaient connus pour être de redoutables guerriers, endurcis au combat, qui avaient conquis et subjugué de nombreuses tribus nordiques pendant leur accession au pouvoir. Moctezuma, le roi aztèque à l'époque de l'arrivée de Cortés, et qui n'avait pratiquement connu que des succès, allait être poussé dans une situation terriblement embrouillée et pleine d'ironie que l'on a encore peine à croire.

A l'époque de ces événements, les Olmèques avaient disparu depuis presque deux millénaires et la jungle avait quasiment reconquis les ruines de leurs mystérieux monuments. Les indigènes rencontrés par Cortés étaient les descendants des Mayas. Leurs ancêtres avaient également édifié une grande civilisation qui s'étendait du sud et de l'ouest du Yucatán jusqu'au Guatemala et au Honduras. Mais eux aussi s'étaient évanouis vers 800 av. JC, laissant sur place une population de médiocres fermiers vivant dans des huttes aux toits de chaume.

Si le capitaine avait pu voyager dans le temps et être témoin de l'apogée de la civilisation maya 500 ans plus tôt, il aurait été abasourdi par l'activité qui régnait alors dans la région : les rues étaient pavées avec du ciment calcaire et menaient aux grands sites cérémoniels ; les prêtres pratiquaient leurs rituels au sommet des pyramides ; les sculpteurs ciselaient des glyphes dans la pierre ; les plâtriers appliquaient du stuc à base de chaux sur les murs des divers bâtiments ; des artistes décoraient les pyramides de serpents et de dessins géométriques aux couleurs vives.

Dans l'ensemble, la culture serait apparue davantage versée dans l'esthétique que dans les monolithes. Les Mayas avaient bâti leurs centres d'après des dimensions humaines. Cortés aurait pu être piqué de curiosité au sujet des croix gravées sur les pyramides – la croix, semble-t-il, était un symbole universel plutôt qu'une représentation de la chrétienté seule. Après avoir interrogé les *caciques* (les prêtres), le capitaine aurait appris que le compliqué calendrier maya consistait en un Compte Long divisé en 5 cycles – les Cinq Soleils ou les cinq âges de l'homme – chaque cycle durant environ 5.000 ans.

D'après les calculs mayas, Cortés arriva à l'époque du Cinquième Soleil, dernier âge de l'homme. Les prêtres lui auraient dit que le monde était âgé de 80 millions d'années, et qu'ils avaient calculé que la Terre effectuait sa révolution autour du Soleil en 365 jours.[81]

Le savoir des prêtres en matière d'astronomie et leur maîtrise des mathématiques aurait surpris Cortés. Les astronomes mayas avaient répertorié les mouvements de la lune, de Mercure, Mars, Jupiter et Vénus. Leur système mathématique en base 20 comprenait le concept du zéro qu'ils avaient trouvé 700 ans avant que l'Europe ne le découvre elle-même.

S'il l'avait interrogé sur leurs origines, le prêtre aurait répondu qu'après la création du Ciel et de la Terre par Kukulkan, ce dernier se rendit compte qu'il n'y avait personne pour le prier et glorifier sa création, et fit ainsi les animaux. Après les avoir écouté, il réalisa que leur prière n'était pas adéquate et tenta ainsi de faire des gens. Lors de son premier essai, il employa de l'argile, mais elle fut dissoute dans la pluie et les créatures ne purent se multiplier. Ensuite il essaya le bois, mais cela ne fut pas non plus à la hauteur de la tâche. Finalement, il façonna le premier Maya avec du maïs moulu. Une page du *Popol Vuh* nous raconte l'histoire. (*Le Popol Vuh*, texte sacré des Mayas Quichés, retrace leur mythologie, leur cosmogonie, leurs traditions et leur histoire. Transmis oralement, il fut mis par écrit pour la première fois au XVIe siècle.)

> « *Les hommes de bois se dispersent dans la forêt*
> *Leurs faces sont écrasées*
> *Ils sont transformés en singes*
> *Et c'est pourquoi les singes ressemblent aux hommes*
> *Ils sont ce qui reste de ce qui vint avant*
> *Une expérience dans la conception d'humain.*»[82]

---

81 Diego de Landa, *Yucatán Before and After the Conquest*, trad. William Gates (New York : Dover, 1978).

82 Lewis Spence, *The Popol Vuh : The Mythic and Heroic Sagas of the*

Kukulkan, nom maya pour le serpent à plumes que les Aztèques appelaient Quetzalcoatl, est similaire au dragon de Chine – un symbole de l'homme parfait, l'empereur et le créateur de tous les êtres.

Mais qui est exactement ce créateur ?

Les Mayas et les Aztèques s'accordent sur le compte-rendu suivant : « *Un homme blanc avec une forte constitution, un front large, des grands yeux et une longue barbe. Il était habillé d'une longue robe blanche tombant jusqu'aux pieds. Il condamnait le sacrifice, sauf des fruits et des fleurs, et était connu sous le nom de dieu de la paix* ».[83] D'après les mythes, cet homme mystérieux, accompagné de 19 assistants, vint de la mer dans un bateau qui avançait tout seul. Ils vécurent tous parmi les anciens Mayas pendant 10 ans, durant lesquels il apprit au peuple à utiliser le feu, cuisiner, construire des maisons, et aux couples à vivre ensemble comme mari et femme. C'est un écho clair des récits de Sumer, ce « dieu » est un homme d'une société évoluée qui apporte les dons de la civilisation à ces peuples du Nouveau Monde. Les universitaires rejettent ces histoires comme des mythes allégoriques de héros culturels et pensent qu'ils ne doivent pas être considérés comme des récits concrets d'événements réels. Néanmoins, ils se sont déjà prononcés de la sorte, et il s'est ensuite avéré qu'ils avaient tort.

Nous savons que Cortés aurait été stupéfait de la sophistication de l'ancienne civilisation maya par sa réaction face à ce qu'il découvrit lorsqu'il arriva à Tenochtitlan, la principale ville des Aztèques. Il écrivit dans une lettre au roi d'Espagne :

> « *La grande cité de Temixtitan est bâtie sur le lac salé, et peu importe la route que vous empruntez, il y*

Kiches of Central America (London David Nutt, 1908)
83 Ibid.

a deux lieues depuis le corps principal de la ville jusqu'au continent. Il y a quatre chaussées artificielles qui y mènent, et chacune est aussi large que deux lances de cavalerie. La ville est aussi grande que Séville ou Cordoue. Les rues principales sont très droites. Toutes les rues ont des débouchés, et certaines sont très larges. [...] Il y a des ponts de longues poutres, fermement joints ensemble, et si bien faits, que sur certains, dix cavaliers pourraient chevaucher de front ».[84]

Cortés fut manifestement impressionné par la beauté, les richesses et le travail méticuleux d'ingénierie civile qu'affichait la capitale aztèque. Toutefois, il était obligé de la piller et de la détruire. Le mythe qui a été transmis dans les contes folkloriques occidentaux dit que Cortés et sa petite armée de 600 hommes vainquirent un empire par la grâce de Dieu – mais cela n'eut pas vraiment lieu. Les Aztèques s'étaient fait beaucoup d'ennemis durant leur règne et ils exigeaient de lourds tributs des parties vaincues. Lorsque Cortés marcha vers Tenochtitlan pour affronter Moctezuma, il fut rejoint par toutes les armées des tribus hostiles aux Aztèques qui avaient été mobilisées pour se battre. Il parvint à faire des alliances avec certaines et s'enquit auprès d'elles de tout ce qu'il pouvait apprendre sur Moctezuma. Le temps que les Espagnols atteignent la cité aztèque et ils avaient acquis une formidable armée.

Mais la terrible ironie qui leur permit de conquérir l'empire fut la croyance de Moctezuma : Cortés était peut-être le dieu Quetzalcoatl, de retour sur terre. En effet, d'après la tradition aztèque, après que le serpent à plumes ait planté les graines de la civilisation, lui et son entourage montèrent dans leur « *bateau* » et partirent, promettant de revenir dans l'année 1-Roseau – précisément l'année où Cortés arriva. Pour les Aztèques, cet événement s'apparentait à l'arrivée d'une soucoupe vo-

84 Hernan Cortés, *Letters from Mexico*, traduit et édité par Anthony Pagden (New Haven : Yale University Press, 1986).

lante avec le message « Second Retour du Christ » étalé sur la coque de l'engin, lequel sort tout à coup des nuages, atterrit à Washington, D.C., et s'ouvre pour révéler son premier occupant qui ressemble étrangement à Jésus.

Moctezuma était accablé d'anxiété et totalement troublé. Sa première stratégie consista en une tentative de graisser la patte à Cortés afin de le stopper, de lui faire faire demi-tour et de quitter le pays. Alors que l'armée approchait de la ville, il envoya de somptueux cadeaux au capitaine, qui ne firent qu'aiguiser le cupide appétit de richesses animant les Espagnols. Le dirigeant aztèque ne comprit jamais véritablement la réalité de la situation, et la suite en incombe à l'Histoire.[85]

Cortés et ses hommes ressemblaient vaguement à la description de Quetzalcoatl qui avait été transmise depuis des générations. C'est peut-être là un indice nous aidant à résoudre les mystères des Olmèques et de leurs curieuses sculptures de têtes, et gravures de visages sur stèle. Ces visages, aussi sur les autels, ciselés par les artisans olmèques ont une apparence d'hommes blancs ; les têtes olmèques présentent des traits négroïdes ; et beaucoup de figurines olmèques représentent des personnes avec des visages dont les traits sont asiatiques. Ces artefacts commémorent peut-être Quetzatcoatl et sa suite.

La référence à Quetzalcoatl créant finalement les hommes à partir de maïs est analogue à la création d'Adam par les dieux et au placement du premier homme dans le jardin afin de le cultiver. Les deux histoires distinguent le début de l'agriculture et la séparation du nouvel humain de ses ancêtres humains prototypes. Si l'Ancien Testament évoque géographiquement l'Orient et la Palestine, et que le *Popol Vuh* se préoccupe du Mexique, les événements décrits dans chaque texte se sont produits, eux, à peu près à la même époque.

85 Mickael E. Smith, *The Aztecs* (Malden, Mass. : Blackwell, 1996).

L'archéologue non-conformiste Scotty MacNeish a recouvré l'origine du maïs dans les montagnes centrales du Mexique où il était déjà cultivé et récolté en 7.000 av. JC. A la même époque, le blé (*emmer*) était cultivé à Jéricho et Jarmo. Tout à coup, des civilisations évoluées ont simultanément apparu à Sumer et le long du golfe du Mexique vers 3.700 av. JC. Ce sont là les racines des deux premières civilisations distinctes qui se sont développées à un demi monde l'une de l'autre.

Quelles autres similitudes trouvons-nous ? Dans les deux cas, les hommes de ces civilisations ne se sont pas attribués le mérite d'avoir inventé l'agriculture ou la civilisation ; ils créditent ces réalisations à l'intervention d'une autre partie. Dans les deux cas, ils nous parlent d'êtres humains créés par des « dieux » ayant testé une série de prototypes avant de créer les hommes modernes. Dans les deux cas, les gens parlent d'une population qui a subsisté et survécu à une grande inondation. Et comme nous allons le voir, les Incas du Pérou évoquent des histoires très similaires au sujet de leurs origines.

~ Le peuple du Soleil

L'empire inca était contemporain de celui des Aztèques et partageait le même sort. Lorsque les Espagnols arrivèrent, l'empire s'étendait sur 4.000 kilomètres – comprenant l'actuel sud de l'Equateur, l'intégralité du Pérou et de la Bolivie, ainsi que la moitié nord du Chili. La majeure partie de l'empire se situait dans les Andes, et Cuzco était au centre de l'empire. Les Incas construisirent quelque 32.000 kilomètres de routes et un système de canaux d'irrigation pour arroser leurs terres agricoles soigneusement agencées en terrasses. La société inca était très organisée. A sa tête se trouvait l'Inca suprême, un descendant direct du Soleil. L'autorité de l'Inca suprême était absolue : il était à la tête de l'Etat, commandeur des armées et faisait autorité pour toutes les taxes et les lois. En résumé, il était « *la source d'où tout découlait* » et son titre passait d'une génération à la suivante de façon à ce que la noble lignée demeure pure et génétiquement intacte. D'après le récit de la création inca, le créateur Viracocha envoya deux de ses enfants – Manco Capak et Mama Oello – « *rassembler les autochtones en communautés, et leur enseigna l'art de la vie civilisée.* »[86]

Ces deux enfants, frère et sœur, devinrent mari et femme afin de conserver la pureté du lignage du créateur. L'Inca suprême devait poursuivre cette tradition en épousant sa sœur. Bien qu'il conservât des concubines, seuls les enfants de sa sœur étaient susceptibles de devenir l'Inca suprême suivant. Le titre était transmis du père au fils aîné de la reine inca. C'était tout un processus génétique soigneusement contrôlé car la reine était choisie parmi les meilleures sœurs de l'Inca suprême.

Les membres de la noblesse inca étaient également des descendants du Soleil. Toutes les plus hautes positions dans la société, comprenant celles des prêtres, des officiers, des officiels de la cour et du gouvernement, appartenaient à la même caste noble.[87]

Comme les Aztèques au nord, les Incas avaient conquis de nombreuses tribus lors de leur parcours entaché de sang pour édifier un empire. Ils attribuaient une grande valeur à l'or, mais l'or n'avait pas de valeur monétaire. Pour eux, c'était la sueur d'Inti, le Soleil, et ils l'employaient avec vénération dans leur art et leur architecture. C'était là l'arrière-plan d'une scène sur le point de jouer un étrange conflit de civilisations dans l'année 1529. Pour l'explorateur et le conquistador Francisco Pizarro, né pauvre, l'or inca était un chant de sirène qui allait le conduire à jouer le même rôle au Pé-

86 Lewis Spence, *The Popol Vuh*.
87 John Hemming, *The Conquest of the Incas* (Harmondsworth, Middlesex, Royaume-Uni. : Penguin, 1983).

rou que celui de Cortés au Mexique. Et comme Cortés, Pizzaro semblait avoir la providence à ses côtés.

Peu avant l'arrivée des Espagnols, l'inca Huayana Capac voulait scinder son empire, en donnant une moitié à gouverner à chacun de ses deux enfants, Atahualpa et Huascar. Cela s'avéra une décision fatale. Aucun des deux frères ne voulut diviser l'empire et partager le pouvoir, et ils déclenchèrent une guerre civile. Atahualpa gagna et monta sur le trône. Mais la querelle fraternelle et la guerre civile avaient affaibli l'empire, relativement stable, au plus mauvais moment de son histoire. L'empire inca allait bientôt prendre le même chemin que celui des Aztèques.

~ *Une origine similaire*

Les Incas croyaient que leur capitale Cuzco était le « *nombril du monde* »[88] et les citoyens ordinaires se considéraient comme les enfants du Soleil. Mais le dieu solaire, Inti, occupait en vérité un rang inférieur à Viracocha, le créateur qui leur avait enseigné les arts de la civilisation. En comparant les origines des Incas et celles des Aztèques et des Sumériens, on peut se demander si Viracocha était un dieu immatériel vivant dans un ciel inaccessible ou, comme Quetzalcoatl et les Anunnaki, un humain vivant parmi le peuple. L'histoire de l'avènement du monde inca coïncide avec le récit biblique de la *Genèse* :

> « *Le monde fut crée par Viracocha près du lac Titicaca. Après le grand déluge ou le recul des inondation chaotiques, Viracocha descendit sur Terre et créa les plantes, les animaux et l'homme sur le pays vide ; il construisit la ville de Tiahuanaco et désigna quatre souverains du monde* ».[89]

88 NdT : en quechua, langue officielle des Incas, Cuzco signifie le « nombril de la terre ».

89 José Antonio del Busto Duthurburu, *Peru Incaino* (Lima : Liberia Studium S.A.; 1981), cité dans *Tarmo Kulmar*, « On the Role of Creation and

Pouvons-nous mieux définir l'identité de Viracocha ? Les chroniques ou témoignages oraux des Incas décrivent les citoyens de Tiahuanaco comme les Viracochas qui « *avaient la peau claire et portaient de longues robes blanches* ». Viracocha est aussi décrit au singulier comme « *un homme à la peau claire, à la barbe blanche, vêtu d'une longue robe et de sandales, portant un bâton, avec un puma reposant à ses pieds* ».[90]

Bien qu'il y ait des récits différents, ils s'accordent tous sur le fait que Viracocha bâtit Tiahuanaco, apporta la culture au peuple, et puis – exactement comme Quetzalcoatl – partit en promettant de revenir un jour.[91] Le récit des origines incas révèle :

> « *Il y a longtemps, lorsque le monde était rempli de sauvages, de misère et de pauvreté, un frère et une sœur – un couple marié – Manco Capak et Mama Oello* [les enfants de Viracocha] *quittèrent le lac Titicaca.*
>
> *Inti, le dieu du Soleil, les avait envoyés pour parfaire les gens des environs, et leur avait donné un bâton en or pour tester le pays afin de le cultiver et ensuite de s'installer dans un endroit approprié.*
>
> *Ayant trouvé un tel endroit, ils durent fonder l'état, apprendre aux gens à vivre une existence convenable et encourager le culte du dieu solaire.*
>
> *Le voyage prit longtemps. Finalement, le bâton doré disparut dans le sol de la vallée de Cuzco, et ils purent commencer leur mission.*
>
> *Manco Capak enseigna à son peuple l'agriculture, l'irrigation du sol et l'artisanat, pendant que Mama Oello apprit aux femmes à filer, à tisser et à coudre* ».[92]

Origin Myths in the Development of Inca State and Religion », http://haldjas.folklore.ee/folklore/vol12inca.htm
90 Ibid.
91 Ibid.
92 Ibid.

Manco Capak – un des quatre souverains du monde – devint le surveillant du monde majeur Ursa, qui est « *le monde de l'horizon du nord* ».[93] Il est intéressant de noter que la description du bâton en or donné à Manco Capak et Mama Oello ressemble à une sorte d'instrument pour prélever des échantillons de terre.[94]

Nous sommes ici confrontés à la même série de thèmes que nous avons vus dans les récits de la création sumériens et aztèques. Les Incas ne se gratifient pas de l'invention de leur civilisation mais l'attribuent au dieu et à ses enfants qui vécurent parmi eux il y a fort longtemps et leurs enseignèrent bien des techniques.

Tous ces récits suggèrent que ces visiteurs étaient des êtres physiques ayant un pouvoir et un savoir supérieurs – comme les « *fils de Dieu* » et les Nephilim de la *Genèse*. Il existe un nombre stupéfiant de coïncidences qui ne sont pas le résultat d'un simple hasard.

Là aussi nous rencontrons des pyramides et des édifices monolitiques dans les cultures d'Amérique du Sud. L'ancien ensemble de temples du Machu Picchu est considéré comme des ruines incas. Son emplacement, perché sur une crête menaçante des Andes au nord-ouest de Cuzco, nous amène à nous demander, une fois de plus, comment les Incas ont ils pu transporter les blocs de pierre de 10 à 15 tonnes employés pour ces édifices. Les Incas avaient bien aménagé un système de route élaboré avec des pierres de plus petite taille, mais ils ne disposaient pas de véhicules à roues, et les archéologues admettent à nouveau qu'ils sont incapables de comprendre le processus ou les techniques employés.[95]

---

93 Ibid.
94 Graham Hancock, *Fingerprints of the Gods* (New York : Crown, 1995).
95 Hiram Bingham, *Lost City of the Incas* (New York : Duell, Sloan and Pearce, 1948).

Nous nous heurtons aux mêmes questions à Sacsayhuaman, un autre site inca. Là, des blocs de pierre de 100 tonnes furent découpés dans la roche mère, ciselés en forme de polygones étranges mais précis, et ajustés ensemble pour durer, semble-t-il, jusqu'à la fin des temps.

Comment les Incas ont-il accompli cette tâche titanesque ?

Les Viracochas de la légende viennent à l'esprit. Le dieu solaire égyptien, Rê, vient à l'esprit, avec tous les « *enfants du Soleil* » vivant le long du Nil, dans les jungles du Mexique, et dans les montagnes du Pérou. Les dieux, semble-t-il, ont édifié ces structures au sein de ces premières civilisations, peut-être pour nous rappeler qu'ils étaient ici et qu'ils reviendront comme ils l'ont promis.

~ 12 ~

LE LAC TITICACA : DOMICILE PERSONNEL DE VIRACOCHA

Le lac Titicaca à la frontière du Pérou et de la Bolivie, est le siège spirituel de l'Amérique du Sud et de nombreux mythes ont surgi de ses eaux. L'un d'eux affirme que c'est là que Viracocha créa le premier peuple. Un autre soutient que Viracocha et ses enfants sont sortis du lac pour commencer leur travail de civilisation des peuples. Ils s'accordent tous sur le fait que Viracocha vivait au lac Titicaca.

Situé à une altitude de 3.800 mètres, avec ses 200 kilomètres de long et 60 de large, le lac Titicaca est le plus haut lac navigable du monde. Bizarrement, le rivage est jonché de millions de coquillages marins fossilisés. On ne s'attendrait pas à trouver d'anciens échantillons de vie marine échoués à une telle altitude, mais les géologues supposent que le Titicaca fut soulevé de la mer pendant une période d'élévation qui créa le continent sud-américain il y a 100 millions d'années environ.

Il est difficile d'imaginer la force monumentale ayant poussé le lac depuis le niveau de la mer jusqu'à 3 kilomètres au-dessus de la côte, à travers l'air raréfié des Andes, mais la preuve est manifeste. Les diverses espèces marines que compte encore le lac sont des preuves supplémentaires de son origine océanique.

Le lac repose sur l'Altiplano, le plus grand bassin hydrographique de l'Amérique du Sud, formé là où les deux chaînes de montagnes des Andes sont le plus éloignées. Pendant le pléistocène, le lac couvrait la plus grande partie du bassin, une étendue de 800 kilomètres du nord au sud et de 110 kilomètres d'est en ouest, et le niveau des eaux était supérieur au niveau actuel. Ces niveaux maximum ont baissé et ont varié de 75 mètres pendant l'ère moderne.

Les ruines de la cité inca de Tiahuanaco sont situées à 20 kilomètres au sud du lac et à environ 30 mètres au-dessus de l'actuel rivage. Nous ne pouvons malheureusement qu'imaginer ce à quoi ressemblait ce site à ses heures de gloire. A partir de ruines monolithiques et d'autres témoignages que les chercheurs ont rassemblés, il semble que c'était un endroit enchanteur.

Tout le complexe était centré sur les points cardinaux et face au soleil levant à l'équinoxe. Un canal artificiel entourait le centre civique de la ville. L'édifice le plus magnifique, l'Akapana, consistait en 7 terrasses montant à 15 mètres et mesurant 180 mètres de côté, la taille de deux terrains de football.

Les murs des terrasses étaient érigés avec des joints de maçonnerie précis ne nécessitant pas de mortier, et la terrasse du niveau supérieur était couverte de gravier vert et couronnée de bâtiments. Un cour encaissée mesurant approximativement 50 mètres de chaque côté se trouvait sur la terrasse supérieure. On pense que les canaux internes taillés dans la pierre servaient de système d'écoulement à la structure, mais on débat encore de leur utilité.

Un deuxième grand tertre avec une esplanade, la Kalasasaya – place de 120 mètres sur 110 avec une cour centrale encaissée – est située à côté de l'Akapana. C'était une pyramide à degré du style ziggourat, un monticule en terre dont les façades faites de grands blocs d'andésite étaient si impressionnantes que les Espagnols allaient sur le site simplement pour s'émerveiller et rester bouche bée. Cependant, après l'époque de la conquête, la Kalasasaya commença à être utilisée comme carrière et 90% des pierres de façade ont été pillées. Les pierres les plus facilement transportables servirent à construire une église et un pont non loin de là. Siégeant en face de la Kalasasaya se trouvait une autre cour encaissée.

Il reste peu de ruines de la ville, excepté celles d'une alléchante collection de structures monolithiques : la porte du Soleil, l'entrée de la Kalasasaya ; l'escalier et la cour encaissée ; plusieurs statues anthropomorphiques (ressemblant aux statues atlantes à Tula dans le nord du Mexique); et divers artefacts plus petits.

Les bâtisseurs de Tiahuanaco ont dû parcourir 80 kilomètres pour obtenir l'andrésite qu'ils prélevaient des formations volcaniques. Du grès, extrait à 15 kilomètres du site, était aussi employé. Comment ont-ils manipulé et déplacé d'énormes blocs sur ces distances ? Si les anciennes tribus du Pérou ont bâti Tiahuanaco, et d'autres sites comme le Machu Picchu et Sacsayhuaman à l'aide d'outils rudimentaires – assertion d'archéologues – leurs méthodes devraient alors être facilement reconstituées.

Un excellent test des méthodes éventuelles employées pour la construction des antiquités péruviennes, similaire à la simulation de maçonnerie proposée au chapitre 7 pour la Grande Pyramide, consisterait à extraire dans la carrière, éloignée de 80 kilomètres, un bloc de 60 tonnes – bien plus petit que les plus grandes pierres de Tiahuanaco – et à le transporter dans cette ville en utilisant strictement les méthodes que nous proposent les archéologues. Une fois sur le site, le bloc doit être élevé, peut-être jusqu'à la hauteur du linteau de la porte du Soleil, et mis en place. Compte-tenu des résultats obtenus dans le passé pour des tâches plutôt moins ardues, il semble que tout ceci soit impossible à accomplir.

Des chercheurs indépendants ont pendant longtemps contesté la date récente attribuée à la construction du site, ainsi que le point de vue orthodoxe selon lequel les Incas ont bâti Tiahuanaco. Que penser des monstrueux blocs (on estime que l'un d'eux pèse plus de 400 tonnes) situés à 200 mètres au sud-ouest de Kalasasaya ?

Ces mégalithes appartiennent à un site connu sous le nom de Puma Panka. Il existe plusieurs théories sur le rôle que jouait ce site au sein de tout le complexe. Des scientifiques orthodoxes pensent que les blocs furent tirés sur le site et ne furent jamais utilisés ; mais le savant péruvien Arthur Posnansky qui étudia ce site pendant 50 ans, découvrit au cours de ses fouilles des preuves concluantes que Puma Panka était une jetée. Après des décennies de recherches, Posnansky fut convaincu que Tiahuanaco avait été bâtie comme un port au moment où le niveau du lac était bien plus haut.[96]

A vrai dire, plusieurs signes indiquent que Tiahuanaco était un port. « *De vastes constructions portuaires, des jetées et des digues (et même des cargaisons de pierres de carrière déposées en des points au-dessous de l'ancienne ligne de flottaison) ne laissent aucun doute* [...] » constate Graham Hancock dans son excellent livre *Fingerprints of th Gods*.[97]

Posnansky a estimé que Tiahuanaco servait de port il y a 17.000 ans, basant son estimation sur l'ali-

96 Arthur Posnansky, *Tihaunacu : The Cradle of American Man* (New York : J. J. Augustin, 1945).
97 Graham Hancock, *Fingerprints of th Gods* (New York : Crown, 1995)

gnement céleste du site. Nous pouvons mettre ceci en corrélation avec les résultats d'une étude climatique du lac Titicaca, basée sur la géologie, qui fut présentée le 25 janvier 2001, donnée dans un communiqué de presse de l'université Stanford et publiée le jour suivant dans la revue *Science.*[98] D'après l'étude – qui fut la première à prélever des échantillons du fond du lac en plein centre de celui-ci – l'Amérique du Sud tropicale avait connu alternativement des cycles de fortes précipitations et de sécheresses sur les 25.000 dernières années, ce qui avait provoqué des débordements du lac Titicaca alternant avec des baisses du niveau des eaux. L'article nous dit que « *Le lac Titicaca était un lac d'eau douce, profond et débordant sans cesse durant la dernière époque glaciaire, ce qui signifie que l'Altiplano de la Bolivie et du Pérou était bien plus humide qu'aujourd'hui* ».[99]

Puis, il y a environ 15.000 ans, l'Altiplano subit un grand changement : une longue ère aride de 2.000 années commença et le niveau du lac baissa de façon significative. Une période humide suivit, entre 13.000 et 11.000 ans de cela. Après, des cycles humides et secs alternèrent plusieurs fois jusqu'à une période extrêmement aride, il y a entre 5.000 et 6.000 ans, « *durant laquelle le Titicaca tomba à 75 mètres en-dessous de son niveau actuel* ».[100]

Nous pouvons voir que l'estimation de Posnansky n'est pas très éloignée : le lac était à son plus haut niveau à la fin de la période glaciaire, voici 15.000 ans, lorsqu'il était bien plus qu'une mer intérieure. Avec 800 kilomètres de long, il aurait eu besoin d'un port. Quand le lac tomba à son plus bas niveau, il y a environ 5.000 ans, Tiahuanaco aurait cessé d'être un port parce qu'elle

98 Mark Schwartz, « Evidence from Lake Titicaca Sheds Light on Sudden Global Climate Change », *Stanford Report*, 25 janvier 2001, www.standford.edu/dept/news/report/news/january31/titicaca_131.html.
99 Ibid.
100 Ibid.

aurait été éloignée de plus de 30 kilomètres du rivage. La science moderne a présenté une image plutôt confuse du passé de Tiahuanaco. Tout d'abord, les archéologues ont affirmé que les Incas l'avait bâtie au XVe siècle mais ils changèrent d'avis au fur et à mesure que l'on rassemblait les preuves. A présent, certains scientifiques pensent qu'une culture du nom de Tiwanuko édifia la ville et créa sa civilisation vers 1.000 av. JC ; d'autres disent qu'elle fut construite il y a 3.000 ans.

Mais il y a 3.000 ans, le lac aurait récupéré d'une sécheresse majeure, plaçant Tiahuanaco encore plus loin du rivage qu'elle ne l'est aujourd'hui. Pourquoi ses bâtisseurs aurait positionné cette cité si loin des berges du lac ? Sa construction aurait même été plus difficile sans la capacité de transporter par bateau d'énormes blocs de pierre jusqu'au site. Après le dernier cycle de sécheresse, il y a entre 5.000 et 4.500 ans, le Titicaca commença une nouvelle crue ; la portion sud vit ses berges inondées à plusieurs reprises, mais le lac n'a jamais retrouvé son niveau maximal.

Les archéologues pensent que la civilisation qui a érigé Tiahuanaco s'effondra aux alentours de 800-1000 ap. JC et que la cité et les environs immédiats furent pratiquement abandonnées. Si ceci est vrai, c'est une étrange coïncidence que la civilisation maya se soit aussi effondrée à la même époque. Il apparaît que la population des deux civilisations se dispersa et ne se réorganisa jamais. La construction de monuments à grande échelle et l'agriculture ne furent plus pratiquées.

Les légendes des tribus locales disent qu'il existait avant elles une civilisation qui s'était éteinte à cause d'une mystérieuse catastrophe. D'après ce mythe, une comète ou un astéroïde était apparue entre les constellations d'Orion et du Taureau à la même époque. On a retrouvé des rochers portant les descriptions de la comète. De nombreux chercheurs visitant les incroyables ruines de Tiahuanaco notent qu'elle semble avoir été détruite par quelque événement cataclysmique de grande ampleur.[101]

Mais les mystères se poursuivent : à côté du mythe qui crédite Viracocha d'avoir construit et habité Tiahuanaco et, avec ses enfants, d'avoir appris aux tribus primitives les voies de la civilisation, il existe une légende ayant été rapportée par le peuple vivant autour du lac Titicaca depuis l'époque de la conquête espagnole, il y a quelque 500 ans. Elle a été transmise de génération en génération et affirme qu'il existe une ancienne cité engloutie dans les profondeurs du Titicaca. Une découverte récente reprise par la BBC, « *Archaelogists Probe Lake of Mystery* », pourrait bien prouver ce c'est là un fait historique exact :

> « *La Paz, Bolivie, 24 août – Une ancre en pierre et des os d'animaux se trouvaient parmi les artefacts dont les scientifiques disent qu'ils les ont découverts sous le lac Titicaca en Amérique du Sud dans ce que l'on pense être un temple géant vieux de 1.000 ans.*
>
> *Après 18 jours de plongée dans les eaux claires du Titicaca, les scientifiques ont annoncé mardi qu'ils ont découvert un temple d'une longueur de 200 mètres et d'une largeur de 50 mètres, une terrasse pour les récoltes, une route pré-inca, et un mur d'enceinte de 800 mètres* ».[102]

Le site submergé est situé à 20 mètres sous la surface. Ce grand ensemble a dû être bâti quand le niveau du lac était inférieur à celui qu'il affiche aujourd'hui. Le site fut au dessus du lac pendant plusieurs millénaires mais, un nouveau cycle humide, qui perdure de nos jours, l'engloutit.

---

101 John Bierhorst, *Latin American Folktales : Stories from Hispanic and Indian Traditions* (New York : Pantheon, 2002).

102 Monica Vargas, « Peru Finds Pre-Inca Ruins Beneath Lake Titicaca », Reuters, 30 octobre 2002.

D'autres découvertes ont déconcerté les scientifiques. Alors que les plongeurs tombaient sur les ruines du lac, une autre équipe archéologique pratiquait des fouilles sur l'île du Soleil et l'île de la Lune, deux des 41 îles qui émergent des eaux limpides du Titicaca. Ils déclarèrent que les ruines qu'ils avaient mises au jour sur ces îles rivaliseraient avec le Machu Picchu en matière d'intérêt touristique futur.

Mais avec de telles variations du niveau des eaux, comment les anciens peuples ayant édifié ces monuments et ces centres ont-ils survécu ? De nos jours, l'Altiplano est soumis à de sévères et longues sécheresses ponctuées par des saisons de précipitations fortes et désastreuses provoquant des inondations. L'air est raréfié et ne retient guère l'humidité ou la chaleur. Les températures journalières montrent de fortes fluctuations et le gel peut survenir à n'importe quelle époque de l'année, faisant de l'agriculture un combat permanent. La grêle et les vents ont aussi un impact sur les récoltes, et seuls les céréales et tubercules hautement adaptés, résistants et rapidement récoltables peuvent être cultivés.

Les agronomes disent que seulement 20% des récoltes andines sont aujourd'hui cultivées au-dessus de 3.000 mètres.[103] De la même manière que la région du Tigre en des temps anciens, le lac Titicaca nous apparaît à ce jour comme un lieu hostile et défavorable à l'établissement d'une civilisation.

Il y a des milliers d'années, toutefois, quand le lac avait la taille d'une mer intérieure, il aurait créé un microclimat plutôt doux. Pendant des années, divers scientifiques et d'autres observateurs ont remarqué une série de stries bizarres sur le sol lorsque le niveau du lac baissait. Les études du sol nouvellement exposé ont révélé que les motifs saillants étaient en fait des vestiges

---

103 CIA Interactive World Fact Book 1996, www.geographic.org/geography/ cia_world_factbook_1996.html

de champs cultivés avec des plates-bandes surélevées. Environ 14.000 hectares de ces champs fossilisés ont été identifiés à ce jour – superficie suffisante pour pourvoir aux besoins d'une population de 100.000 à 120.000 personnes sur le site urbain de Tiahuanaco et d'environ 300.000 personnes au total dans les trois villages avoisinants.[104]

L'agriculture avec des champs surélevés est extrêmement efficace, mais sur une telle échelle, elle nécessite aussi un travail et une gestion intensifs. Cultiver d'aussi vastes surfaces aurait requis de nombreux travailleurs et de grands volumes d'eau. Les archéologues ont identifié un système d'irrigation entourant Tiahuanaco – comprenant des digues, des aqueducs, des canaux et des marais avec des chaussées – qui étaient utilisés pour stocker et distribuer l'eau au sein d'un complexe agricole perfectionné. En 500 de notre ère, le paysage aux alentours de certaines portions du lac était largement dû à la main de l'homme.

Les scientifiques ont montré que la technologie de champs surélevés – utilisant des plates-formes de terre élevées qu'entourent des rigoles et des canaux – est une conception ingénieuse. Les plates-formes de plantations sont composées de terre prélevée dans les rigoles, donnant une structure de sol enrichie (précurseur de l'actuelle méthode intensive biodynamique française de plantations surélevées sur plates-bandes). Les plates-formes permanentes de rangs serrés augmente le rendement, et réduit la concurrence des mauvaises herbes, et le sédiment du canal contient un fort taux de nitrogène, composant essentiel de l'engrais.

Des agronomes ont recomposé certains de ces terrains et la récolte résultante donna un rendement plus

104 Alan Kolata, *Tiwanaku : Portrait of an Andean Civilization* (Cambridge, Mass. : Blackwell, 1993).

élevé que les pratiques conventionnelles actuelles. Les champs surélevés se sont aussi avérés être des conservateurs naturels de chaleur. Les expériences ont montré que ce type d'agriculture peut réduire les dégâts de 100% à 10% seulement de mortalité. La totalité du système agro-hydrologique démontre un haut niveau de connaissance scientifique en matière de plantes et de sol, et une excellente maîtrise des principes d'ingénierie. Comment ce système complexe a-t-il été découvert et développé par un peuple commençant tout juste à pratiquer l'agriculture ?[105]

Les champs surélevés fossilisés et exposés à la baisse du niveau des eaux, ainsi que le complexe de temple nouvellement découvert, prouvent que des hommes vivaient près du Titicaca à l'époque où le niveau du lac était bien en-dessous de celui qu'il a aujourd'hui et également à une époque plus tardive, lorsqu'ils connurent les inondations qui submergèrent leurs temples et leurs champs.

Un autre mystère entourant ce peuple est relatif au mythe de Mama Oello parcourant la campagne, testant périodiquement le sol avec son bâton en or. Une étude récente a donné un nouvel éclairage à cet antique récit. D'après les agronomes, les anciens développèrent des méthodes pour désintoxiquer les rares espèces destinées à pousser à cette haute altitude : « *Étonnamment, des analyses poussées sur la composition chimique de nombreuses plantes et tubercules vénéneux de haute altitude ont été entreprises dans cette région par quelqu'un, dès la plus haute antiquité* ».[106]

Comme le maïs, la pomme de terre est originaire de cette partie du monde, prospérant près du lac Titica-

105 Clark Erickson, « Raised Field Agriculture in the Lake Titicaca Basin » (Philadelphia : University Museum, University of Pennsylvania, 1988).
106 Graham Hancock, *Fingerprints of Gods*.

ca, et fut exportée vers l'ancien monde après la conquête espagnole. Toutefois, la plante appartient à la famille des morelles noires, qui est généralement toxique – et à haute altitude ses tubercules contiennent aussi des alcaloïdes toxiques.[107] Il semble que le peuple pré-inca avait aussi établi que les pommes de terre survivraient à haute altitude pour découvrir que la plupart de ces tubercules s'avéraient toxiques.

Ils résolurent ce problème en lyophilisant la pomme de terre en une poudre, une pratique encore employée aujourd'hui par les fermiers locaux, qui affirment qu'ils peuvent conserver leurs pommes de terre sous cette forme pendant 6 ans. Seulement, les scientifiques ont découvert que ce procédé de lyophilisation élimine par la même occasion les alcaloïdes nocifs. Les prédécesseurs de ces fermiers l'avaient-ils découvert de façon accidentelle ?

Ces découvertes individuelles et collectives témoignent d'un niveau technologique bien au-dessus de celui des tribus primitives et indiquent clairement que le lac Titicaca était habité par une civilisation pré-inca très avancée. Les mythes évoquant les dieux ou Viracocha (la race de la Genèse) enseignant les arts de l'architecture, de l'agriculture et de l'astronomie au peuple primitif local semblent se confirmer par les découvertes des archéologues, agronomes et géologues qui ont longtemps cherché là des réponses. Comme nous le verrons dans le chapitre suivant, les connaissances des Mayas suggèrent des rapports avec des êtres largement supérieurs en termes de savoir.

---

107 NdT : la pomme de terre et la morelle noire appartiennent à la famille des solanacées qui contiennent un alcaloïde stéroïde, la solanine. Celle-ci est toxique (troubles affectant la digestion mais pouvant aller jusqu'à la paralysie), et se trouve notamment dans les tâches verdâtres et les germes de la pomme de terre.

~ 13 ~
LES MAÎTRES DE LA PLACE ET DU TEMPS

~ Mystères géodésiques

Si vous trouvez le 90ᵉ méridien nord sur le globe et le longez du doigt en partant du cercle polaire, vous tracerez une ligne passant par le Canada, le lac Supérieur et l'embouchure du Mississippi, le golfe du Mexique et le Yucatán, et directement sur le cœur de ce qui était la civilisation maya. En continuant par le Mexique et le Guatemala, la ligne relie les principaux sites mayas, signe manifeste de leur alignement géodésique.

Depuis pas mal de temps les chercheurs ont établi les alignements astronomiques des anciens sites mégalithiques et archéologiques du monde entier. Mais la découverte de leur alignement géodésique est plus récente. La *géodésie* se réfère à la théorie et à la pratique topographique pour déterminer la position de points spécifiques sur la surface de la Terre. Elle se distingue de la topographie aérienne en ceci qu'elle traite de superficies très étendues au point que la courbure de la Terre doit être prise en compte. La géodésie géométrique implique la création d'un modèle mathématique de la Terre, pendant que la géodésie physique étudie le champ de gravité terrestre.

Les études géodésiques sont citées dans les domaines pratiques de prospection, comprenant la localisation de ressources minières, la réduction des conséquences des risques naturels, la cartographie, et l'étude de la propagation de l'énergie gravitationnelle et électromagnétique de la Terre. La découverte de l'exact alignement des sites mayas le long du 90e méridien est significatif car il démontre que les Mayas s'étaient aperçus de la courbure de la Terre et connaissaient les formules employées en géodésie.

Une branche spécifique de la géodésie, l'*archéogéodésie*, englobe l'étude du positionnement de monuments préhistoriques et d'autres anciens vestiges en relation avec les phénomènes géodynamiques, tout comme la possible représentation des caractéristiques terrestres particulières par de tels monuments. La science de l'archéogéodésie reçut un bon coup de pouce au XVIIIe siècle lorsque l'équipe de savants de Napoléon Bonaparte étudia le terrain de la Grande Pyramide à Gizeh.

L'une des premières missions du groupe consistait à étudier des régions de l'Égypte et à établir des cartes précises du pays. Après que les géomètres experts eurent découvert que la Grande Pyramide était parfaitement alignée avec le nord géographique, ils décidèrent d'utiliser le méridien passant son sommet comme ligne de base pour toutes les autres mesures et orientations. Et lorsque leurs premières cartes furent achevées, l'équipe découvrit avec étonnement que le méridien de la Grande Pyramide coupait soigneusement en deux le delta du Nil, et que si on les prolongeait, les diagonales allant de son sommet à ses angles nord-est et nord-ouest formaient un triangle englobant toute la région du delta.[108]

108 Joseph-Marie Moiret, *Memoir of Napoleon's Egyptian Expedition* (London : Greenhill Books, 2001).

Ils découvrirent aussi que la Grande Pyramide se situait presque précisément sur l'intersection entre la latitude 30° nord et la longitude 30° est, avec un facteur d'erreur négligeable. Ces calculs et configurations signifiaient que la Grande Pyramide servait de repère géodésique précis. Depuis cette époque bien des orientations et alignements géodésiques et astronomiques ont été découverts sur et entre d'anciens sites sur tout le globe.

L'ancienne civilisation maya s'étendait sur une région qui comprenait le sud du Mexique, le Guatemala, le Belize et le nord du Honduras. Une analyse détaillée de la région par rapport à la masse de terre de l'Amérique du Nord et du Sud révèle un fait saisissant : la civilisation maya se trouve précisément au centre de cette énorme masse géographique.

Une étude montre que la longitude 90° ouest coupe cette région géographique en deux parties presque égales, et que la latitude 20° nord se prolonge par Yucatán pendant que la latitude 15° nord continue par le Guatemala. S'orientant depuis l'intersection de la latitude 15° nord et la longitude 90° ouest, cette région géographique se prolonge au nord sur le 90ᵉ méridien jusqu'à l'île Devon au Canada (à 75° nord, c'est quasiment l'extrémité septentrionale de l'Amérique du Nord) et au sud jusqu'à la Terre de Feu (à 55° sud, c'est quasiment l'extrémité méridionale de l'Amérique du Sud).

La région est-ouest s'étend depuis la longitude 150° ouest (en utilisant comme repère l'île de Tahiti dans l'océan Pacifique) jusqu'à la longitude 30° ouest (en utilisant comme repère l'archipel des Açores dans l'océan Atlantique). C'est là une configuration géodésique très importante (voir figure 2)

Une autre caractéristique-clé de la géodésie maya repose dans son alignement précis – avec une déviation négligeable – de nombreux grands centres cérémoniels mayas le long de l'axe nord-sud du 90ᵉ méridien.

ARCTIC OCEAN
NORTH PACIFIC OCEAN
NORTH ATLANTIC OCEAN
Gulf of Mexico
Caribbean Sea
Equator
SOUTH PACIFIC OCEAN
SOUTH ATLANTIC OCEAN
N
W
E
S
60° N
50° N
40° N
30° N
20° N
10° N
0°
10° S
20° S
30° S
40° S
50° S
60° S
170° W
160° W
150° W
140° W
130° W
120° W
110° W
100° W
90° W
80° W
70° W
60° W
50° W
40° W
30° W
20° W

90° W
Dzibilchaltún
Uxmal
Sayil
Xpuhil
Becán
Chicana
Calakmul
Xultún
Uaxactún
Tikal

Une liste d'importants sites mayas situés le long de ce méridien comporte Dzibilchaltún, Uxmal, Sayil, Xpujil, Becán, Chicaná, Calakmul, Uaxactún et Tikal.

Il serait difficile de planifier une orientation aussi précise sans de solides connaissances géographiques et géophysiques. En géodésie moderne, il aurait fallu étudier deux points, appelés stations, à des kilomètres de distance. La latitude et longitude de chacun auraient ensuite été déterminées par des moyens astronomiques, et les coordonnées de positionnement global exactes en auraient été tirées. Le placement précis des sites mayas indique qu'ils furent étudiés et triangulés, ce qui impliquait la connaissance de la forme sphérique de la Terre, de la masse de terre et des océans (voir la double page).

Frans Blom, l'archéologue danois renommé, étudia en 1924 le site maya d'Uaxactún et reconnut que la place la plus à l'est, le groupe E, fonctionnait probablement en tant qu'observatoire solaire.[109] Le groupe E, aligné cardinalement, est situé sur une artificielle plateforme élevée de 200 mètres sur 100. Sur la bordure Est, un tertre en terrasse allongée est couronné de trois structures faisant face à l'ouest. A 50 mètres à l'ouest se trouve la pyramide E-VII, une structure qui semble ne pas avoir soutenu de bâtiments. Vus depuis E-VII, les trois tertres à l'est et leurs structures marquent les points extrêmes et intermédiaires de la position du soleil levant par rapport à l'horizon. En 1989, Anthony Aveni et Horst Hartung mesurèrent précisément les alignements et trouvèrent que ces trois positions s'ajustaient de façon satisfaisante, ce qui les amena à conclure que la pyramide E-VII servait probablement d'observatoire aux solstices.

---

109 Anthony F. Aveni, éd., *World Archaeoastronomy : Selected Papers from the 2nd Oxford International Conference on Archaeoastronomy Held at Merida, Yucatán, Mexico, 13-17 January 1986* (Cambridge, U.K. : Cambridge University Press, 1989).

Pendant que les découvertes paléoastronomiques comme celle d'Uaxactún, servent à démontrer que nos ancêtres en savaient d'avantage que ce que nous leur accordons généralement, il toutefois est difficile de croire que ces monuments et ces pyramides à degrés n'étaient que des pendules célestes. Ce point de vue est représentatif de la tendance occidentale à tout réduire à un modèle mécanique.

Aveni et Hartung notèrent également que l'alignement du groupe E sur un axe nord-sud pointe exactement sur le centre de Tikal, le cœur de l'ancien royaume maya.[110] D'autres chercheurs ont signalé que sur les 19 sites découverts dans le royaume maya, 13 d'entre eux ressemblent au groupe E. Alors que des études ultérieures menées par Aveni et Harting conclurent qu'aucun des autres ensembles du groupe E ne pouvaient être classés comme de véritables observatoires et qu'ils avaient rempli un but plus symbolique, cette conclusion ne tient pas compte de leur alignement géodésique. Il semble logique de supposer que les figures géométriques résultant des interfaces entre différents axes avait une utilité finale. L'alignement précis de ces structures le long d'un méridien principal pourrait suggérer un plan d'ingénierie incluant une orientation et une fonction aériennes.

Avec cet alignement géographique de leurs nombreux sites, les Mayas semblent avoir accompli ce que les Egyptiens réalisèrent avec la Grande Pyramide : ils créèrent un énorme repère géodésique qui est le « nombril », ou le centre géographique, de la masse terrestre de l'Amérique du Nord et du Sud – fait requérant une parfaite maîtrise des connaissances astronomiques, mathématiques et géographiques.

---

110 Anthony F. Aveni, *Skywatchers of Ancient Mexico* (Austin : University of Texas Press, 1980).

Bien que la science occidentale ait traditionnellement considéré les pyramides mayas et d'autres édifices comme des sites cérémoniels, les structures bizarres aux allures d'antennes qu'on appelle des faîtes ajourés à Palenque, Tikal et ailleurs, pourraient avoir eu une fonction tout à fait différente, tout comme les plates-formes, ou terrasses, et les pyramides elles-mêmes. Mais avant de conclure sur leur éventuel usage, nous devons nous pencher sur l'ancienne énigme du réseau routier maya, ou *sacbeob*.

Pourquoi les Mayas, qui ne possédaient ni d'animaux de trait, ni de véhicules à roues, se seraient donné la peine de construire des routes pavées à travers la jungle quand un passage relativement étroit et plutôt rudimentaire aurait été bien suffisant pour des personnes se déplaçant à pied ?[111] Déjà, ce travail de construction de routes à travers tout un empire nous paraît bien ardu, mais les Mayas ne s'arrêtèrent pas là : ils nivelèrent leurs routes et les recouvrirent de ciment de chaux, une tâche nécessitant une formidable somme de travail et de maintenance en pleine jungle. Beaucoup de ces routes relient des sites avec des pyramides comme Uaxactún et construites en ligne droite. Si les professeurs de nos ancêtres venaient en réalité du cosmos, il est logique qu'ils aient créé des repères géodésiques pour guider leurs arrivées et départs de la Terre et pour servir de plates-formes d'atterrissage à leur vaisseaux spatiaux.

Une ligne de 100 kilomètres le long d'un axe nord-sud pavée avec du ciment de chaux et peinte en blanc aurait été clairement visible depuis un vaisseau à l'approche. Nous savons déjà que la Grande Pyramide est visible depuis l'espace extra-atmosphérique, fournissant aux véhicules venant de l'espace une cible facile à identifier.

---

111 Justine Shaw, « Maya Sacbeob : Form and Function », *Ancient Mesopotamia*, automne 2001.

Cette thèse indique un but très pratique pour ces structures monumentales ainsi qu'une possible source des techniques élaborées nécessaires à leur construction.

Une branche essentielle de la géodésie se consacre à déterminer l'emplacement des émetteurs radio, ce qui implique l'étude de la propagation des ondes électromagnétiques. Toutefois, l'alignement soigneux des anciens sites indique que cet aspect de la science pourrait ne pas être aussi moderne qu'on le pense. L'archéogéodésie révèle que les anciens peuples pourraient avoir utilisé leurs connaissances des champs énergétiques et des alignements géométriques pour se servir des propriétés électromagnétiques ou gravitationnelles de la Terre. Nous pourrions nous demander si, en plus de guider des vols spatiaux arrivant, ces monuments anciens auraient pu appartenir à une grille employée pour transmettre l'énergie d'une façon que nous ne comprenons pas encore. Les connaissances mathématiques approfondies manifestées par les premières civilisations sur Terre prêtent foi à cette idée.

~ Anciens génies des maths

La science des mathématiques reflète de façon précise la capacité d'une civilisation à réduire des objets et des événements à des symboles abstraits. Aussi surprenant que cela paraisse aujourd'hui, la plupart des cultures n'ont pas eu cette capacité au cours de toute l'histoire humaine. Le concept du zéro – quelque chose qui ne représente rien, et qui fait abstraction de son niveau le plus paradoxal – est une des caractéristiques les plus importantes des mathématiques supérieures et une innovation notable dans la pensée humaine.

Le concept du zéro fut développé indépendamment par trois cultures : est-indienne, maya et babylonienne. Les plus anciennes cultures (et bien d'autres plus « récentes ») pourraient difficilement remonter leur passé en comptant sur leurs doigts et leurs orteils. Certaines n'avaient aucun concept des nombres, pendant que d'autres ne possédaient qu'un système rudimentaire dans lequel un grand nombre de choses, de personnes ou d'activités étaient simplement qualifiées de « nombreuses ».

Curieusement, le concept du zéro, et donc du système de place, ne vint pas à l'esprit des Romains (connus pour être d'excellents ingénieurs) ni à celui des Grecs (connus pour leur maîtrise de la géométrie). Il suffit d'essayer de manipuler de grands nombres à l'aide du lourd système numéral romain pour comprendre l'importance de ce concept. Dans le système romain, qui ne comporte pas de zéro, des lettres sont employées pour représenter des nombres. L'inconvénient manifeste d'un tel système est qu'un nombre représentant une grande quantité devient particulièrement long et de plus en plus complexe. Le système grec est tout aussi laborieux. En vérité, malgré l'importance que nous attribuons à ces deux civilisations pour avoir façonné et influencé notre culture actuelle, nous n'utilisons pas leur système de base mathématique.

Cependant nous avons emprunté beaucoup d'aspects aux systèmes numériques des Mayas et Sumériens, systèmes qui étaient ingénieusement intégrés aux calendriers et aux tableaux astronomiques de chacune de ces cultures. Les Sumériens (lesquels suivaient un système en base 60), tout comme les Mayas, inventèrent le système de position ordonnée sur une suite latérale – que nous utilisons encore de nos jours où la valeur dépend de la place où est noté le chiffre.[112] Dans ce système, la

112 NdT : dans une suite de plusieurs symboles cunéiformes (désignant un nombre) le dernier symbole indique les unités (qui vont jusqu'à 59), l'avant-dernier symbole indique sa valeur multipliée par 60, celui situé encore avant indique sa valeur multipliée par 60^2 etc., et il faut ensuite additionner le tout. C'est le même *principe* que le système décimal où le dernier symbole désigne les unités (qui vont jusqu'à 9), l'avant-dernier symbole indique sa valeur multipliée par 10, celui d'avant par 10^2 etc. et le tout additionné. La seule différence – et complexité – se situe dans la façon

position d'un chiffre ou nombre est cruciale ; par exemple, la différence entre 1 et 1.000.000 équivaut à la différence entre être pauvre ou riche. Les Mayas (qui employaient un système en base 20) furent les premiers à imaginer l'usage systématique d'un symbole pour le zéro dans le système de valeurs selon la place, et qui fut utilisé pour indiquer l'absence d'unités en n'importe quelle position ordonnée. Ils étaient en avance sur l'Europe d'au moins 700 ans.

Le système numérique des Mayas était d'une simplicité et d'une élégance rare. Comparé au nôtre qui comprend neuf symboles, il n'en comptait que deux : un point représentait un « 1 » et une barre un « 5 ».

Dans notre système décimal, un nombre augmente par la puissance de 10 (1, 10, 100, 1000 etc.) avec l'addition d'un zéro et/ou un déplacement de la virgule décimale vers la droite. Ainsi un « 1 » devient un « 10 » quand on ajoute un zéro et que la virgule est déplacée à la droite du 0. D'une manière assez semblable, les nombres du système vicésimal maya augmente par la puissance de 20 (1, 20, 400, 8.000 etc.) : les Mayas travaillaient néanmoins verticalement, avec le plus petit nombre situé au bas de la colonne. Ainsi au niveau le plus bas un point vaut 1 et une barre vaut 5 ; au niveau juste au-dessus ils sont multipliés par 20, puis par 400, par 8.000 et ainsi de suite (comme dans notre système décimal). Avec ce système, les marchands mayas pouvait facilement disposer un rang vertical de cailloux sur le sol ou dessiner un rang de points ou lignes représentant des nombres petits ou grands.

Le système sumérien en base 60, ou sexagésimal, était particulièrement ingénieux car 60 est divisible par 2, 3, 4, 5, 6, 10, 12, 15, 20 et enfin 30, ce qui permettait de facilement fractionner. Nous utilisons d'ailleurs encore un système en base 60, lorsque nous décomptons le temps (nous divisons les heures en 60 minutes et les

---

d'écrire, les Sumériens employant (comme les Romains) un addition de symboles pour désigner les chiffres et nombres allant jusqu'à 59.

minutes en 60 secondes) et lorsque nous calculons des angles avec un cercle à 360 degrés (180° = un demi-cercle, 120° = un tiers de cercle, 60° = un sixième de cercle, et ainsi de suite).

Alors que le cercle à 360 degrés est pour nous un fait établi depuis longtemps, il y a 5.000 ans les Sumériens attribuaient la connaissance de ce concept à leurs dieux. Et ce ne fut pas la seule connaissance mathématique qu'ils reçurent. Eleanor Robson, une enseignante à l'Institut Oriental de l'université d'Oxford, a écrit au sujet du système mathématique sophistiqué des Sumériens et de leur désir que cela se répercute dans leur culture le commentaire suivant :

> « *La meilleure preuve vient du XVIIIe siècle (av. JC) à Nippur, où des tables de multiplication et inverses* [de division], *des tables de carrés et de racines carrées, de cubes et de racines cubiques, et des tables d'unités métrologiques avec leurs contreparties sexagésimales peuvent être toutes fermement situées dans le programme d'enseignement élémentaire pour scribes stagiaires* ».[113]

Les tablettes cunéiformes montrent que les Sumériens réalisaient des opérations mathématiques compliquées, utilisant des angles et des racines carrées des milliers d'années avant Pythagore qui pourrait avoir simplement redécouvert leur travail. A vrai dire, bien des inventions et des concepts philosophiques que nous attribuons aux Grecs et aux Romains viennent en réalité de Sumer et de Babylone. Les philosophes et scientifiques grecs et romains faisaient souvent des références indirectes aux « *sources anciennes* » d'information, les désignant rarement par leurs noms parce qu'ils ne les connaissaient sans doute pas dans certains cas.

---

113 Eleanor Robson, *Mesopotamia Mathematics, 2100-1600 B. C.* (Oxford : Oxford University Press, 1999).

Nous nous demandons toujours pourquoi les Mayas et les Sumériens étaient si en avance sur le reste du monde ancien dans leur compréhension des nombres, des formules et des données astronomiques. Et une fois encore, nous nous demandons comment ils ont acquis un tel savoir juste après l'Âge de pierre. Seule une race supérieure possédant déjà ce savoir pouvait leur avoir appris, et c'est, comme nous le verrons dans le prochain chapitre, ce que les anciens nous disent.

~ 14 ~

LES PREMIERS SOUVERAINS DIVINS : MYTHE OU HISTOIRE ?

Qu'est-ce qu'un mythe ? Selon le dictionnaire *American Heritage,* un mythe est :

> 1) Une histoire ancienne typique et traditionnelle, traitant d'êtres surnaturels, d'ancêtres ou de héros qui servent la vision du monde fondamental d'un peuple.
> 2) Une fiction ou une demi-vérité.
> 3) Une chose, personne ou histoire fictive.[114]

Si l'on adhère à ces définitions largement reconnues, il est clair que les mythes doivent être différenciés des faits, et distingués des récits historiques véridiques et des témoignages fidèles. Il est évident, aussi, que le fait de qualifier de « mythe » le récit donné par une personne qui le dit fidèle ou exact, revient à suggérer que le narrateur est un menteur ou bien qu'il est incapable de faire la différence entre les faits et la fiction. Mais ceux qui qualifient volontiers de mythes certains récits pourraient avoir une vision du monde particulière

114 American Heritage Dictionary.

n'autorisant pas certaines narrations à devenir des faits historiques. L'ancienne ville de Sumer fut considérée comme un mythe pendant des siècles jusqu'à ce qu'elle soit découverte, et se soit avérée être le berceau de la civilisation. Le Grand Déluge est qualifié de mythe, et pourtant ce récit « mythique » – de l'humanité presque entièrement balayée par un grand déluge – se rencontre dans plus de 200 cultures à travers le monde. Comment des peuples aussi différents ont-ils pu raconter la même histoire ?

Trois des premières civilisations anciennes présentent des thèmes communs dans leurs mythes de la création. Dans chaque cas, des dieux descendent des cieux pour créer des êtres humains et pour faire don de la civilisation à l'humanité. Après avoir créé les hommes à leur image, les dieux instruisent la race embryonnaire sur la manière de vivre et laissent une théocratie basée sur l'idée que le roi descend des dieux ou qu'il a été désigné par les dieux.

Garcilasso de la Vega, fils d'un conquistador espagnol et d'une princesse inca, demanda à son oncle, un vieil Inca, de lui raconter l'histoire des origines de son peuple, y compris la manière dont le lac Titicaca était devenu la source de leur civilisation. Son oncle répondit :

> « *toute la région que tu vois était recouverte de forêts et de fourrés, et les gens vivaient comme des bêtes brutales sans religion, ni gouvernement, ni villes, ni maisons, sans cultiver la terre, ni couvrir leurs corps* [...] [Viracocha] *envoya un fils et une fille pour leur donner des préceptes et des lois afin de vivre comme des hommes raisonnables et civilisés, et pour leur apprendre à demeurer dans des maisons et des villes, à cultiver le maïs et d'autres récoltes, à élever des troupeaux et à utiliser les fruits de la terre en tant qu'êtres rationnels.*[115]

---

115 Garcilasso de la Vega, *First Part of the Royal Commentaries of the Yncas*, trad. Clements R. Markham (New York : B. Franklin, 1963).

Aucun dieu désincarné, aucun ange, ou aucune force spirituelle ne pourrait avoir accompli cela. Viracocha est toujours décrit comme un homme demeurant avec les gens et leur enseignant les arts de la civilisation, un peu comme les dieux avaient vêtu Adam et Eve dans le jardin d'Eden puis les avaient mis à la porte et envoyés cultiver la terre.[116]

En allant plus au nord, du Pérou vers le Mexique, nous rencontrons les Aztèques et les Mayas qui présentent une croyance similaire. Quetzalcoatl (Kukulkan) – un homme blanc, barbu avec une longue pèlerine, et son entourage, arrivés « *sur un bateau sans rames* » – leur apportèrent les bienfaits de la civilisation.

Les Sumériens rapportent la même histoire de base. Notre civilisation occidentale moderne est une ramification de l'ancienne civilisation sumérienne via la branche de la Grèce et de la Rome anciennes. Les récits sumériens devraient avoir un intérêt tout particulier pour nous, car, comme le déclare Zecharia Sitchin dans son ouvrage *La 12ᵉ planète*, « *Les "dieux des temps jadis" étaient sans aucun doute les dieux de Sumer ; on a pas trouvé ailleurs de témoignages, de contes, de généalogies et des histoires de dieux plus anciens que ceux du panthéon sumérien ailleurs* ».[117] Sitchin est un linguiste, expert en langues anciennes, dont l'hébreu et le sumérien. Il a traduit plus de 6.000 tablettes cunéiformes, et d'après ses traductions des récits sumériens :

> « *Il n'y avait pas de simples divinités locales. Il y avait des dieux nationaux – à vrai dire des dieux internationaux.Certains étaient présents et en activité sur Terre avant d'être des Hommes.En vérité, l'existence même de l'Homme était considérée comme ayant été une entreprise créative délibérée de la part de ces dieux* ».[118]

---

116 Ibid.
117 Zecharia Sitchin, *The 12th Planet* (Rochester, Vt. : Bear and Co., 2002).
118 Ibid.

Dans le récit sumérien *Enuma elish*, nous trouvons ceci :

> « *Pour le rôle de Quingu dans la guerre, il fut créé afin de fournir du sang pour la création de l'homme* [...] *Il divisa les Anunaki et en plaça 300 pour protéger le ciel, et 600 pour demeurer au ciel et sur la terre. Il les a fait créer Babylone, construire le temple d'Esagalia et une haute ziggourat* ».[119]

Sitchin remarque que tous les récits des dieux qui sont intervenus dans les affaires humaines s'accordent sur le fait que ces dieux étaient humains. Nous rencontrons le dieu sumérien Enki voyageant de place en place, effectuant une variété de tâches et désignant divers surveillants :

> « *Enki institua à chacun d'eux un dieu ou une déesse. Ensuite il alla placer le dieu-brique Kabta chargé de la pioche et du moule à briques. Enki posa les fondations, bâtit les maisons et les confia à la charge de Mushdamma – le grand fondateur Enlil.*[120]

Kabta, Enki et Enlil sont-ils des esprits, ou sont-ils des humains chargés de surveiller des ouvriers exécutant des projets d'envergure ? Nous devons garder à l'esprit que les Sumériens attribuaient l'édification de leur civilisation à ces êtres, dont on retrouve des accents dans les récits bibliques de dieux et d'anges descendant sur Terre pour diriger et intervenir dans les affaires d'êtres humains avec leurs immenses – si ce n'est effrayants – pouvoirs qui les amenaient parfois à détruire des villes entières. Les sceptiques comme la plupart des scientifiques les considèrent comme des mythes. Même les croyants et les érudits bibliques évitent de prendre ces récits au pied de la lettre.

---

119 L. W. King, éd., *Enuma Elish*, vol. 1 et 2 : *The Seven Tablets of Creation; The Babylonian and Assyrian Legends Concerning the Creation of the World and Mankind* (New York : AMS Press, 1976).
120 Ibid.

Les dieux, anges et « *fils de Dieu* » bibliques, les Anunnaki sumériens, le Quetzalcoatl méso-américain et le Viracocha inca étaient tous humains. Les anthropologues et les spécialistes de mythologie les présentent comme des archétypes universels, et expliquent que les histoires de leurs actions suivent un schéma type. Mais il semble que seules ces premières civilisations, qui édifièrent des monuments en pierre et des villes, et qui étaient si évoluées dans le domaine de l'agriculture, de la technologie et des mathématiques, possèdent des histoires d'un groupe intermédiaire – en apparence humaine – qui créa les peuples et leur apporta le savoir nécessaire à la civilisation, dont celui de la loi et de l'unité politique entre tribus.

Au contraire, les peuples indigènes de l'Amérique du Nord vivaient de manière identique à l'époque où les anciens Mayas édifiaient leurs temples et observaient le ciel. Ils ne construisirent pas de routes ou d'édifices monumentaux ; dans leurs histoires, ils n'avaient pas de Viracocha ou de Quetzalcoatl, ni d'êtres à l'allure humaine leur offrant la civilisation.

Les scientifiques modernes sont peut-être amenés à introduire leur propres parti pris culturels et leurs préjugés dans leurs interprétations des anciennes histoires sumériennes et mayas. Bien évidemment, tous les mythes ne sont pas à prendre au pied de la lettre, mais il s'est avéré positif d'y chercher un fond de vérité, car il est possible qu'ils retracent certains faits historiques. Bien des cités perdues et artefacts anciens seraient encore ensevelis à l'heure actuelle si quelqu'un n'avait pas sauté le pas.

Qu'en est-il des descriptions de ces visiteurs humains, pourtant détachés de ce monde, et des mentions évoquant leur arrivée et ce qu'ils firent une fois établis ?

Nous pourrions rejeter d'emblée ces compte-rendus de l'arrivée d'une race supérieure venue d'ailleurs pour leur manque total de justesse et de fidélité. Mais si en vérité les géniteurs de l'humanité venaient d'une civilisation avancée, nos ancêtres humains auraient certainement manqué de moyens les plus élémentaires pour décrire leur arrivée, leurs connaissances et leur technologie. Nous le savons par les contacts de notre propre civilisation avec les tribus primitives un peu partout dans le monde.

Il n'y avait pas de chevaux dans les Amériques lorsque Cortés débarqua sur les plages du Mexique. Et lorsque les hommes de sa cavalerie enfourchèrent les chevaux qu'ils avaient amenés avec eux, les indigènes qui les virent pour la première fois décrivirent par la suite homme et cheval comme une seule bête, un monstre, en partie chien géant et en partie homme. De façon similaire, les autochtones des tribus d'Amérique du Nord dirent des fusils que c'étaient des « *bâtons de feu* » lorsqu'ils les virent pour la première fois. Nous savons que ces descriptions sont inexactes – néanmoins elles décrivent, simplement certes, quelque chose de vrai.

Le « culte du cargo » est un autre exemple de cette perspective différente mais fidèle. Durant la Seconde Guerre mondiale, les Etats-Unis défendaient une base sur l'archipel de Vanuatu en Mélanésie, et recevaient par intervalles du ravitaillement par avion-cargo. Les indigènes les virent réceptionner des livraisons, puis regardèrent les étranges rituels pratiqués par ce peuple qui portaient des vêtements les faisant tous se ressembler. Après avoir observé ces détails, ils essayèrent d'invoquer les dieux pour recevoir des cargaisons. Ils établirent leur propre simulacre de base aérienne et installèrent une tour de contrôle et une antenne radio (une tige de vigne entre des poteaux). Ils s'habillèrent de vêtements ressemblant aux uniformes de l'armée américaine et marchèrent en formation pour les manœuvres.

Durant leurs rituels, les chefs prononcèrent les phrases qu'ils avaient entendues et que les hommes blancs avaient prononcées, comme « *Roger... terminé à vous... autorisation d'atterrissage... j'appelle... à vous* ». Puis ils attendirent que la nourriture et les vêtements leur parviennent.

Le *Livre d'Ezéchiel* dans l'Ancien Testament a souvent été cité à l'appui de la thèse selon laquelle des astronautes anciens visitèrent la Terre. Les versets cités sont habituellement ceux qui parlent d'Ezéchiel voyant dans les cieux des « *roues dans des roues* », des références au vaisseau des visiteurs. Mais il existe d'autres passages pouvant soutenir cette thèse : lors de sa première vision des roues, Ezéchiel vit quatre créatures qui « *avaient l'apparence d'un homme* » (*Ezéchiel* 1:5). Le verset 1:26 est encore plus descriptif : « *Au-dessus de l'étendue qui était sur leurs têtes, il y avait quelque chose ressemblant à un trône, pareil à l'aspect du lapis-lazuli ; sur ce qui ressemblait à un trône, en haut, se trouvait une forme ayant l'apparence d'un homme* ». Une autre vision d'Ezéchiel nous dit ceci :

> « *Puis je vis, et regardai, une forme ressemblant à un homme ; à partir de ses reins jusqu'en bas c'était l'apparence du feu, et de ses reins jusqu'en haut une apparence brillante, comme l'aspect du métal rougeoyant. Et il étendit la forme d'une main et m'attrapa par une mèche de cheveux ; et l'esprit me souleva.* (*Ezéchiel* 8:2-3)

Maintenant que nous avons des avions à réaction, des modules spatiaux et une connaissance de l'électromagnétisme, pouvons-nous comprendre combien il eut des difficultés à communiquer ? Il fut saisi et élevé par une force inconnue. Il est intéressant de noter que les personnes affirmant avoir été enlevées par des ovnis décrivent une expérience similaire : un faisceau d'énergie les paralyse et ils se retrouvent ensuite flottant vers l'embarcation. C'était peut-être une sorte de force électromagnétique invisible qui a soulevé Ezéchiel – une force qu'il ne put décrire qu'en usant du mot « *main* » en conjonction avec le mot « *esprit* ».

Comment pourrions-nous comprendre ce qu'il voit, en se basant sur sa description ? Il est possible que de là où il se tient, au sol, Ezéchiel soit en train de regarder dans un astronef et de voir un homme se tenant à une console de quelque sorte. L'intérieur du vaisseau rayonne, tout comme l'extérieur. Il peut voir l'homme jusqu'à la taille et puis son corps disparaît – peut-être derrière un tableau de bord recouvert de voyants lumineux (ce qui lui aurait donné « *l'apparence du feu* »). La description du « *métal rougeoyant* » entourant l'homme correspond aux descriptions que donnent aujourd'hui ceux qui ont partagé leurs récits sur des rencontres avec des ovnis.

Les descriptions d'Ezéchiel se poursuivent : il évoque les roues dans le ciel qui foncent comme « *une tempête de vent* » et comme « *un grand nuage avec du feu étincelant et une lumière vive autour* » (*Ezéchiel* 1:4). Il est facile de voir que ce pourrait être la description d'un véhicule dans le ciel approchant à grande vitesse. La qualité des « *roues* » était « *comme du béryl brillant* » (*Ezéchiel* 1:16) – une façon vivante de décrire une surface métallique très lisse et brillante. Et « *quand à leur jantes elles étaient hautes et effrayantes, et les jantes de toutes les quatre étaient pleines d'yeux tout autour* » (*Ezéchiel* 1:18).

A partir de ces mots, nous pouvons voir un objet métallique circulaire avec un rang de trous éclairés (des « *yeux* » ronds). Il poursuit en décrivant ce qui pourrait être une source d'énergie : « *Au milieu des êtres vivants il y avait quelque chose qui ressemblait à des braises brûlantes, comme des torches fonçant en avant et en arrière parmi les êtres vivants. Ce feu était vif, et la foudre jaillissait du feu* » (*Ezéchiel* 1:13). Le « *feu* », les « *braises brûlantes* » et la « *foudre* » sont les seuls mots dont le prophète disposait pour décrire la lumière qui ne venait pas du Soleil, ni de la Lune et des étoiles. Il voit une lumière intense qui jaillit par intermittence avec des émissions semblables aux éclairs. Quelle pouvait en être la source ?

Tout son récit est fascinant. A vrai dire, il est peut-être le seul et le mieux placé à pouvoir témoigner de la vraie nature des « dieux » et de leur haut niveau technologique. De façon intéressante, il existe de nombreux récits indiens parlant de *vimanas*, embarcation en forme de cigare à avoir traversé le ciel de la Terre dans un lointain passé.

La rencontre d'Ezéchiel eut lieu au bord du fleuve Kebar, qui est en fait un canal construit par les Sumériens, relié à l'Euphrate et qui coule près du confluent du Tigre. Il existe un récit qui n'aurait pas surpris les « têtes noires » qui laissèrent beaucoup d'histoires de dieux atterrissant et décollant. Les Sumériens décrivent la « *maison pour descendre du ciel* » comme ayant été construite par les dieux eux-mêmes (ils « *avaient façonné ses parties* »). En outre, « *sa corniche ressemblait à du cuivre* ».[121] Avec une apparente confusion de termes, nos ancêtres avaient visiblement des difficultés à dépeindre des choses hors de portée de leur expérience. Néanmoins, ils réussirent à traduire que l'objet était métallique et qu'il montait et descendait en flèche dans le ciel – détails apparemment cruciaux.

Les récits des Sumériens et d'Ezéchiel ne décrivent pas uniquement des phénomènes lumineux et métalliques. Si l'on reprend l'Ancien Testament, Ezéchiel parle d'un « *homme vêtu de lin* [...] *avec un étui pour écrire à ses reins* » qui est l'un des six hommes désignés par le Seigneur aux postes d'exterminateurs de la ville, « *chacun* [ayant] *son arme destructrice à la main* » (*Ezéchiel* 9:2). C'est cet homme vêtu de lin qui est envoyé pour « *marquer les fronts des hommes qui soupirent et gémissent sur*

---

121 Ibid.

toutes les abominations qui sont commises au milieu [de Jérusalem] » (*Ezéchiel* 9:4). Ezéchiel est parfaitement clair : ces êtres sont des hommes.

*~ **Le legs des lois***

Selon les récits des civilisations initiales, après que les dieux aient créé les êtres humains, ils leur donnèrent l'agriculture, puis des réglementations avec lesquelles vivre. Cette évolution est reflétée dans la *Genèse*. Dans le chapitre 24, les dieux commencent à donner leurs lois aux juifs : « *Et si l'homme prend la vie de n'importe quel être humain, il sera assurément mis à mort* » (*Genèse* 24:17) ; « *Tu ensemenceras tes champs pendant six ans, et pendant six ans tu tailleras ta vigne et y récolteras ta moisson, mais durant le septième année la terre devra avoir le repos du sabbat, un sabbat au Seigneur* » (*Genèse* 25:3-4).

Le premier verset cité contient la loi qui compose la base d'une société civilisée – elle est dure et sans compromis, mais établit un code moral et démontre la valeur de la vie. Le verset suivant offre un solide planification de l'agriculture : il est nécessaire de laisser les champs en jachère pour retrouver la fertilité de la terre. C'est un des legs hérités des premières civilisations du Moyen-Orient. Des millions d'hectares de terres arables autrefois fertiles sont aujourd'hui stériles ou se sont transformés en déserts à cause de pratiques agraires médiocres.

La chronique de la civilisation est une histoire de changements brutaux dans la société humaine. C'est un récit dramatique qui différencie l'ancienne époque de la nouvelle, avec de nombreux virages et revirements entre les deux. Lorsque la civilisation progresse, les hommes font l'expérience de nombreux conflits, guerres et conquêtes. Dans l'ancien temps, il n'existait pas de code de lois organisé, ni de décrets, et peu de réglementations ; à une nouvelle époque, les lois furent créées par une puissance « divine » ayant autorité pour les décréter et les faire respecter.

Dans la *Genèse* 3 les dieux dressent un contrat d'agriculture à Adam. Quelque temps plus tard, dans le livre de l'*Exode*, ils informent Moïse et lui donnent des lois. Entre les deux événements, l'humanité eut le temps pour franchir des étapes de développement : l'homme cultivateur remplaça l'homme primitif, puis l'homme civilisé remplaça l'homme cultivateur. La civilisation appelle une organisation sociale complexe et un système de lois passant de main en main.

Dans l'ensemble, les récits sumériens et bibliques concordent : « *Enlil choisit aussi des rois qui devaient régner sur l'humanité, non pas comme souverains mais comme des serviteurs du dieu chargé de l'administration des lois de justice divines* ».[122] Alors les premières civilisations évoluées de la Terre eurent soudainement des rois divins siégeant sur des trônes terrestres. L'apparition de ces premières civilisations fut accompagnée d'une transformation sociale radicale, partant d'un simple système égalitaire pour finalement arriver à une système pyramidal complexe avec un souverain divin en son sommet. Nous pourrions nous demander pourquoi une race, ayant affiché un certain égalitarisme pendant des millénaires, aurait subitement érigé des membres de la tribu à un statut divin, et pourquoi autant de premières civilisations et des civilisations suivantes empruntèrent la même voie de développement social.

La civilisation des Incas du Pérou, comme celle des Aztèques du Mexique, se développa plus tard que les anciennes cultures, mais leurs formes d'organisation sociale impériales ont apparemment été transmises durant de nombreuses générations. L'Inca dirigeant était considéré comme un descendant direct du Soleil. Sa

122 Ibid.

femme, qui était aussi sa sœur, et lui même, étaient considérés comme appartenant à la lignée généalogique directe qui remontait aux dieux, le frère et la sœur Manco Capac et Mama Oello, que Viracocha avait envoyé sur terre « *pour rassembler les autochtones en communautés et leur enseigner l'art de la vie civilisée* ».[123] La culture inca n'excusait pas l'inceste en général dans la société. L'assurance de la pureté de sang noble était la raison pour laquelle la famille de l'Inca royal était autorisée à des mariages consanguins et à avoir des enfants.

Comme les Incas, les Chinois, les Mésoaméricains et les Egyptiens, tous croyaient que leurs dirigeants étaient les descendants du dieu Soleil. Les Egyptiens voyaient le pharaon comme une incarnation de la divinité qui, comme les Incas royaux, possédait l'autorité absolue. Ses ordres étaient aveuglément exécutés. Pourquoi les Incas et les Egyptiens auraient-ils partagé les mêmes vénérations et croyances au sujet de leurs dirigeants et pourquoi les deux cultures auraient-elles associé la divinité au Soleil ?[124]

Se peut-il que des archétypes mythiques, plutôt que le véritable élan d'une intervention extérieure, aient été à l'origine de toutes ces progressions sociales, depuis l'acquisition de lois jusqu'à l'institution d'une organisation sociale hiérarchique, dont le règne d'un souverain divin ?

~ *Mythe ou réalité ?*

Si l'on accepte le génie de l'innovation sumérienne dans le domaine des mathématiques et de l'agriculture, dans leur capacité à édifier de grands monuments, à inventer la roue et à connaître les planètes du

123 William H. Prescott, *History of the Conquest of Mexico and History of the Conquest of Peru* (New York : Cooper Square Press, 2000).
124 Peter A. Clayton, *Chronicle of the Pharaohs : The Reign-by-Reign Record of the Rulers and Dynasties of Ancient Egypt* (London : Thames and Hudson, 1994).

système solaire, pouvons-nous rejeter leur propre histoire de la création et de l'acquisition de ce génie ? Nous pourrions poser la même question au sujet des Aztèques, des Incas, des Egyptiens et des Olmèques.

Nous avons vu les éléments dans le schéma qui ressort : des histoires de dieux descendant des cieux pour créer les humains, pour initier l'agriculture et la civilisation, la construction d'immenses monuments, le développement des arts et des sciences, l'institution de lois et la réorganisation de la société, avec un souverain régnant sur tout. Tout cela peut-il être le produit d'un mythe ?

Dans l'Occident à dominance judéo-chrétienne, les anthropologues et les historiens rejettent Quetzalcoatl, Enki, Rê et Viracocha comme des mythes, bien que, paradoxe, Jésus de Nazareth soit largement reconnu comme figure historique, comme un homme qui naquit d'un père divin, réalisa des miracles, offrit des préceptes, donna des lois, et monta au ciel après sa mort.

~ 15 ~
LE *STATU QUO* DE L'ÉVOLUTION ?

~ Le darwinisme joue-t-il un rôle ?

Les peuples de toutes les races et de tous les groupes ethniques vécurent pendant deux millions d'années en étroite association avec la nature en tant que chasseurs-cueilleurs utilisant des outils primitifs. L'humanité avait essentiellement atteint une sorte de stase au paléolithique moyen et supérieur[125] lorsque les peuples primitifs s'étaient répandus sur tous les continents du globe, excepté l'Antarctique. Partout dans le monde, les fouilles des sites paléolithiques témoignent de cette homogénéité globale. Presque toutes les cultures et tribus vivaient exactement de la même façon : elles chassaient, pêchaient, et cueillaient des plantes ; elles apprenaient à faire du feu, bâtissaient de simples abris et fabriquaient des outils ; elles cousaient des vêtements à base de matière animale ou végétale. La nourriture consistait en plantes et fruits sauvages, dont toutes sortes de noix, ainsi qu'en poisson et en viande. Jusqu'à 10.000 av. JC,

125 NdT : le paléolithique (ou âge de la pierre taillée) s'étend – selon les sources – de moins 4 millions d'années (voire moins 2 millions d'années) à moins 10.000 (voire moins 8.000). Il est divisé en trois périodes, la plus récente étant le paléolithique supérieur (de moins 35.000 à moins 10.000 ou 8.000) qui voit l'apparition de l'*Homo sapiens sapiens* et dont la fin coïncide avec la dernière époque glaciaire.

aucun groupe n'avait surpassé le reste de l'humanité. Ce genre de développement est ce que la théorie évolutionniste prévoit pour toute espèce, y compris pour l'*Homo sapiens*.

Ces peuples de l'Âge de pierre se déplaçaient en groupes demi-nomades à travers un territoire établi, utilisant parfois des grottes, des cavernes, et des structures temporaires comme abris. Leurs premiers outils étaient fabriqués à partir de pierre, puis avec des os. Des racloirs en pierre étaient employés pour travailler les peaux et le bois. Des aiguilles en os, des harpons à barbillon, des javelots connurent un certain perfectionnement il y a 15.000 ans. Cependant le paléolithique inférieur demeure la période la plus longue, avec plusieurs millions d'années.

Il y eut très peu d'innovations après que les hommes eurent réussi à maîtriser le feu et inventé des outils et des armes en os. Le perfectionnement des outils du paléolithique prit des centaines de milliers d'années. Il en alla de même pour le développement de l'organisation sociale et la capacité à formuler et à synthétiser des idées abstraites à partir d'expériences diverses. Pendant très longtemps les hommes firent peu de progrès, terme qu'ils n'avaient même pas encore défini.

Les évolutionnistes culturels – ceux qui appliquent la théorie darwinienne au développement de la culture humaine – affirment que la civilisation devait être la prochaine étape pour tous les peuples – mais la civilisation n'émergea dans aucune des diverses cultures du monde en tant que progression naturelle. Au lieu de cela, elles s'étendit d'une manière agressive à partir de quelques points d'ancrage pour l'emporter sur des groupes moins versés dans les techniques.

Nous pouvons faire remonter la civilisation qui existe aujourd'hui dans la plus grande partie du monde à l'Europe occidentale, où elle fut acheminée via la

Grèce et Rome, depuis les civilisations d'origine en Égypte et en Mésopotamie. Nous savons qu'il y a 20.000 ans tous les peuples – ayant existé jusque là, soit environ 100.000 générations – étaient des chasseurs-cueilleurs vivant en simple groupes tribaux égalitaires, et que seulement 10 générations ont connu la civilisation industrielle. Il y a 3.000 ans, la majorité des cultures étaient encore constituées de chasseurs-cueilleurs et une part non-négligeable de la population mondiale ne pratique toujours pas l'agriculture, ou vit comme au XVe siècle. Il est important de noter que 99,99% de notre héritage génétique remonte au néolithique. Nos gènes ont essentiellement été formés avant le développement de l'agriculture, ce qui a entraîné des conséquences biologiques, sociales et culturelles.

Quels changements spécifiques nous menèrent à la civilisation ? Nous pouvons en citer quatre principaux : l'agriculture, la roue, l'écriture et la métallurgie. Dans chaque cas, une considérable somme de travail conceptuel – le développement du cerveau, de la conscience – fut investie dans le processus de progrès. Ce travail conceptuel – de première importance – est le précurseur du développement de toute technologie mais il est le composant du processus qui n'est quasiment jamais pris en compte ou analysé par les scientifiques, archéologues et anthropologues.

Il est tout simplement impossible de comprendre l'évolution culturelle sans d'abord considérer les événements qui ont changé la conscience humaine (le cerveau) il y a environ 40.000, 10.000 et 6.000 ans. La plupart du temps, ces trois points spécifiques sont étudiés sans essayer de rendre compte des évolutions mentales qui ont permis ces développements – un peu comme les darwinistes qui n'ont pas considéré l'importance d'étapes intermédiaires dans l'évolution de plantes sans fleurs en plantes à fleurs. Décrire une innovation après le fait n'apporte aucune lumière sur le processus qui y a mené. L'analyse de Robert Fellner est une exception à la règle. Dans son excellent article « *The Problems and Prospects of Cultural Evolution* », il aborde le problème sous-jacent :

> « *En étudiant l'école darwiniste de l'évolution culturelle, j'y remarquai des différences internes ; en fait, ces opinions plutôt divergentes ne peuvent s'unifier sous une seule bannière parce qu'elles reposent toutes sur l'assomption selon laquelle les mécanismes de l'évolution darwinienne – les variations indépendantes, la sélection naturelle et la reproduction différentielle résultante – sont des concepts de pouvoir explicatif dans l'examen du développement culturel (Dunnell 1980 ; Rindos, 1985). Cette assomption doit être sérieusement remise en cause* ».[126]

C'est le nœud du problème auquel nous sommes confrontés en essayant de comprendre notre propre développement historique à la lumière du darwinisme. Il ne peut pas expliquer la progression d'un mode de vie primitif à la civilisation en une période de temps aussi courte. Il ne peut d'avantage démontrer pourquoi ces étapes n'ont eu lieu que dans quelques groupes, et pourquoi les hommes n'ont pas progressé simultanément. Les mécanismes darwiniens ne peuvent élucider cette sorte de divergence « évolutive » radicale. Comme le dit Fellner :

> « *Les concepts, comme les gènes en biologie, sont des éléments de base qui se trouvent derrière tout changement culturel observable. Nous ne pouvons pas fabriquer un nouvel outil sans l'avoir d'abord imaginé ; car en vérité, bien que des événements imprévus puissent*

126 Robert Fellner, « The Problems and Prospects of Cultural Evolution (2nd part) », *Institute of Archeology* 1 (1990).

dans de rares cas mener à la découverte de types d'outils inconnus, leur reconnaissance et leur exploitation ultérieure demande presque autant de réflexion que dans le cas où aucun stimulus "extérieur" n'a eu lieu ».[127]

C'est là un point critique. Les tentatives pour décrire des progrès technologiques majeurs et des développements culturels font plus ou moins allusion au rôle du hasard ou de la chance. La conviction selon laquelle le hasard joue un rôle majeur lors de telles découvertes remonte au darwinisme appliqué à l'histoire de l'humanité. Mais cette confiance au darwinisme culturel entraîne l'une des principales pierres d'achoppement dans notre compréhension des énigmes et des anomalies de l'histoire.

Tout ceci représente l'information qui ne cadre pas avec les modèles théoriques généralement reconnus. Si des données n'ont pas de sens lorsqu'on les applique à un modèle, soit le modèle est modifié pour tenir compte de cette information, soit les données sont ignorées ou justifiées ou rendues conformes au modèle.

Dans le cadre des modèles théoriques reconnus, la science ne peut pas expliquer pourquoi des peuples spécifiques commencèrent à diverger radicalement du reste de la culture humaine à certains intervalles, en particulier autour de 4.000 av. JC, époque où la culture de Mésopotamie était largement différente de celle du reste du monde. En 3.000 av. JC, les cultures de la vallée de l'Indus, de l'Égypte et du Pérou s'écartèrent du mode de vie le plus courant de l'époque. En 1.500 av. JC ces cultures et le restant de l'humanité firent l'expérience de schémas de développement tout à fait disparates. L'homogénéité de l'humanité n'était plus que du passé. Si nous examinons l'état de développement du reste du monde vers 3.500 av. JC, nous voyons que depuis l'Europe du Nord jusqu'à l'Afrique du Sud (excep-

127 Ibid.

té l'Égypte), jusqu'à quasiment la Chine, jusqu'à l'Asie du Sud-Est, l'Australie et la Nouvelle Guinée, jusqu'à l'Amérique du Nord et du Sud (excepté le Pérou), les hommes vivaient essentiellement comme ceux qui avaient vécu pendant des dizaines de milliers d'années avant. Ou bien ils étaient des chasseurs-cueilleurs, ou bien ils commençaient tout juste à expérimenter une agriculture primitive.

Cette longue période de stabilité relative ne prédisait en aucun cas la révolution agricole qui avait débuté en 7.000 av. JC. Après sa naissance, l'agriculture s'étendit depuis le Proche-Orient vers le nord, comme le firent les inventions des Sumériens. La véritable agriculture à grande échelle, avec une irrigation contrôlée, ne naquit pas séparément en Europe ou en Afrique ; pas plus que la métallurgie ou l'invention de la roue. Il est clair que le Moyen-Orient, qui s'étend de la mer Morte à la région mésopotamienne, en est à l'origine.

Une trajectoire similaire fut suivie en Mésoamérique et au Pérou. Des développement eurent lieu dans une région géographique localisée et s'étendit très lentement à partir de là. De 3.000 à 1.500 av. JC, les Olmèques du Mexique et les cultures chavín de la côte nord du Pérou développèrent une agriculture avec irrigation ;[128] on pense que le riz commença à être cultivé en Chine ; et dans la vallée de l'Indus émergea une vaste civilisation.

Le fait que ces régions produisirent des récoltes majeures (ce sont encore aujourd'hui les principales récoltes mondiales) apparaît comme une coïncidence significative. L'agronome et généticien russe Nikolaï Vasilov, qui mena des études approfondies sur les origines de l'agriculture, désigne trois de ces sites comme les

128 José Antonio del Busto Duthurburu, *Perú Incaico* (Lima : Liberia Studium S.A., 1981), cité dans Tarmo Kulmar, « On the role of Creation and Origin Myths in the Development of Inca State and Religion », http://haldjas.folklore.ee/folklore/vol12/inca.htm

premiers centres agraires : le Moyen-Orient, la Chine et la Mésoamérique. Et c'est de ces régions mêmes que provenaient bien d'autres avancées technologiques (mathématiques, ingénierie civile, astronomie etc.).

Le darwinisme, cependant, ne peut pas expliquer ces séries de développements. Comment se fait-il que les hommes se soient non seulement écartés de la norme de chasseur-cueilleur de leur propre espèce, mais aussi de la norme des primates – celle de ces animaux qui diffèrent de nous par une seule fraction génétique ? A vrai dire, nous ne nous sommes écartés que légèrement des primates sur des millions d'années. Puis quelque chose est arrivé. Peut-être que le principe d'une civilisation supérieure impliquée dans le développement des premières cultures humaines peut fournir une explication.

Si la théorie de l'évolution peut être appliquée au développement social, comme l'ont suggéré certains scientifiques, alors les cultures humaines du monde entier auraient donné naissance à des civilisations à peu près à la même époque, puisque l'évolution ne permet pas l'existence de différences radicales à l'intérieur d'une espèce. Parce qu'il n'y a virtuellement aucune variation génétique parmi les groupes humains – certainement pas de celle qui confère une différence significative dans l'intelligence ou le génie technique – il n'existe aucune base génétique ou évolutive pour que les Sumériens progressent subitement bien plus que les peuples d'autres parties du monde.

Qu'en est-il de la théorie selon laquelle les cultures se sont lentement développées, petit à petit, sur de longues périodes de temps ? Telle qu'elle est appliquée au développement des premières civilisations, cette théorie peut être expliquée comme suit : un groupe de sept chasseurs-cueilleurs se tient dans un champ. L'un d'eux, un compagnon débrouillard en qui les autres ont tous confiance, émet l'idée de démarrer une civilisation. Il se tourne vers un comparse et dit « *Tu vas devenir le fermier* » ; à un autre il dit « *Tu seras le maçon* », et à un troisième « *Tu seras le comptable* ». Au quatrième, il annonce « *Tu es le métallurgiste* », et au cinquième « *Tu feras un excellent architecte* ». Au sixième, il explique « *Tu seras le scribe parce que tu es patient et tu possèdes une main sûre. Je veux que tu prennes des notes et que tu en gardes trace après que je t'aurais appris comment accomplir ce que j'ai inventé et appelé "écriture". Tu vois, j'ai établi tous les plans.* » Bien sûr, au début tous accueilleraient son idée avec enthousiasme, puis se gratteraient la tête... Qu'est-ce qu'un maçon ? un métallurgiste ? un comptable ? Tout métier ou toute profession requiert un ensemble de connaissances, une batterie de principes et de pratiques systématisées qui ont été accumulés après nombre d'essais et d'erreurs et qui doivent être appris et sans cesse mis en pratique sur une longue période de temps.

Si le développement de la civilisation demande du temps, alors, comment les Sumériens, les Egyptiens et la culture harappéenne ont-ils échappé à cette théorie, grandissant si vite et affichant une vraie connaissance des métiers et professions dès leurs débuts ? Un groupe d'hommes inexpérimentés ne pouvait avoir entrepris la conception et l'édification de monuments comme la Grande Pyramide et de villes comme Mohenjo-Daro et Tiahuanaco. Il suffit de regarder des objets aussi courants que la roue et la charrue pour voir à quel point les techniques et les outils se développent lentement dans la plupart des cultures : après l'invention de la roue et de la charrue, il n'y eut quasiment aucun changement dans les méthodes agraires pendant plus de 4.000 ans – et leur utilisation perdure aujourd'hui dans certaines parties du monde.

Fait contrastant, sur un laps de temps relativement court, il y a 5.000 ans, une période exceptionnelle et créative vit l'invention de la roue, de l'écriture, de systèmes mathématiques, de méthodes architecturales et d'ingénierie, et de la sélection et la culture des principales récoltes nourrissant encore le monde de nos jours. Qu'en est-il de la théorie selon laquelle les hommes ont une envie innée de devenir civilisés – c'est-à-dire de créer une société complexe et stratifiée avec des technologies hautement développées, des esthétiques, et des systèmes de loi et de gouvernement ?

Remontons 5.000 ans en arrière depuis les débuts de la civilisation en Mésopotamie. Si cette théorie était en fait confirmée, nous nous attendrions assurément à ce que le reste de l'humanité ait suivi la voie de développement des premières cultures civilisées. Et nous verrions certainement au XVIe siècle une répartition plus homogène des hommes « civilisés ».

Mais ce ne fut pas le cas.

Des bibliothèques remplies de mémoires personnelles, de journaux intimes et de divers enregistrements de récits de témoins depuis la période coloniale montrent que la plupart des cultures dans le monde n'ont pas suivi le chemin de la civilisation telle qu'elle s'était développée dans des temps anciens ; et celles qui l'avaient fait, aztèques et incas, ne se sont pas développées de la même façon que les cultures les plus puissantes du monde, c'est-à-dire les cultures d'Europe de l'Ouest.

Les colonialistes européens appliquèrent les termes de *sauvages* et de *barbares* aux peuples indigènes qu'ils rencontrèrent, qui, dans certains cas, vivaient plus primitivement qu'eux. Rien n'indiquait de façon certaine que les Européens, qui pensaient avoir apporté à ces peuples la civilisation, étaient en fait supérieurs en quelque domaine que ce soit, excepté la technologie ; ils ne faisaient certainement pas preuve de suprématie morale.

Les récits historiques suivants ne sont pas destinés à sous-entendre que le contact entre la civilisation européenne et le monde en grande partie « non civilisé » était une rencontre entre une race supérieure et des races inférieures. Ils sont présentés afin de contredire la théorie selon laquelle l'humanité montre une pulsion universelle vers la civilisation telle que je l'ai définie tout au long de ce livre, et pour suggérer que la pulsion pour cette civilisation provenait en réalité d'une source extérieure agissant sur la Mésopotamie, l'Égypte et sur d'autres cultures anciennes.

~ *Aborigènes australiens : une vie de rêve*[129]

Il existe une controverse entre plusieurs pays européens pour déterminer qui a véritablement « découvert » le continent australien. Une série de cartes françaises basées sur des originaux portugais du milieu du XVIe siècle montre une grande masse de terre nommée Java de Granda, et un navigateur français dénommé De Gonneville annonça en 1504 qu'il avait découvert l'Australie. Mais le premier Européen, dont la revendication d'avoir aperçu l'Australie et y avoir débarqué peut être prouvée, est un capitaine hollandais du nom de Willem Janszoon.

Les Européens pensèrent sans doute avoir découvert une nouvelle terre, et elle était certainement nouvelle pour eux, mais ils arrivèrent 40.000 ans trop tard. Il ne fait aucun doute que les Aborigènes étaient les

129 NdT : dans la tradition aborigène, le Rêve ou « le temps du Rêve » est une lointaine époque mythique au cours de laquelle les ancêtres s'aventurèrent à travers l'Australie pour établir les structures essentielles de la vie. Ces héros de la culture ancestrale, envisagés comme des esprits plutôt que comme des humains, étaient nés de la terre. Après avoir transmis aux hommes les connaissances nécessaires à leur survie et à leur existence en société, les héros de la culture ancestrale disparurent à nouveau dans la terre. Les points d'eau qu'ils avaient créés au cours de leurs voyages devinrent plus tard des sites sacrés. La période de Rêve, cependant, fait encore partie du présent, car on peut y pénétrer à nouveau grâce à des rituels où les participants eux-mêmes deviennent les ancêtres primitifs et, retraçant leurs voyages, vivent à nouveau le temps « fort » de la création. (*Encyclopédie Microsoft Encarta*.)

premiers en Australie. On suppose qu'ils migrèrent de l'Asie vers l'Australie par des isthmes il y a environ 40.000 ans (bien que cette date soit contestée) lorsque le niveau des mers était plus bas, et ils ont vécu sur le continent australien depuis cette époque.

Après la dernière période glaciaire, le niveau de mers s'éleva et l'océan recouvrit les isthmes, isolant les Aborigènes du reste de l'humanité pendant environ 39.000 ans. Ils poursuivirent les mêmes traditions et modes de vie que le genre *Homo sapiens* dans d'autres parties du monde ; c'étaient des chasseurs-cueilleurs comme l'avaient été leurs parents à travers l'Europe, l'Asie, l'Afrique et l'Amérique du Nord et du Sud.

En 1770, le capitaine anglais James Cook accosta en Australie. Lorsqu'il rentra dans son pays, il fit un rapport positif sur la région de Botany Bay, ce qui convainquit le gouvernement anglais d'essayer de la coloniser. Le premier récit de Cook disait qu'il avait contourné la côte près de Port Hacking et avait remarqué un petit groupe d'indigènes marchant d'un bon pas le long de la plage. Apparemment ils ne réalisèrent pas que les « bienfaits » que les étrangers tenaient prêts dans leur bateau venaient de pays lointains et civilisés :

> « *Les autochtones firent de nombreux gestes menaçants et brandirent leurs armes ; en particulier deux, à l'apparence très singulière, car leurs visages semblaient avoir été saupoudrés de poudre blanche, et leurs corps semblaient peints de larges rayures de la même couleur qui passaient obliquement sur leurs poitrines et leurs dos, et qui ressemblaient assez aux ceintures croisées que portaient nos soldats ; le même genre de rayures étaient dessinées sur leurs jambes et leurs cuisses comme de larges jarretières ; chacun de ces hommes tenait l'arme en main comme un cimeterre* »[130]

130 James C. Cook, *The Journals of Captain James C. Cook* (Harmondsworth, Middlesex, U.K. : Penguin, 2000).

Cook et ses hommes ressemblaient à des voyageurs dans le temps, débarqués directement au paléolithique. S'ils s'étaient rendus dans leur Europe 7.000 ans en arrière, il se seraient retrouvés confrontés à un comité d'accueil assez semblable.

> « *L'endroit où le bateau avait jeté l'ancre était situé face à un petit village* [...] *nous vîmes une vieille femme sortir du bois, suivie par trois enfants ; elle portait un fardeau de bois, et chaque enfant portait son fagot* [...] *elle alluma un feu. Nous trouvâmes remarquable que sur tous les gens que nous avions vus jusque là, aucun n'avaient le moindre vêtement, la vieille femme étant même dépourvue d'une simple feuille de vigne* »[131]

Cook trouva que les Aborigènes étaient d'excellents chasseurs et pêcheurs, ainsi que des adversaires mortellement précis avec leurs lances de 3 mètres. Ils étaient également féroces et intrépides. Les deux guerriers qu'ils rencontrèrent au début ne montrèrent aucun signe de retrait alors qu'ils menaçaient le détachement de 40 hommes de Cook : « *je ne pus qu'admirer leur courage ; étant très peu désireux de voir les hostilités commencer, j'ordonnai que le bateau lève les rames.* »[132]

Pour montrer ses bonnes intentions aux indigènes et par la même occasion les persuader à plus d'amabilité, Cook parlementa dans le langage des signes pendant un demi-heure environ et demanda à ses marins de ramer suffisamment près de la plage pour lancer des clous, des perles et autres jetons aux Aborigènes sceptiques. Quand il faisait des signes, ils lui répondaient en faisant des signes, ce qui l'amena à penser qu'il avait gagné un peu plus de leur confiance. Il décida d'accoster et de débarquer – mais il avait mal interprété leurs signaux.

---

131 Ibid.
132 Ibid.

Les Aborigènes se ruèrent vers eux et Cook fut contraint de faire feu avec son mousquet vers les attaquants :

> « *Au bruit de l'explosion, le plus jeune laissa tomber un paquet de lances sur un rocher mais, se ressaisissant en un instant, il les empoigna à nouveau avec une grande célérité. Puis une pierre fut lancée sur nous, sur quoi j'ordonnai qu'on tire un petit coup au mousquet, ce qui toucha le plus âgé aux jambes, et il se mit immédiatement à courir vers l'une des maisons, qui était distante d'environ 100 mètres. J'espérai dès lors que notre combat était terminé* ».[133]

Mais l'échauffourée n'était pas terminée. L'homme blessé revint pour lancer violemment une autre pierre et puis son compagnon d'armes décocha une lance. Cook ordonna un troisième tir de chevrotine et le fracas se termina finalement avec le détachement de Cook laissant encore plus de babioles sur la plage et battant en retraite vers leur bateau. C'est un récit étonnant et plein d'action qui révèle à quel point Cook risquait gros. A vouloir découvrir de nouvelles terres, il avait navigué tout autour du monde pour se retrouver confronté à d'hostiles indigènes. Pour leur part, les Aborigènes ne se faisaient pas de grand soucis : ils ne savaient même pas contre qui ils se battaient, ni d'où ces étrangers venaient.

Le récit est des plus fascinants quand on réalise qu'il montre en détail une rencontre entre le très vieux passé de l'humanité, les Aborigènes et une nouvelle branche de l'arbre de la civilisation qui avait été planté en Mésopotamie il y a bien longtemps. Bien que le capitaine Cook eût pu remonter tout le chemin jusqu'à Sumer et l'Égypte, via les empires grec et romain, il ne connaissait de la civilisation qu'il était si fier de repré-

133 Ibid.

senter que sa dernière incarnation – sa propre culture. Les ruines des civilisations précédentes n'avaient pas encore été découvertes à l'époque de ses voyages. Ce qui révèle un aspect ironique de la civilisation occidentale : nous oublions très vite notre passé, notre véritable histoire, alors que nous ne cessons d'aller de l'avant, en montrant la voie. Cook n'était peut-être pas capable de remonter à Sumer et Jéricho jusqu'aux racines de sa civilisation, mais les Aborigènes connaissaient leur passé : ils savaient qu'ils avaient vécu sur leurs terres depuis très longtemps – ils voyaient une ligne droite s'étirant très loin dans leur passé ; leur vie n'avait pas changé depuis d'innombrables générations. Pour eux, le passé et le présent étaient pratiquement identiques : un temps de rêve. Ils ne faisaient qu'un avec la terre. Ils connaissaient les animaux et les plantes par de subtils détails ; cette connaissance avait été durement acquise au cours de nombreux millénaires.

Les Aborigènes étaient un peuple de l'Âge de pierre. Ils vivaient dans des abris temporaires faits de branches et d'écorces de bois. Leurs outils et leurs armes étaient en pierre ou en bois. Il avaient inventé un engin ingénieux, le boomerang, mais utilisaient aussi la lance standard, la massue et la hache de pierre. Les femmes se servaient de bâtons à creuser pour atteindre les racines, les larves et les insectes, et les hommes étaient des maîtres chasseurs, recourant à des filets et des yoles pour attraper des poissons.

Alors que Cook se posait des questions sur leur état extrêmement primitif et sur les prochaines générations de colons européens qui les considéreraient comme une race inférieure, les Aborigènes suivaient en réalité le courant de l'évolution culturelle humaine. Si d'incroyables développements n'avaient pas eu lieu à Sumer entre 5.000 et 3.000 av. JC, Cook et son équipage n'auraient guère été différents. Bien que les colonisateurs se demandaient pourquoi les Aborigènes n'avaient pas développé de civilisation, les indigènes d'Australie étaient en fait dans la norme. Les Européens auraient plutôt dû se demander pourquoi eux s'étaient tant écartés du standard de l'évolution de l'humanité.

L'issue de la rencontre des Aborigènes avec la civilisation occidentale fut une tragique répétition d'une pièce qui s'était déjà jouée dans les Amériques, et qui se reproduirait ailleurs avec des résultats similaires.

~ La Nouvelle-Guinée : le pays oublié par le temps

Située au nord de l'Australie, la Nouvelle-Guinée est la deuxième plus grande île du monde avec ses 2.400 kilomètres de long et ses 700 kilomètres de large. Elle est relativement mal connue dans l'Occident et était quasiment inconnue au début du XXe siècle. Aujourd'hui encore, les botanistes découvrent de nouvelles espèces de plantes dans ses forêts tropicales denses. Isolée et mystérieuse, cette terre est traversée de sombres montagnes aux sommets couronnés de neige qu'entourent des plateaux, des dépressions et des prairies.

La seule variété de ses peuples fait de la Nouvelle-Guinée un pays complexe. La population autochtone est composée de presque 1.000 tribus parlant plus de 700 langues – nombre qui représente environ 45% des langues parlées dans le monde. Les tribus se divisent en 3 groupes raciaux principaux : les Negritos, les Papous et les Mélanésiens. Les Negritos, qui ressemblent aux Pygmées du Congo, vivent dans les montagnes et ont peu de contacts avec les Papous et les Mélanésiens. Leur costume traditionnel est composé de coiffes à plumes et ils se percent le nez avec des ornements en os.

Au XVIIe siècle, divers explorateurs européens naviguèrent autour de l'île et en dressèrent la carte. Quelques rares expéditions s'aventurèrent courageusement près des côtes, mais il fallut attendre que la Grande-Bretagne pense sérieusement à coloniser l'Australie pour que l'on s'intéresse vraiment à la Nouvelle-Guinée. Les voyages de découverte se multiplièrent au XIXe siècle mais peu d'équipages débarquèrent, et ceux qui le firent le regrettèrent assez rapidement car la population indigène était extrêmement redoutable.

Ce ne fut qu'au cours de la dernière décade du XIXe siècle que plusieurs expéditions débarquèrent et commencèrent à explorer la Nouvelle-Guinée. Ils furent choqués de ce qu'ils découvrirent. Comme l'ont consigné certains des premiers explorateurs de l'île, les indigènes étaient « *belliqueux et cannibales de caractère* » et considéraient le fait de « *poser le pied sur leur territoire comme un acte d'hostilité* ». Mais ce ne fut pas le seul obstacle des premiers explorateurs. Ils furent aussi paralysés par un climat extrêmement humide et des forêts tropicales marécageuses bourdonnant et grouillant de moustiques et de sangsues assoiffés.

Leurs ennuis se transformèrent en aubaine pour les anthropologues modernes, leur donnant l'opportunité d'examiner d'anciennes cultures humaines qui avaient manifestement vécu dans le même lieu, pendant des générations, sans être perturbées par des influences extérieures. En termes de développements culturels, les indigènes de l'île vivaient au début du XXe siècle en avance d'un cran sur les Aborigènes australiens du XVIIe siècle : c'étaient des chasseurs-cueilleurs et de simples horticulteurs, cultivant quelques rares plantes sauvages, dont les ignames, les noix de coco et le taro, mais ils ne les avaient pas acclimatés. Ils possédaient des cochons mais chassaient aussi le sanglier, et les habitants des côtes attrapaient du poisson avec des harpons et des hameçons. Néanmoins, rien n'indiquait qu'ils étaient en retard dans le développement de leur civilisation : au XXe siècle encore, ils vivaient comme ils l'avaient toujours fait.

~ Les Amériques

On estime qu'entre 50 et 90 millions de personnes peuplaient les Amériques au XVIe siècle lorsque les Européens entrèrent en contact avec le Nouveau Monde (la population mondiale était alors d'environ 400 millions de personnes) ; le portrait culturel du Nouveau Monde n'était pas une mince affaire. Les Aztèques régnaient aux XVe et XVIe siècles, lorsque Cortés arriva. Le Mexique avait déjà connu l'apogée et la chute de plusieurs civilisations. Les civilisations olmèques, mayas et toltèques n'étaient plus que ruines. Le Pérou avait vu grandir et périr une succession de civilisations entre 3.000 et 1.500 ap. JC, lors de l'arrivée au pouvoir des Incas.

Cependant, la majorité des tribus qui s'étaient répandues à travers le vaste continent de l'Amérique du Sud, sur les actuels Paraguay et Venezuela, sur toute la longueur de la côte, ainsi que sur le basin de l'Amazone, étaient de simples chasseurs-cueilleurs. Ils existait aussi des tribus primitives en Amérique centrale et dans des régions isolées du Mexique, même si les tribus mexicaines pratiquaient généralement la culture du maïs en plus de la chasse et de la pêche.

Au nord de l'actuel Mexique vivaient environ 10 millions de personnes. Pendant que la plupart des tribus (des centaines de cultures distinctes parlant des dizaines de langues différentes) vivaient encore comme leurs ancêtres à l'époque de l'arrivée et de la colonisation des Européens, la culture du maïs, des haricots et des courges s'était répandue vers le nord, du Mexique au sud-ouest américain, chez le peuple pueblo. Dans les plaines de l'Amérique du Nord les tribus chassaient le bison, vivaient dans des tipis, portaient des vêtements en peaux de bison et chassaient avec arcs et des flèches. Les tribus des régions boisées à l'Est bâtissaient des long houses, chassaient le cerf et le lapin, se servaient de leurs peaux pour se vêtir, et cueillaient des baies et des fruits secs comme les noix. Les tribus du nord-ouest construisaient des huttes en bois (ou wigwams), pêchaient le saumon et la truite, et sculptaient des mâts totémiques. Dans le Far West et les régions bordées de montagnes de la Californie, du Nevada et de l'Utah, les peuples vivaient dans des wickiups,[134] récoltaient des glands et des pignons de pin, et, le long de la côte, des courants d'eau et des lacs, ils pêchaient et ramassaient des mollusques et des crustacés.

Toutes ces cultures étaient complexes, avaient des pratiques et des croyances spécifiques, mais chacune suivait le mode de vie de leurs ancêtres, qui n'avait pas changé pendant des milliers d'années.

~ *L'Amazone : les enfants de la forêt tropicale*

« *L'agence indienne brésilienne Funia a lancé une expédition pour rechercher les tribus isolées vivant dans la jungle amazonienne et pour établir la carte de leur territoire.* »[135] Ce titre, bien qu'il paraisse relever d'une lointaine actualité, a été donné sur BBC News le 27 mars 2001.

Nous vivons dans un monde d'incongruités et de discontinuité radicale. Pendant que des nations technologiquement supérieures envoient des sondes sur Mars et créent de nouvelles espèces de plantes, des petits groupes d'hommes réussissent encore à vivre à l'Âge de pierre – une dichotomie que nous ferions bien de préserver, car l'extinction des tribus ayant habité la région

134 NdT : huttes faites de branchages ou de roseaux. (*Encyclopédie Microsoft Encarta*)
135 BBC News Online, 27 mars 2001.

amazonienne depuis d'innombrables générations va le plus souvent de pair avec la perte de la forêt tropicale et de leurs écosystèmes traditionnels.

Il existait plus de 500 tribus différentes dans l'actuel Brésil lorsque les Portugais y débarquèrent en 1.500. A cette époque la population était tout au plus de 10 millions d'habitants, voire moins selon les estimations. Cependant, rien qu'au cours du XXe siècle, 87 tribus amazoniennes disparurent de la Terre. Il n'existe aujourd'hui que 320.000 indigènes vivant dans cette région, répartis en 170 tribus. Suivant une voie ininterrompue qui remontait à des milliers de générations, ils perpétuent les traditions et les modes de vie de leurs ancêtres du paléolithique. Comme les Aborigènes d'Australie, ils ont survécu pendant une éternité en acquérant une connaissance approfondie des plantes, des animaux, des fleuves et des types de climat qui règlent leur monde et leur environnement.

Si la promesse de Manoela Mescia Costa au nom de l'agence Funia est tenue, leur mode de vie sera peut-être préservé pour les générations à venir : « *Il ne s'agit pas d'entrer en contact avec eux ; ils ont été isolés et doivent le rester.* »[136]

~ *L'Afrique : le continent noir*

Le continent africain est une vaste mosaïque de peuples, de religions et de traditions. Quelque 3.000 groupes tribaux sont réunis sous des affiliations plus larges, basées sur la langue, les coutumes et la géographie. Le continent est principalement divisé au niveau du désert du Sahara. L'Afrique du Nord appartient d'avantage au monde méditerranéen et l'islam en est aujourd'hui est la principale religion. Historiquement, les influences de l'ancienne civilisation égyptienne se sont répandues en direction du sud pour toucher certaines des

136 Ibid.

régions côtières. Les cultures pygmées, bantoues, negritos et ! Kungs[137] font partie des cultures de l'Afrique sub-saharienne et tropicale.

Durant les siècles où les Européens exploraient et colonisaient le Nouveau Monde, ils envahissaient aussi l'Afrique, où ils découvrirent de grands et redoutables guerriers dans les Zoulous et les Massaïs (qui élevaient du bétail non pas pour le tuer et le manger, mais pour boire périodiquement la sang des animaux) et des ! Kung ou des Hottentots, qui vivaient dans l'extrémité sud du continent.

Les tribus africaines, qui avaient migré depuis le nord pour pénétrer dans le sud de Afrique 1.000 ans avant l'arrivée des Européens, découvrirent que d'autres émigrants les avaient précédés. Contrairement aux indigènes du sud qui ont la peau très noire, les plus anciens avaient la peau teintée d'orangé. Ils étaient frêles et très petits, avec une taille moyenne de 1,50 m, et ils parlaient une langue émaillée de sons inhabituels, des clicks. Les nouveaux arrivants venus du nord trouvèrent que la tribu – qu'ils appelaient des Bochimans – était composée d'habiles chasseurs et qu'elle connaissait parfaitement les plantes à cueillir et à manger.

Ces tribus du nord et du sud coexistèrent pacifiquement durant des siècles, jusqu'à ce que les colons arrivent et commencent à tirer et à chasser le gibier dont ils dépendaient. En représailles, les Bochimans attaquèrent le bétail des colons blancs – et les deux parties furent bientôt en guerre. En 1802, la famine frappa et les tribus se retournèrent l'une contre l'autre. Ce double conflit décima les Bochimans et les survivants de la tribu s'enfuirent dans les régions reculées du désert du Kalahari.

---

137 NdT: les !Kungs (un groupe linguistique) font partie du groupe « géographique » des Bochimans ou Bushmen. Les !Kung émettent des clicks (ou claquements de langue) lorsqu'ils parlent, souvent en début de mot, qui sont notés par un point d'exclamation.

Là, ils apprirent à obtenir de l'eau par les racines de plusieurs plantes, et du désert lui-même en l'aspirant du sable grâce à des roseaux creux. Ils apprirent également à identifier 300 types de plantes différentes par la vue, l'odeur, le toucher, la texture et le goût.

Les Bochimans continuèrent à chasser ; les membres des rares tribus éparpillées qui restent, comme les ! Kung, sont des chasseurs hors pair. Ils sont capables de s'approcher à pas de loup d'un troupeau en train de paître, et, sans se faire remarquer, décochent des flèches empoisonnées dans le cœur de leurs proies.

La tribu des Hadzabe qui vivent le long des lointaines côtes du lac Eyasi, est composée de chasseurs-cueilleurs typiques, menant une vie primitive et nomade. Ils n'ont pas besoin d'abris permanents car ils sont constamment en mouvement. Pendant la saison des pluies ils s'abritent dans des grottes. Quand les hommes vont à la chasse, les femmes cherchent des fruits et des racines sauvages. Ils vivent comme les 100.000 générations de leurs ancêtres ont vécu – et comme tous nos ancêtres ont vécu.

~ *Le temps d'une nouvelle théorie*

Bien des autochtones que les Européens ont rencontré autour du monde ont soit péri dans une guerre, soit été asservis, ou encore sont morts de faim ou de maladies apportées sur leurs terres par les colons. Pendant 500 ans, la civilisation occidentale est entrée en contact avec les cultures indigènes du monde entier et le résultat a toujours été le même : les tribus indigènes perdent ; et leur mode de vie disparaît.

A de rares exceptions près, ces cultures n'ont pas accueilli la civilisation occidentale à bras ouverts. Compte tenu du traitement – et du manque de respect – qu'il ont reçu de la part des Européens, nous ne nous demandons pas pourquoi. Les explorateurs et colons se croyaient des émissaires d'une civilisation supérieure, et qu'en retour, les indigènes étaient des sauvages. Cette attitude servait à justifier un traitement rude et souvent violent. L'ironie, bien sûr, est que ce mode de vie apparemment étrange et « sauvage » était le type même d'existence suivi par les proches ancêtres des Européens avant l'arrivée d'une certaine influence extérieure ayant changé leur route.

Ces cultures sont importantes pour plusieurs raisons, dont celle, et non des moindres, de nous avoir donné un inestimable aperçu de notre propre passé et d'avoir révélé le contraste spectaculaire entre les cultures qui les premières ont développé – et rapidement – d'incroyables civilisations il y a des millénaires, et celles qui ont existé à travers la plus grande partie de la planète à la même époque. Comme l'illustrent ces cultures primitives survivantes, et contrairement à la théorie reconnue, sans intervention ou contact extérieur, nous n'avons pas de besoin intérieur de modifier nos modes de vie en vue d'une civilisation.

Ainsi, les rares civilisations anciennes qui se sont rapidement développées – sur lesquelles nous avons des preuves de leur nature avancée – ne cadrent pas avec nos modèles théoriques. Peut-être, alors, est-il temps de modifier notre modèle.

Qu'est-ce qui a éclairé ces cultures ?

Ou qui les a modifiés ?

Le moment est sans doute venu de considérer comme véridiques les explications de nos ancêtres : ces cultures ont été contactées et stimulées par une race supérieure ; les cultures du reste du monde ne l'ont pas été.

Si nous regardons une carte du monde et songeons à la période glaciaire, il est possible de deviner pourquoi ces cultures spécifiques auraient pu être choisies. Il y avait beaucoup d'eau et des plaines alluviales extrêmement fertiles en Mésopotamie, en Égypte, en Chine et dans la vallée de l'Indus. La côte du golfe du Mexique était fertile et humide. Le climat s'y était réchauffé – et tout ce dont elles avaient besoin, c'était d'un savoir-faire pour qu'elles s'épanouissent.

~ 16 ~

L'ACCLIMATATION DES PLANTES ET LA DOMESTICATION DES CHIENS

~ L'énigme de l'acclimatation des plantes

L'agriculture et la civilisation vont de pair. Ensemble, elles représentent un virage à 180 degrés par rapport à la norme humaine dont la forme d'organisation sociale et de subsistance était celle des chasseurs-cueilleurs. Selon l'auteur Jack Challem, « *Ce que nous sommes, et étions, peut être déduit des données paléontologiques (principalement des ossements et des coprolithes), ainsi que des habitudes observées chez les tribus de chasseurs-cueilleurs ayant survécu jusqu'au XXe siècle.* »[138] Les hominidés, les hominiens, les *Homo neandertalensis* – tous ceux qui ont précédé les hommes modernes – ont survécu pendant des millions d'années en vivant dans une relative harmonie avec la nature, cueillant des plantes et chassant en tribus nomades ou semi-nomades.

---

138 Jack Challem, « Paleolithic Nutition : Your Future is in your Dietary Past », *The Nutrition Reporter* 1997, www.thenutritionreporter.com /stone _age_ diet.html.

Les graines des céréales et des légumes, produit de première nécessité pour l'Occident depuis le début de la révolution agricole, ne faisaient pas partie de l'alimentation de nos très lointains ancêtres. A vrai dire, elles ne sont consommées par les hommes que depuis très peu de temps par rapport à l'apparition des hominidés et des hommes. L'agriculture n'existe que depuis 10.000 ans et la civilisation depuis moitié moins. Mathématiquement, l'humanité a en réalité passé 99,99% de son temps dans un état primitif, sans agriculture. Une part importante de la population mondiale n'est passée à l'agriculture ou n'a créé une civilisation qu'au dernier millénaire ; et les nombreuses cultures primitives qui ont ainsi franchi le pas ne l'ont fait qu'après un contact avec des civilisations extérieures. L'agriculture et la civilisation sont des expérimentations qui sont encore testées dans l'épreuve de survie à long-terme.

Tous ces points indiquent la probabilité que l'agriculture et la civilisation étaient pendant un certain temps concentrées dans ces régions où la civilisation est apparue pour la première fois. Examiner l'histoire et tenter de déterminer les origines exactes de l'agriculture et des diverses récoltes, revient à déterminer si la théorie d'une intervention extérieure est acceptable. Dans toute étude sur l'origine des principales récoltes, il apparaît immédiatement qu'elles sont associées à quatre des premières civilisations : celle du Pérou, du Mexique et du Moyen Orient, d'où le maïs, la pomme de terre et le blé sont originaires ; et celle de la Chine, d'où le riz a peut-être sa source. De nombreuses récoltes secondaires, comme l'orge, le soja, les lentilles, les pois, les haricots, les poivrons, les courges, le cacao, le coton et la luzerne (un fourrage) provenaient aussi de ces quatre centres civilisateurs.

La première question pertinente que l'on se pose est : pourquoi les chasseurs-cueilleurs se sont-ils tournés vers l'agriculture ? La théorie, que l'on avance depuis longtemps, est que l'agriculture apportait certains bénéfices, et qu'avec la spécialisation et la division du travail amenées par l'agriculture, cela procurait finalement plus de moments de repos ou de loisirs. Mais des études récentes ont montré que cette théorie est inexacte. Les ! Kung du Kalahari ont maintenu leur mode vie de chasseurs-cueilleurs et les études ont montré qu'ils ne sont pas, et n'ont jamais été, privés d'un point de vue nutritionnel, qu'ils passent plutôt moins de temps à se procurer de la nourriture, et qu'ils ont des connaissances sur les plantes, mais ont intentionnellement choisi de ne pas les cultiver.

Pourquoi alors certains chasseurs-cueilleurs auraient-ils volontairement décidé de faire pousser des plantes et de changer totalement le mode de vie de leur tribu sans avoir la moindre assurance que cela améliorerait leurs chances de survie ? Quatre principales théories ont été proposées et toutes sont basées sur l'idée que se tourner vers l'agriculture était une nécessité et non un choix :

1) Certains anthropologues pensent qu'un changement climatique au Proche-Orient amena une sécheresse, ce qui rassembla les gens dans les oasis, accélérant ainsi le besoin de produire de la nourriture et donnant un mode de vie moins nomade.

2) Une autre école pense simplement qu'une population en augmentation constituait la force motrice.

3) Certains scientifiques suggèrent que les villages de pêche abondaient en nourriture, ce qui amena une vie plus sédentaire, et des expérimentations en matière d'agriculture.

4) On a aussi proposé que les hommes et les plantes développent une sorte de relation symbiotique : les hommes sélectionnent des espèces de plantes pour les cultiver et deviennent dépendants d'elles pour se nourrir, et les plantes deviennent dépendantes des hommes pour leur propagation.

Aucune de ces propositions n'a été universellement reconnue et aucune ne peut être prouvée. De plus, aucune n'explique pourquoi l'agriculture est apparue dans des lieux géographiquement distants et conjointement à la soudaine éclosion de civilisations avancées.

Comme nous l'avons vu dans le chapitre 15, la théorie de l'évolution, telle qu'elle a été appliquée aux origines de l'agriculture et de la civilisation, est basée sur l'hypothèse qu'il existe un modèle universel et inévitable du développement de l'humanité, partant de chasseur-cueilleurs, devenant agriculteurs puis des êtres civilisés. Mais les preuves historiques ne corroborent pas cette hypothèse. L'agriculture et la civilisation se sont répandues depuis leurs points de départ à d'autres régions, mais à différentes époques et selon un schéma de répartition inégal. En outre, les mécanismes naturels qui ont motivé les hommes à créer l'agriculture et la civilisation n'ont pas été clairement délimités, ou justifiés, en termes de mécanismes de mutation et d'adaptation évolutifs primaires.

En fait, l'agriculture et la civilisation vont presque totalement à l'encontre des mécanismes darwiniens généralement reconnus. Si nous examinons les preuves, nous découvrons que la culture humaine dans sa totalité ne s'est pas développée selon un processus de transformation lent, graduel et incrémental depuis un stade primitif jusqu'à un stade complexe. Au contraire, nous découvrons une explosion de développements, un saut quantique condensé dans une petite fraction de l'existence de l'humanité en tant qu'espèce, une mode de vie radicalement transformé, et une toute nouvelle stratégie de survie basée sur l'ingénierie humaine en matière de plantes et d'animaux, ingénierie inimaginable par les hommes du néolithique.

Tous les mécanismes de l'agriculture sont basés sur des processus artificiels : les hommes sélectionnent les plantes et les animaux qu'ils veulent cultiver ou domestiquer parce que ces espèces correspondent à des besoins spécifiques. La distinction de base entre les plantes acclimatées, ou les animaux domestiqués, et leurs ancêtres sauvages est qu'ils sont sélectionnés et développés par les hommes, parce qu'il est possible de les adapter aux conditions et aux soins que les hommes maintiennent pour eux. Le labeur humain investi dans ces résultats est un engagement sur plusieurs générations basé sur un haut niveau de planification, d'intention et de contrôle continuels sur la nature dont ils n'avaient jamais fait preuve au cours de leur long parcours préhistorique.

Cette situation entraîne une série de conséquences pour les plantes acclimatées, les animaux domestiqués et les hommes. Comme tous les autres animaux, nous sommes totalement dépendants des plantes, car seules les plantes peuvent transformer l'énergie solaire (par la photosynthèse) en nutriments utilisables pour former la base de la chaîne alimentaire. La Bible nous le dit, « *Toute chair en herbe* ». Même les protéines animales consommées par les carnivores viennent finalement des plantes puisque les animaux mangés par les hommes sont végétariens.

Il existe environ 250.000 espèces de plantes à fleurs dans le monde, dont 10 que nous récoltons et qui constituent la plus grande partie de nos aliments. Il est intéressant de savoir que ces 10 espèces font partie de seulement 2 familles de plantes, les graminées (dont les céréales comme le blé, le maïs, l'avoine, l'orge et le riz) et les légumineuses (haricots, pois, fèves, luzerne) – qui ont été les principales récoltes dans le monde entier depuis les débuts de l'agriculture.

Alors qu'une âpre controverse fait rage entre les partisans des organismes génétiquement modifiés (OGM) et les opposants aux OGM, notre histoire de manipulation génétique sur les plantes et les animaux remonte à des milliers d'années, à l'époque de ces premières récoltes, bien que les méthodes d'alors auraient pu être d'avantage qualifiées de « cuisine » ou de « tripatouillages ». Avec le temps, nous avons radicalement modifié bien des plantes et des animaux – tant qu'elles ressemblent de moins en moins à leurs ancêtres sauvages et sont de plus en plus distinctes et sans rapport. Aujourd'hui, les graines et les fruits sauvages ne ressemblent guère à leurs homologues cultivés commercialement, et même leur goût est totalement différent. Il est bien souvent impossible de trouver l'ancêtre original des récoltes actuelles.[139] Comment en sommes-nous arrivés là ?

Le premier procédé que l'humanité employa pour domestiquer les plantes et les animaux est l'élevage sélectif, qui est en fait un processus de réorganisation héréditaire. Selon les hypothèses reconnues, nous avons sélectionné des caractéristiques spécifiques qui nous plaisaient. Mais la sélection artificielle est totalement différente de la sélection naturelle. La sélection naturelle crée des systèmes biologiques stabilisés, assurant le développement d'un phénotype sauvage normal, un organisme qui contient une grande diversité de propriétés l'adaptant préalablement à une variété de conditions environnementales, et assurant ainsi la survie de l'espèce. La sélection artificielle fait tout le contraire. Elle brise précisément ces systèmes stabilisés, créant ainsi

139 Encyclopédia Britannica, 15e édition.

des combinaisons de gènes qui ne peuvent pas survivre dans la nature.

Afin de donner à des espèces de plantes un goût agréable, une haute qualité nutritionnelle, une facilité à les exploiter, une capacité à survivre et une possibilité de compétition avec d'autres plantes, nous avons changé sensiblement les habitudes naturelles de la plante. Les agriculteurs ne voulant pas de grandes plantes peu robustes, les généticiens ont sélectionné et produit des mutations de type nain.

Les branches n'apportent habituellement rien au rendement, ainsi les agriculteurs ont sélectionné des variétés sans branches. La nature veut que les graines puissent se disperser facilement et le plus largement possible, mais comme de délicates enveloppes de graines peuvent affecter le rendement à la récolte ou compliquer leur reproduction et leur décorticage, nous avons sélectionné des fruits, des graines et des légumes plus résistants. Des toxines sont naturellement présentes dans les plantes pour combattre les animaux ou les plantes nuisibles, mais nous avons ôté les toxines pour rendre les plantes comestibles ou goûteuses, puis nous les aspergeons de pesticides afin de les protéger lors de leur croissance. En résumé, nous fabriquons des plantes inaptes à l'aide d'un processus contraire à l'évolution et à la sélection naturelle.

S'embarquer dans un tel processus prend évidemment du temps. Cela ne s'est pas déroulé sur une saison, ni sur une douzaine de saisons. La première étape consiste à chercher des *variétés anormales,* des mutations qui affichent les caractéristiques désirées. Puis il faut choisir les graines des plantes les plus robustes et viables, afin de les planter l'année d'après, et le processus doit être répété, année après année, jusqu'à ce que les caractéristiques désirées apparaissent régulièrement : une graine plus volumineuse, un fruit plus gros, d'avantage de feuilles, un meilleur arôme, et ainsi de suite. Tout cela s'obtient par un suivi rigoureux sur une longue période de temps. Les premiers hommes auraient-ils su mener à bien ce processus ?

On a dit que lorsque les hommes domestiquèrent les plantes, les plantes domestiquèrent à leur tour les hommes. Nous tenons pour acquis l'invention de l'agriculture, mais pour les anciens hommes, le passage d'une vie de chasseurs-cueilleurs nomades à celle d'agriculteurs sédentaires n'était pas seulement une révolution, c'était aussi une énorme prise de risques dont l'issue n'était pas déterminée et ne l'est toujours pas. Nous avons pour ainsi dire « misé sur les fermes », sur l'agriculture, qui est à l'heure actuelle une entreprise industrielle hautement mécanisée dépendant d'un apport artificiel. Mais, même à l'époque de sa conception dans les quelques régions anciennement peuplées, le changement équivalait à un total bouleversement de l'existence humaine.

Les chasseurs-cueilleurs vivaient au sein d'une culture tribale égalitaire se déplaçant à l'intérieur d'un territoire à la recherche de nourriture. Les concepts de propriété privée, de thésaurisation et de biens personnels n'existaient pas. Le besoin d'organiser une nombreuse main d'œuvre n'existait pas. Les guerres existaient, mais à petite échelle et elles étaient limitées à des conflits entre tribus locales. Et tout changea lorsque les hommes s'établirent autour des récoltes dont ils s'occupaient. Des petites familles ou des petits groupes délimitèrent pour eux-mêmes des territoires fixes. Ils commencèrent à prévoir des plans pour ces terrains privés, à acquérir des biens utiles, à travailler afin de gagner de l'argent pour acheter ce dont ils avaient besoin pour faire pousser leurs récoltes ou garder leurs propriétés personnelles. Ces zones choisies devinrent une chose à revendiquer, à posséder, à protéger et pour laquelle se battre – ce qui amena finalement des conflits, des désaccords et, longtemps après, des armées de métier. Et tout ceci se passa dans un laps de temps très court en comparaison de l'existence totale de l'humanité en tant qu'espèce.

Pourquoi les hommes optèrent-ils pour un changement si radical ? Que pouvaient-ils espérer derrière un tel pari et le fait de délaisser des graines sauvages auxquelles ils avaient librement accès ? On pourrait avancer que les versions sauvages du blé, du riz et du maïs étaient bien plus petites que les versions que nous connaissons et qu'elles étaient ainsi extrêmement difficiles à récolter. Mais apparemment, rien ne justifiait que les premiers hommes investissent du temps et des efforts dans la culture de ces graines. Car en réalité, rien ne prouve que nos ancêtres dépendaient des graines sauvages. Leur régime de base consistait en viandes (maigres venant des muscles ou peu grasses venant des organes), et en fruits et légumes, « *mais, de manière significative, pas de graines, de légumes, de produits laitiers ou de carcasse d'animaux domestiques modernes à haute teneur en graisse* ».[140]

Nous savons qu'aucune espèce de primates ne consomment de graines grasses comme régime de base, et que les hommes du paléolithique ne le faisaient pas d'avantage avant 8.000 av. JC. A vrai dire, nous ne sommes pas adaptés (et ne l'avons jamais été) à la digestion de telles graines si elles n'ont pas subi un traitement préalable ;[141] nous manquons d'enzymes nécessaires pour tirer l'énergie du type de fibres naturelles qui prédominent dans les céréales sauvages, sauf si elles sont moulues et cuites.

---

140 Loren Cordain, « Evolutionary Discordance of Grains/Legumes in the Human Diet », www.beyondveg.com/cordain-l/grains-legumes-1a.shtml.

141 Daniel Zohary et Maria Hopf, *Domestication of Plants in the Old World : The Origin and Spread of Cultivated Plants in West Asia, Europe and the Nile Valley* (Oxford : Oxford University Press, 2001).

Nos lointains ancêtres, alors, ne consommaient sûrement pas ce qu'ils n'auraient pas pu digérer (ils ne disposaient pas de la technologie pour rendre les graines digestibles et donc mangeables). Ceci ne nous aide pas à comprendre pourquoi les hommes auraient subitement décidé de faire pousser ce qu'ils n'avaient jamais mangé auparavant. Pourquoi auraient-ils choisi d'acclimater des plantes ? Comment pouvaient-ils être certains que cet effort porterait ses fruits ? Et pourquoi auraient-ils abandonné le mode de vie que les hommes avaient toujours connu pour risquer autre chose ? Cela représente un bond vertical dans la pensée. Il est facile de raisonner en fonction des faits maintenant que nous connaissons la génétique des plantes et l'élevage, mais c'est un sérieux défi que de commencer (en supposant que c'est ce que firent nos ancêtres).

Dans le passage de l'humanité à l'agriculture et à la civilisation, l'aspect le plus curieux est sans doute l'absence de preuves montrant les étapes intermédiaires au cours de l'expansion de communautés agricoles expérimentant la domestication des plantes et des animaux. Un saut d'une culture de chasseurs-cueilleurs à une vie d'agriculteurs chez les Sumériens en l'espace de plusieurs milliers d'années, sans aucun précédent à petite échelle, et sans aucune preuve que le résultat des récoltes sustenterait les hommes, ressemble plutôt à un bond miraculeux.

Il existe plusieurs théories qui tentent d'expliquer pourquoi nos ancêtres modifièrent leur mode de vie et comment ils acquirent l'art de l'agriculture. La théorie du tas d'ordures est basée sur la notion selon laquelle l'occasion d'observer un amas de déchets avec des plantes germant au milieu des détritus poussa nos ancêtres à changer. Mais une telle observation semble difficilement suffisante pour les motiver à changer rapidement et totalement leur mode de vie séculaire.[142] D'autres théories mettent l'accent sur la notion de commodité (les plantes pouvaient être cultivées juste à côté du lieu de résidence) ; ou sur l'idée qu'une connaissance accrue des plantes engendrait finalement certains avantages à les faire pousser, ce qui en fait corrobore une conversion à l'agriculture plutôt lente que rapide ; ou encore sur le rapport entres les croyances religieuses et l'agriculture, ce qui semble insuffisant pour une conversion des cultures en masse.

Indépendamment du pourquoi et comment les hommes se sont rapidement mis en marche vers une civilisation, ce sont les lieux d'origine des quatre principales récoltes mondiales de nos ancêtres (le blé, le maïs, le riz et les pommes de terre) qui nous parlent de la partie de l'histoire la plus importante, car ces quatre premières civilisations furent fondées sur la base de ces récoltes. Nous pourrions penser que la science peut nous dire où ces plantes ont commencé à pousser, mais, comme bien des choses impliquées dans le développement de ces anciennes civilisations, les réponses sont difficiles à trouver.

On peut toutefois affirmer certains points : « *Des changements de climat au Moyen Orient voici quelques 10.000 ans* [menèrent] *à une propagation de céréales sauvages, dont l'une d'elle n'est autre que le prédécesseur de notre actuel blé. Depuis cette époque, de nombreuses modifications génétiques, apportées par accident ou à dessein, ont donné une plante vraiment différente.* »[143] Mais cela ne signifie pas que les espèces de plantes initiales ayant donné ces récoltes soient identifiables. « *Le blé dur est un hybride qui est arrivé spontanément à partir d'une herbe non encore identi-*

142 NdT : cette théorie du tas d'ordure fut critiquée par Fred Hoyle et lui inspira cette phrase désormais célèbre : « *Je ne crois pas qu'un Boeing 747 puisse émerger par hasard d'un tas d'ordures...* »!
143 « The Origins of Our Daily Bread », *Food Today*, n° 19, European Food Information Council (EUFIC), www.eufic.org/gb/food/pag/food19/food192.htm

fiée et d'engrain [une variété de blé] [...] *Le blé panifiable (tendre) est l'espèce la plus largement cultivée, et l'une des rares récoltes dont on n'a pas identifié de formes sauvages.* »[144]

Cette espèce d'herbe sauvage et le premier blé n'ont pas été identifiés. Le blé sauvage possède une enveloppe protectrice alors que les graines du blé cultivé sont nues et restent attachées à la tige. Le premier a été transformé en ce second via des mutations accidentelles entre l'engrain et d'autres herbes sauvages au Moyen orient. Nous ne savons pas pourquoi nos ancêtres auraient remarqué ce subtil développement et agi dessus.

Les scientifiques pensent que les Sumériens, les premiers à avoir cuit du pain, donnèrent naissance à différentes variétés de blé et d'herbes sauvages par sélection accidentelle ; pendant qu'ils moissonnaient, ils choisirent naturellement les mutations – aussi petites fussent-elles – qui présentaient des graines nues fermement attachées à la tige (le contraire du blé sauvage).

Une fois de plus, nous sommes confrontés à la notion que chaque étape menant à la civilisation était un hasard « miraculeux ». Dans la nature, des milliers de cas de sélection génétique accidentelle ou hasardeuse sont nécessaires pour que certaines mutations apparaissent plus fréquemment. Mais on ne trouve aucunement sur cette Terre, de période, de moment ou de lieu où un tel processus graduel et continu aurait pris place, et il n'existe aucune explication sur ce miracle « botanogénétique ». C'est comme si cela avait été un processus non pas de sélection naturelle hasardeuse mais de manipulation artificielle.[145]

Comme pour le blé, les origines du riz cultivé sont incertaines, et sont étudiées et débattues depuis un

---

144 M. Smale et T. McBride, 1996, « Understanding Global Trends in the Use of Wheat Diversity and International Flows of Wheat Genetic Ressources », 1ère partie de *CIMMYT 1995/96 World Wheat Facts and Trends*, Mexico, D.F. : CIMMYT

145 Zecharia Sitchin, *The 12th Planet* (Rochester, Vt. : Bear and Co., 2002).

certain temps. La plante remonte à une telle antiquité et a été cultivée sur une zone tellement large – de l'Inde à la Chine et au Japon – que l'époque et le lieu précis de son premier développement pourraient n'être jamais établis.

Le maïs, *Zea mays*, est l'une des deux principales récoltes originaires des Amériques. Des fouilles archéologiques et géologiques, appuyées par une datation au radiocarbone d'épis de maïs trouvés dans des grottes, indiquent qu'une espèce de maïs primitive servait de nourriture au Mexique il y a au moins 7.000 ans, et qu'elle s'est ensuite répandue au nord et au sud dans les Amériques. Cependant aucune forme de maïs sauvage n'a été retrouvée.

Contrairement au blé, le maïs est une plante spécialisée et se reproduit difficilement dans la nature de manière performante. Bien que les épis aient été engendrés pour produire un fort rendement en graines, la plante ne possède pas de mécanismes pour diffuser ses graines sans intervention humaine. Les Amérindiens transformèrent graduellement la plante originale sauvage en une plante du nom de maïs, un cultigène ou produit d'une culture artificielle – une plante fabriquée par l'homme !

Qu'en est-il de la modeste pomme de terre, la plus importante récolte non-céréalière du monde ? La pomme de terre fait partie de la famille des solanacées comme les tomates, les poivrons et le tabac. Les indigènes des montagnes des Andes en Amérique du Sud découvrirent ce tubercule autour du lac Titicaca et, d'une manière ou d'une autre, – miraculeusement – décidèrent qu'il était comestible bien que la plante et ses tubercules soient toxiques à cette altitude.

A partir de témoignages archéologiques et de datation au carbone, on a déterminé que la pomme de terre était cultivée vers 8.000 av. JC et qu'elle était donc contemporaine du blé, du maïs et du riz. Ces quatre récoltes nourrissent plus de personnes dans le monde que toutes les autres productions réunies, et représentent 70% des récoltes totales. Le fait que nous ne retrouvions pas les précurseurs du blé, du maïs ou du riz semble suggérer que nos ancêtres possédaient un formidable talent pour la reproduction complexe de plantes avec des espèces qu'ils ignoraient auparavant. De manière intéressante, l'incroyable succès de ces trois récoltes, et de la pomme de terre, est reflété dans le fait que, malgré les débuts de la révolution agricole il y a 10.000 ans, les hommes n'ont depuis produit aucune nouvelle récolte majeure.

Nous ne pouvons que nous étonner d'une telle innovation en un laps de temps si court par des hommes qui émergeaient tout juste de cultures de chasseurs-cueilleurs primitives.

Toutefois, les témoignages des premières civilisations sont très clairs sur les origines des récoltes et de l'agriculture : elles furent enseignées par les dieux. Dans la *Genèse* les dieux placent Adam dans le jardin d'Eden pour le cultiver, et tout au long des textes il instruit régulièrement les Israélites au sujet des pratiques agricoles appropriées. La première véritable société agricole de Sumer employait les termes de fermier (*engar*), charrue (*apin*) et sillon (*absin*), termes qui n'étaient pas d'origine sumérienne mais dont les Sumériens eux-mêmes disaient qu'ils provenaient d'Enki et Enlil : « *L'agriculture et la domestication des animaux étaient des dons faits à l'Humanité par Enlil et Enki, respectivement.* »[146]

Enlil répandit d'abord des céréales « *sur le pays de collines* » dans la région et rendit possible la culture dans les montagnes en empêchant les inondations. Le nom du pays montagneux à l'est de Sumer – le point de départ de nombreuses récoltes d'après les scientifiques –

146 Ibid.

s'appelait E.L.A.M., ce qui signifie « maison où la végétation a germé ».

La civilisation mexicaine attribuait l'arrivée du maïs à Quetzalcoatl et son entourage qui vécurent auprès d'eux durant une décennie. Après avoir créé l'ancien peuple à partir de maïs moulu, il leur enseigna les arts de la culture. De manière similaire, les Péruviens affirment que c'est Viracocha, une homme dont la description est identique à celle de Quetzalcoatl, qui offrit au peuple les bienfaits de l'agriculture par l'intermédiaire de sa fille Mama Oello au lac Titicaca. La pomme de terre fut produite sur ce lieu, à Tiahuanaco, dont beaucoup pensent que c'est la première ville que la Terre ait connu.

Le riz est intimement lié à de nombreuses cultures asiatiques ; c'est aussi la base de leur régime alimentaire et en partie celle de leurs économies. Les Kachis, au nord de la Birmanie, disent qu'ils furent envoyés depuis le centre de la Terre après avoir reçu des graines de riz à planter dans le monde parfait où ils devaient vivre. Selon la religion japonaise shinto, l'empereur du Japon est l'incarnation vivante de *Ninigo no mikoto*, le dieu du riz. En Inde et dans les pays hindous, l'on dit que le Seigneur Vishnou fit en sorte que la terre donne naissance au riz, et que le dieu Indra apprit aux hommes à le cultiver.

Dans la tradition judéo-chrétienne le pain est le symbole de la subsistance, le pain de la vie, et pour les chrétiens il devient littéralement ou symboliquement le corps du Christ, le Fils de Dieu.

Il est manifeste que les graines de céréales et la pomme de terre, le fondement de l'agriculture et de la vie dans les civilisations actuelles et d'autrefois, possèdent des origines mystérieuses et énigmatiques ; mais il est clair, comme le disent les anciens, que les dieux donnèrent aux hommes le don de transformer l'herbe en nourriture.

~ La mystérieuse origine du « meilleur ami de l'homme »

Tous les chiens descendent de loups ayant subi des mutations, produits, selon le point de vue orthodoxe, de l'une des multiples expérimentations génétiques entamées par les hommes dans une vague antiquité. Les loups furent les premiers animaux sauvages à être élevés et transformés en sous-espèces, soi-disant créés artificiellement par les hommes à la même époque que le maïs et d'autres plantes acclimatées.

La domestication des loups (*Canis lupus*) en diverses races canines (*Canis lupus familiaris*) est probablement le meilleur exemple de manipulation génétique à long terme sur d'autres espèces. Les loups étaient à l'époque les carnivores les plus nombreux et les plus répandus sur toute la planète, occupant de nombreuses niches écologiques et ayant de multiples proies comme les lapins, les cervidés (cerfs, élans, wapitis etc.) et les bisons.

Certaines races de chiens – par exemple les bergers allemands, les akitas et les samoyèdes – ressemblent tellement au loup que nous ne faisons aucune difficulté à accepter qu'ils sont des descendants directs du *Canis* sauvage. Néanmoins, certaines personnes ont des difficultés à croire que *tous* les chiens sont génétiquement des descendants de loups. On a longtemps pensé que les différentes races de chiens avaient évolué à partir d'espèces canines distinctes, telle le coyote, le chacal et même la hyène.[147] Mais d'après les recherches génétiques approfondies menées sur les origines des chiens, « *aucune séquence de chien ne diffère de celle des loups de plus de 12 substitutions, tandis que les chiens diffèrent des coyotes*

147 Ian L. Mason, *Evolution of Domesticated Animals* (London : Longman, 1984).

et des chacals d'au moins 20 substitutions et 2 insertions. Ces résultats démontrent clairement que le chien descend du loup ».[148]

Pendant longtemps, on a pensé que le chien était une espèce différente du loup, mais la recherche génétique actuelle a démontré de façon concluante que les loups sont les ancêtres du « meilleur ami de l'homme ». Les loups peuvent même se reproduire en toute liberté avec des chiens et donner une portée qui ne sera pas stérile[149] – bien que vous n'auriez jamais deviné à son apparence que le Dachshund et le loup ont le même ADN. Comme pour les plantes, la domestication et l'élevage des animaux sont des processus complexes qui sont le résultat d'une somme de temps et d'efforts investis par les hommes – un Dachshund est le produit de plusieurs milliers d'années de réorganisation humaine du réservoir génétique héréditaire du loup.

Il n'est malheureusement pas possible de retracer le processus de domestication dans toute son étendue, raison pour laquelle nous sommes confrontés à tant de questions. Par exemple, nous rencontrons des chiens de pure race comme les Salukis[150] dépeints dans l'art égyptien et sumérien. Mais comment les hommes sont-ils parvenus à une race pure il y a plus de 5.000 ans ? Pour donner un début de réponse, nous devons remonter dans le temps à l'époque du premier apprivoisement des loups.

Pour élever des chiens, nos ancêtres durent commencer par une idée audacieuse : prendre le risque d'emmener un loup au sein de la tribu. Bien sûr, leur intention n'était pas d'en faire un animal de compagnie. A vrai dire, la notion de chien en tant qu'animal de compagnie n'émergea qu'au XIXe siècle. Auparavant,

---

148 Vila Caries, et al., « *Multiple and Ancient Origins of the Domestic Dog* », *Science*, vol. 276, 13 juin 1997.
149 NdT : le petit issu d'un croisement, par exemple entre un âne et une jument (le mulet), est généralement stérile.
150 NdT : chien faisant partie de la « classe » des lévriers.

les chiens travaillaient pour vivre et ils étaient connus pour leur utilité : chiens de chasse, chien de garde, chiens de bergers et ainsi de suite.

Mais nous ne savons pas *comment* nos ancêtres apprivoisèrent les loups et établirent des relations avec eux. Le processus s'est perdu dans l'antiquité, et les scientifiques et les éleveurs de chiens ne peuvent qu'émettre des suppositions éclairées. Le loup ne peut être qu'apprivoisé ; il ne peut pas être domestiqué. Alors que l'apprivoisement est la première étape vers la domestication, les loups sont incapables d'aller plus loin. Il est impossible d'éradiquer complètement leur instinct sauvage ; un loup peut toujours s'attaquer à ses maîtres.

Bien que nous ne connaissions pas le processus exact qu'ils employèrent, nous pouvons imaginer comment nos ancêtres ont pu procéder pour apprivoiser les loups. Sans doute observèrent-ils des loups pendant des années, assimilant leur comportement en meute. Les loups sont des chasseurs grégaires dont les meutes sont organisées selon une hiérarchie stricte. Les premiers hommes ont peut-être remarqué une similarité entre eux-mêmes et les loups, animaux strictement sociaux. Ils pourraient avoir volé, à un certain point, plusieurs louveteaux de la meute (un stratagème risqué) afin de les élever.

Ce plan aurait pu être établi pour se servir de ces louveteaux comme chiens de chasse. Mais comment auraient-ils appris aux loups à coopérer ? Et s'ils avaient réussi à faire chasser les loups pour eux et que les loups aient tué un cerf, comment les auraient-ils forcés à partager la nourriture ? Il est vaguement possible que les membres de la tribu aient adopté de jeunes loups et se soient eux-mêmes comportés comme des loups lors de leur premier contact, leur imprimant qu'ils étaient les chefs alpha[151] de la meute. Bien que théoriquement

151 NdT : chez les loups, on donne le nom de « mâle alpha » au chef de

possible, ceci aurait demandé un degré d'intelligence qui n'a jamais été attribué aux hommes du paléolithique.

Supposons qu'ils passèrent cet obstacle et établirent une relation avec les loups en tant que membres dominants du groupe ; cela ne serait que le début. Il aurait ensuite été nécessaire que les loups vivent en association étroite avec les hommes, pendant longtemps, jusqu'à ce que naisse un mutant. Non seulement il est impossible d'imaginer qu'une quelconque tribu ait réuni une grande meute sur une quelconque période de temps, mais une mutation aurait tout autant été nécessaire pour que le premier chien voit le jour, car bien que les chiens et les loups aient le même niveau d'ADN, ils sont très différents en termes de caractéristiques héréditaires. Les loups perdent leur pelage (ils muent), les chiens non. Les loups donnent naissance à des petits seulement une fois par an ; les chiens à volonté. Les loups ont les oreilles dressées ; les oreilles des chiens tombent ou sont aplaties. Les loups n'ont pas la queue recourbée vers le haut comme les chiens. Un loup possède plusieurs types de fourrure et mordent avec deux fois plus de puissance dans la mâchoire (environ 100 kg par cm^2) qu'un chien comme le berger allemand car son museau est plus long et ses dents plus larges. La différenciation a dû commencer d'une manière ou d'une autre et – selon le darwinisme et comme les plantes céréalières sauvages – par une mutation. Les loups ont dû muter et être élevés sélectivement pour servir les hommes.

Les archéologues et les paléontologues se servent de la taille pour différencier les chiens des loups dans les restes fossiles. Il est évident que les chiens étaient élevés pour être plus petits. Mais comment nos ancêtres ont-ils pu savoir qu'un loup pouvait muter en chien qui aurait seulement les traits des loups qu'ils désiraient, à savoir

---

la meute, et le nom de « femelle alpha » à celle qui l'accompagne.

une plus petite taille, une nature loyale, affectueuse et obéissante ? Une fois encore, la science se rabat sur la théorie du « miracle dû au hasard ». Pourtant, comment les accidents ou les hasards donnent des résultats qui sont exactement ce que les hommes trouvent le plus utile et bénéfique ? Avec les chiens, comme avec le blé et le maïs, il semble que les hasards aient produit des résultats dans un dessein intentionnel. Malgré le fait que les loups n'aient pas produit dans la nature une sous-espèce avec des mutations semblables à celles des chiens pendant les millions d'années qu'a pris leur évolution pour devenir une espèce distincte, nous devons supposer qu'ils l'ont effectué spontanément quand les hommes décidèrent de les apprivoiser – et ce, en étant contraints de les faire procréer seulement une fois l'an.

Un autre aspect du mystère repose dans la façon dont le premier chien engendra finalement de nombreuses races de chiens. Si nous pensons que ces modifications sont dues aux hommes, il convient alors de se rappeler qu'à l'âge de pierre les hommes n'avaient aucune expérience passée dans l'élevage d'animaux ou la production de plantes d'aucune sorte.

Le premier chien connu grâce aux preuves archéologiques remonte à 14.000 ans. Mais les restes qui datent de cette époque sont rarissimes et discontinus. On a retrouvé d'autres chiens, enterrés avec des hommes morts il y a environ 12.000 ans, ce qui indique qu'à la fin de la période glaciaire les relations homme-chien commençaient à s'établir. Néanmoins, ce n'est qu'entre 7.000 et 6.000 av. JC que les relations sont clairement établies par les preuves archéologiques. Les ossements de chiens sont couramment retrouvés sur des campements au néolithique supérieur.

Vers 5.000 av. JC, on trouve quelques preuves de population de chiens qui diffèrent les uns des autres. Des restes de Salukis, un membre de la famille des lévriers, ont été mis au jour sur des sites archéologiques sumériens. Les Sumériens gardaient ces chiens pour la chasse et utilisaient leur image pour des sceaux et des sculptures. L'art égyptien, les murs des tombes et les statues dépeignent aussi des Salukis, que les Egyptiens semblent avoir vénérés. Le Saluki était le chien royal de l'Égypte et était connu sous le nom de El Hor, « celui qui est noble ». Des tombes égyptiennes datant de 2.100 av. JC contiennent des représentations de Salukis, et ces chiens étaient souvent momifiés et enterrés avec leurs maîtres. D'autres races sont décrites par les artefacts égyptiens, des mastiffs, des pointers, des basenjis, des terriers et un chien semblable au chien courant (ou de meute) du pharaon. D'autres chiens sont représentés dans l'art ancien dont le molosse, parent du mastiff et énorme chien de guerre de Sumer, de Babylonie et Phénicie, ainsi que le kuvaz, qui est toujours l'un des chiens de ferme préférés en Europe de l'Est. Combien différents sont tous ces chiens, en apparence, en tempérament et en talents par rapport au loup ! Il est surprenant que leurs mutations aient survécu aux rigueurs de la meute ou à ces louves, qui s'accouplent d'instinct avec les mâles alpha et se seraient accouplées avec des mâles présentant des mutations génétiques produisant de telles différences.

Une énigme encore plus embarrassante porte sur le fait que les chiens ont commencé à apparaître au néolithique (d'après les restes retrouvés) seulement lorsque diverses sortes de chiens primés – clairement élevés – apparaissent pour la première fois dans les fouilles des fructueuses civilisations de Sumer et d'Égypte. D'où venaient ces races pures ? Les chiens des tombes néolithiques ne sont certainement pas des Salukis ou des basenjis. Et comment ces chiens de pure race – à l'aspect totalement différent des loups – sont-ils nés en l'espace d'à peine quelques milliers d'années ?

De l'autre côté de la planète, dans l'ancien Mexique, des figurines de chiens ont été retrouvées et datées de 8.000 ans ; des restes fossiles de chiens ont été découverts lors de plusieurs fouilles ; et, mélangés de façon intrigante et fascinante, des artefacts ont été mis au jour sur des lieux de sépulture mésoaméricains montrant des chiens sur des objets à roues. On trouve soit des formes de chiens corpulents montés sur quatre roues en forme de disques attachées à des essieux en bois, ou bien des chiens dont les corps deviennent des sortes de traîneaux. Le mystère de ces objets résulte de la conviction selon laquelle les civilisations anciennes des Amériques ne connaissaient pas la roue. On a pensé à une époque que ces chiens sur roues étaient des jouets d'enfant, mais les savants ont depuis réalisé que leur place dans des lieux de sépulture dénote une signification plus sérieuse. Pour les anciens Mésoaméricains, la roue symbolisait le cycle de la vie, de la mort et de la renaissance. Comme l'or, ni la roue, ni sa représentation n'était employée dans un but utilitaire. Le chien avait également une signification symbolique. Au Mexique il était le symbole du soleil nocturne, faisant du chien un précieux compagnon des morts qui, selon la cosmologie mexicaine, devaient traverser neuf enfers dans l'au-delà.

Des objets funéraires similaires, à roues, ont été retrouvés en Mésopotamie et en Égypte, en Assyrie, en Grèce et à Rome, où le chien jouait un rôle très important lors des rites funéraires en tant que guide des morts dans l'enfer. Bien que l'origine du « meilleur ami de l'homme » soit baignée de mystère, il méritait jadis au moins une certaine vénération pour accompagner et guider les hommes dans l'au-delà.

~ Des chaînons manquants et trop peu de temps

Les preuves génétiques, archéologiques et culturelles dont on dispose démontrent qu'il existe plusieurs chaînons manquants entre les tribus de chasseurs-cueilleurs et leur conversion en agriculteurs – et un bien trop court laps de temps nécessaire au développement d'espèces d'herbe cultivées par les premières civilisations. Il en va de même pour le développement des loups en une variété de chiens domestiques visiblement élevés par ces cultures.

Des études sur l'alimentation – et notre propre expérience – montrent que même aujourd'hui le système digestif de l'homme ne peut pas traiter les graines dont nous dépendons sauf si elles sont parfaitement cuites. En vérité, nos corps sont toujours en train de s'adapter à la digestion de viande maigre et de légumes verts desquels 100.000 générations de chasseurs-cueilleurs ont dépendu.

Nous devons ensuite aborder la manière dont nos ancêtres ont acquis les connaissances avancées – agronomiques, génétiques et techniques – requises pour sélectionner et élever certaines herbes sauvages et des loups, et les transformer respectivement en récoltes et en chiens domestiques. Dans la Bible, les dieux – une race d'humains supérieure – interviennent pour transformer Adam en agriculteur ou en homme de la terre, et tout au long de l'Ancien Testament ces dieux donnent des instructions spécifiques aux Israélites sur la manière de faire pousser des récoltes.

En fait, aucun des peuples anciens, à qui les scientifiques attribuent le crédit d'avoir développé des récoltes modernes, et domestiqué des chiens, n'a laissé le moindre témoignage sur la façon dont ils ont accompli ce tour de force en aussi peu de temps – si ce n'est qu'ils attribuent ces dons à l'intervention des dieux leur ayant remis ce savoir. Compte tenu de la sophistication des procédés nécessaires pour accomplir ces exploits génétiques, il est logique de conclure que nos ancêtres ont reçu cette information de ceux qui la possédaient déjà.

~ 17 ~
MÉTALLURGIE : À PARTIR DU FEU

Les métaux sont presque aussi importants que l'agriculture pour notre civilisation, mais il est encore plus difficile d'expliquer comment les premiers hommes tissèrent les fils qui les menèrent à l'identification de minerai et de son utilisation potentielle, et à son acquisition, que d'expliquer leur progrès prodigieux dans la culture de plantes. Dans le cas de l'agriculture, nous pouvons au moins supposer qu'ils avaient une certaine expérience du royaume végétal et une certaine connaissance de son fonctionnement. La métallurgie était un domaine totalement nouveau. Les anthropologues imaginent que la découverte de la métallurgie fut le résultat d'une rencontre accidentelle entre le minerai et le feu.

Nous avons vu que l'image que dépeignent les partisans de l'évolution culturelle darwinienne mène à la conclusion que notre civilisation fut créée par une série de découvertes dues au hasard. En serait-il de même pour la découverte et l'utilisation du métal par nos ancêtres ? Dans sa critique de l'évolution culturelle, Robert Fellner nous rappelle : « *Toute action consciente, et c'est la conscience qui fait la différence entre une culture* [...] *et un groupe d'animaux se comportant par instinct, doit être basée sur la pensée, en d'autres termes, sur des concepts.* »[152]

D'après Fellner, donc, toute étape d'innovation requiert l'idée d'aborder des défis et des problèmes nouveaux. Il ne suffit pas de se reposer sur la notion de découvertes accidentelles pour expliquer par exemple, les origines de l'agriculture car une véritable innovation durable nécessite évaluation, analyse, planification, et un long chemin semé d'épreuves et d'erreurs. Il n'existe pas de preuves d'un long développement d'herbes sauvages en céréales cultivées, et il n'y a pas d'avantage trace d'un chemin allant de la découverte de pépites d'or facilement accessibles au procédé de la métallurgie.

La première preuve de l'utilisation de l'or par les hommes de l'Âge de pierre est liée aux sites qui remontent à 6.000 ans av. JC. Mais l'or est un métal assez mou, malléable, que l'on peut travailler avec des outils simples. On peut le trouver sous la forme de pépites d'or pur, bien que les plus anciens artefacts en or comme des bijoux, des bracelets et des bagues soient rarement en or pur ; la plupart ont une importante teneur en argent. Les anciens appelaient cet alliage de l'*électrum*.

Il semble aussi que le cuivre ait été utilisé en 6.000 av. JC. Comme il est plus pratique que l'or, son rôle dans le développement de la civilisation est plus important ; il était d'abord utilisé pour les outils et les armes. Le cuivre existant sous sa forme naturelle fut d'abord collecté et travaillé, bien que « *dans le Moyen-Orient ancien, les ressources en cuivre naturel s'épuisèrent rapidement et les mineurs durent se tourner vers le minerai* ».[153]

Au début, les anthropologues prétendirent que le cuivre avait probablement été découvert par hasard en

152 Robert Fellner, « The Problems and Prospects of Cultural Evolution », *Institute of Archaeology* 1 (1990).
153 R. J. Forbes, *The Birthplace of Old World Mettallurgy* (n.p., 1991)

laissant tomber du minerai de malachite (qui contient du cuivre) dans des feux de camp. Un problème se pose néanmoins avec cette hypothèse : la température d'un feu de camp atteint tout au plus 600-650° C, alors que la réduction de cuivre à partir de malachite s'opère à 800° C minimum. En d'autres termes, l'extraction du cuivre requiert un four pouvant contrôler et atteindre cette température élevée. Il est alors fort peu probable, voire impossible, que les hommes de l'Âge de pierre aient accidentellement découvert le cuivre avec leurs feux de camp. Ils n'auraient pas pu envisager sa réduction à partir de malachite ou de minerai de sulfure (qui ensemble contiennent 90% de cuivre) avant d'avoir inventé le four.

Quand bien même la métallurgie aurait commencé par une découverte accidentelle, l'application pratique – fabriquant, disons, le premier outil en métal fondu – aurait toutefois nécessité un long et rigoureux processus intellectuel, impliquant un nombre d'étapes conceptuelles et un haut niveau de réflexion abstraite. Nos ancêtres chasseurs-cueilleurs ne manifestèrent jamais un tel niveau de capacité. En fait, jusqu'à voici 6.000 ans, ils avaient seulement mis en relation la pierre et le bois pour fabriquer des outils et des vêtements en peaux. Et soudainement, pendant le néolithique, il y a environ 5.000 ans, apparurent quelques civilisations éparpillées et hautement développées, qui intégrèrent le « miracle » technique de la transformation des métaux dans leurs développements – à l'époque même où des peuples à peine éloignés de 800 kilomètres vivaient encore de façon primitive. Les objets sophistiqués retrouvés à Sumer et en Égypte font preuve d'imagination artistique, d'habileté technique et de puissance conceptuelle extraordinaires. En 3.000 av. JC, les arts de la bijouterie, de la peinture et de la sculpture étaient parfaitement au point en Égypte et Mésopotamie.

L'emploi ancien de l'argent, de l'étain et du bronze présente une image semblable à l'émergence du cuivre dans ces civilisations. L'argent par exemple, est plus dur que l'or, et plus rare. Comme l'or, l'argent pur était utilisé pour les ornements, les bijoux, et comme mesure des richesses. La galène (du minerai d'argent) contient toujours une faible proportion d'argent. Mais à Sumer, il y a plus de 4.500 ans, on découvrit que si le plomb était oxydé dans de la cendre poudreuse, une gouttelette d'argent s'échappait. Ceci mena à la découverte du procédé de coupellation, qui comporte l'addition de cendre d'os à l'oxyde de plomb.

Selon les historiens, un ancien forgeron dut réaliser que ces deux ingrédients pouvaient être combinés, menant à l'absorption de l'oxyde de plomb par les cendres et donnant l'opportunité à un forte dose d'argent d'être séparée et transformée. Et c'est ce mode de fabrication de l'argent qui a été utilisé à partir de 2.500 av. JC.

Les Sumériens réalisèrent également – ou apprirent – que si différents minerais étaient mélangés ensemble pendant un processus de fonte, on pouvait fabriquer une autre sorte de cuivre – qui coule plus facilement, qui est plus solide après avoir pris forme, et facile à fondre. Ainsi nous pouvons leur attribuer la création du premier alliage – le bronze – qui demande un mélange bien trop précis d'étain et de cuivre pour être uniquement une découverte accidentelle.

Une lame de hache datant de 2.500 av. JC s'avéra contenir 11% d'étain et 89% de cuivre. Mais l'étain, contrairement à l'or ou au cuivre, ne se trouve pas dans la nature. Il existe sous forme de minerai d'oxyde stannique, qui est dur, lourd et inerte. Il faut le fondre pour retirer l'étain, ce qui signifie que ce procédé dut précéder la création du bronze – chemin plutôt compliqué et complexe, et qui aurait certainement requis des esprits constamment entraînés à l'innovation et aux expérimentations déterminées. Et parce que la fonte est le seul moyen de façonner du bronze, les Sumériens fabriquèrent même des moules standardisés pour créer des lingots qu'ils distribuaient dans leurs villes.

Une telle rigueur, une telle créativité et mise au point ajouta certainement à la prouesse d'un peuple encore récemment bien installé dans l'âge de pierre. Leurs capacités créatives étaient apparemment si fortes qu'en 750 av. JC les sept métaux de l'antiquité – l'or, l'électrum, le cuivre, l'argent, l'étain, le bronze et le mercure – avaient tous été découverts comme en témoignent les objets.

Le mercure fut le dernier à être découvert, mais les six autres l'avaient été dès 2.000 av. JC. Après le mercure, aucun autre métal ne fut découvert durant au moins 2.000 ans, lorsque, au XIIIe siècle, Albertus Magnus découvrit l'arsenic. Trois cents ans passeront encore après cela, jusqu'à la découverte du neuvième métal, l'antimoine.

Les diverses civilisations qui se développèrent et s'épanouirent dans les années ayant suivi l'essor des Sumériens connurent des temps moins difficiles, car elles héritèrent de tous les principes et outils, et de toutes les méthodes des Sumériens – et pourtant aucune découverte significative n'eut lieu pendant presque trois millénaires. L. Aitchison, auteur d'une *Histoire des métaux* est visiblement impressionné lorsqu'il note qu'en 3.700 av. JC, les Mésopotamiens basaient leur nouvelle société sur le travail des métaux : « *Il est évident que les Sumériens accordaient une grande valeur à la métallurgie.* »[154]

C'est ce qui constitua la base de leurs outils, de leur machines et de leurs armes perfectionnés. Admiratif du surprenant niveau de sophistication des Sumériens, Aitchison conclut que le procédé de la métallurgie « *doit immanquablement être attribué au génie technique*

154 L. Aitchison, *A History of Metals* (New York : Interscience, 1960).

des Sumériens ».[155] Mais que disent les Sumériens sur leurs rares talents et dons en matière de transformation des divers métaux ? Leurs tablettes sont très claires sur la manière dont ils acquirent ces connaissances : les dieux – la race de la Genèse –, leur donnèrent et leur enseignèrent, tout comme ils conçurent les plans pour les temples et les ziggourats. La première étape consistait à tracer les lignes d'orientation d'un bâtiment et à poser les pierres de fondation. Puis, comme le disent les tablettes, une cérémonie était célébrée : « *Le roi* [...] *"le Berger Juste" construisit le temple brillant avec du métal, apportant du cuivre, de l'or et de l'argent de pays lointains. Il bâtit Enimu avec de la pierre, il le fit brillant avec des joyaux ; avec du cuivre mélangé à de l'étain il le tint fermement.* »[156]

D'après ce verset, il semble que quelque chose, fabriqué à partir de bronze, tenait la structure en place et que le cuivre, l'or et l'argent magnifiaient le temple. Le scribe des tablettes fait clairement comprendre qu'un *Sanug Simug*, un « forgeron-prêtre » travailla sur la façade du temple : « *Avec de la pierre brillante d'une largeur de deux mains, il revêtit l'ouvrage de brique ; avec de la diorite et une largeur de main de pierre brillante.* » Ici même, et dans le verset précédent, la « *pierre brillante* » évoque en réalité le métal. Le forgeron-prêtre était un maître fournisseur qui connaissait apparemment toutes les facettes de son art.

Les tablettes sumériennes regorgent de références aux Anunnaki, les dieux travailleurs qui présidaient à toute chose depuis la fabrication des briques et la construction des temples jusqu'à la métallurgie. Une fois encore nous devons interpréter le mot « dieux ». Est-il possible que ceux que nous considérons comme des hé-

155 Ibid.
156 Zecharia Sitchin, *When Time Began* (Rochester, Vt. : Bear and Co., 2002).

ros mythologiques sumériens étaient en réalité leurs guides et leurs surveillants extraterrestres qui avaient acquis leurs connaissances sur leur planète d'origine ?

Cette possibilité est appuyée par plusieurs facteurs. En premier lieu, les noms de professions employés par les Sumériens en rapport avec le négoce du métal – *simug* (forgeron noir) et *tibira* (forgeron de cuivre et fabriquant de métal) – ne sont pas des mots d'origine sumérienne.[157]

Selon les linguistes, ce serait une langue primitive à laquelle les Sumériens avaient emprunté ces mots, mais celle-ci n'a pas été identifiée. En second lieu, en tant que premiers métallurgistes du monde, à quelle culture humaine les Sumériens auraient-ils emprunté ces termes ? Enfin, la Mésopotamie ne possédait pas de minerai de métal. Les Sumériens n'auraient pas pu découvrir accidentellement la métallurgie sans des siècles de contact et d'expérimentation avec les minerais bruts. Ces pratiques et ces connaissances ont dû être importées d'ailleurs – et ceux qui prêtèrent assistance aux Sumériens devaient être plus avancés, plus évolués et conscients de l'impact des dons qu'ils accordaient.

157 Jack M. Sasson, éd., *Civilizations of the Ancient Near East* (New York : Scribner, 1995).

~ 18 ~
LE JEU DES DATATIONS

Quand sont apparus les premiers hominidés ? A quelle époque sont arrivés les premiers hommes ? A quand remonte la Grande Pyramide ? Quel âge ont les ruines du lac Titicaca ? Quand a émergé la civilisation olmèque ? Et les dates et chronologies données pour la préhistoire, celles-ci ou d'autres, sont-elles exactes ?

Les dates attribuées à divers fossiles et à l'apparition des hommes et de la civilisation sont toujours susceptibles d'être modifiées, au fur et à mesure de découvertes nouvelles ou lorsque des procédés de datation autrefois considérés fiables s'avèrent fort peu précis. De plus, et ce qui est bien plus problématique, les modifications des dates et chronologies sont-t-elles dues à des raisons politiques, ou à la pression qui fait concorder les nouvelles données aux chronologies et concepts préexistants ?

Le procédé de datation et d'établissement de chronologie doit être considéré avec un certain degré de scepticisme comme le montre cette histoire qui fait suite à une découverte récente en Australie, menaçant de chambouler totalement « l'origine africaine » anthropologique. C'est un cas classique où une nouvelle datation donne des résultats qui ne cadrent pas avec la théorie établie. « *L'Homme de Mungo plus vieux que prévu* », tel était le titre de l'article d'un journal australien, *The Age* :

> « *De récentes analyses des restes d'un squelette trouvé au lac Mungo dans la Nouvelle-Galles du Sud il y a 25 ans, indiquent qu'il pourrait remonter à 68.000 ans – soit 28.000 ans de plus que les estimations scientifiques précédentes. Cette date corrigée par des scientifiques de l'université nationale australienne réécrit l'histoire de l'occupation australienne, et a de profondes implications dans le débat mondial sur les origines de l'homme moderne* ».[158]

L'article poursuit en expliquant que trois nouvelles techniques furent employées pour mener à bien la datation. La publication de cette date corrigée provoqua une tempête de controverses entre les « pluri-régionalistes » qui pensent que les hommes modernes ont migré depuis diverses parties de l'Asie, et ceux qui soutiennent le modèle « africain » établissant nos origines sur ce continent. Cette dernière théorie déclare que l'Australie fut peuplée par les *Homo sapiens* modernes il y a 40.000 ans.

De façon intéressante, la nouvelle datation des restes de Mungo fut suivie par des recherches menées en Afrique avec des résultats qui repoussaient de plus de 70.000 ans en arrière la date de l'apparition des activités de l'homme moderne sur ce continent. Un article du 2 décembre 2001 paru dans le *New York Times* affirme que « *les nouvelles découvertes dans la grotte de Blombos, à 300 kilomètres à l'est de Cap Town, met sens dessus-des-*

---

158 Janine MacDonald Canberra, « Mungo Man Older Than Thought », The Age, 21 mai 1999.

sous les vieilles convictions ».[159] Ces convictions dataient les plus anciennes preuves d'un comportement humain en Europe il y a 40.000 ans environ. L'article conclut que la première apparition des hommes modernes indique l'Afrique. Ainsi, l'homme de Mungo fut rapidement remis à sa place.

Le fait est que pratiquement toutes les dates et chronologies concernant les origines de l'homme et les artefacts-clés sont contestées. Il y a plusieurs années, l'une des dernières techniques appelée thermoluminescence fut employée pour dater les sédiments de deux sites en Turquie, Jinmum et Durin Yurakh, et le résultat choqua la communauté archéologique. Le consensus espérait des datations autour de 30.000 ans d'âge, mais les résultats qui émanèrent des échantillons leur donnèrent un âge de 250.000 ans, voire plus !

La roue du mécontentement conventionnel tourna rapidement : ces dates inattendues (et non désirées) furent écartées et on demanda une deuxième série de tests. Il semble habituel que la technologie se pose des questions lorsque les résultats sont inattendus ou chamboulent les hypothèses de longue date.

Un des cas les plus scandaleux – parmi ceux qui ont été rendus publics – implique Virginia Steen-McIntyre, une géologue travaillant dans les années 70 pour une étude géologique américaine et qui fut envoyée au Mexique pour réaliser des essais de datation sur des échantillons d'outils en pierre trouvés sur un site du nom de Hueyatlaco, près de Pueblo. Les outils révélaient un niveau de perfectionnement lié aux hommes modernes, ce qui poussa l'anthropologue responsable, Cynthia Irwin-William, à penser que les outils avaient moins de 25.000 ans, datation présumée selon la théorie que les hommes modernes ont traversé le détroit de Béring et sont arrivés en Amérique il y a environ

159 John Noble Wilford, « Artifacts in Africa Suggest an Earlier Modern Human », *New York Times*, 2 décembre 2001.

25.000 ans. Les scientifiques conservateurs ont fixé une date plus récente, à la fin de la période glaciaire, ou il y a 12.000 ans.

Steen-McIntyre réalisa les tests et vérifia même par recoupement à l'aide de quatre méthodes différentes : séries à l'uranium, hydratation tephra, trace de fission et stratigraphie. Elle transmit les résultats à l'anthropologue qui fut choquée. Les dates obtenues à l'aide de la dernière technologie disponible de l'époque montrèrent que les artefacts avaient plus de 200.000 ans – presque dix fois plus vieux que ce à quoi l'on s'attendait ! Pour Cynthia Irwin-William, ce résultat était tout simplement faux pour au moins deux raisons : les hommes modernes n'étaient pas au Mexique à cette époque lointaine (selon la théorie du détroit de Béring) et les hommes modernes n'ont pas fabriqué de tels outils avant 50.000 ans (d'après les preuves disponibles).

Irwin-William n'était pas du tout satisfaite ; elle voulait que les dates n'excèdent pas 25.000 ans, mais Steen-McIntyre refusa de modifier ses résultats. Par la suite, elle rencontra des difficultés pour faire publier son compte-rendu et fut ridiculisée par ses collègues qui la qualifièrent de chienne publicitaire. Mais ce n'est pas tout. Elle perdit aussi son poste d'enseignante qu'elle tenait à l'université américaine. En 1981, Steen-McIntyre écrivit une lettre à Estella Leopold, éditrice associée du *Quaternary Research* : « *Le problème que je rencontre est bien plus grand que Hueyatlaco. Cela concerne la manipulation de la pensée scientifique à travers la suppression de "données énigmatiques", données qui défient le mode de pensée dominant.* »[160]

Peut-être avons-nous de bonnes raisons de nous interroger sur l'exactitude des dates et des chronologies

160 Michael A. Cremo et Richard L. Thompson, *Hidden History of the Human Race* (Alachua, Fla. : Govardhan Hill, 1999).

établies par les scientifiques orthodoxes. Il existe de nombreux cas semblables à celui-ci – parfois encore plus dérangeants – et encore plus de raisons de se demander pourquoi les théories, les dates et chronologies dominantes sont si jalousement gardées.

A la fin des années 70, j'ai passé une année au Mexique à la recherche de la civilisation olmèque. Sur le mur du musée de Villahermosa, j'ai relevé une chronologie qui plaçait le début de la civilisation olmèque vers 3.000 av. JC. Depuis, cette date a été ramenée à 1.500 av. JC, soit une réduction drastique de 1.500 ans. Je me demandai pourquoi : l'ancienne datation était-elle source de conflit avec une nouvelle théorie ? Quelle qu'en soit la raison, le changement soutenait l'idée que toutes les dates et les chronologies sont susceptibles d'être revues n'importe quand, que ce soit à cause des méthodes employées pour les établir au début, avérées inexactes, ou parce que les dates établies en premier sont incompatibles avec les convictions orthodoxes.

En 1996, la NBC diffusa une émission intitulée *Les Origines mystérieuses de l'homme*. Elle comportait de nombreuses idées taboues et des faits anormaux que les institutions scientifiques auraient préféré remiser au placard. Certaines idées étaient basées sur l'ouvrage de Michael Cremo, *Forbidden Archaeology*. L'auteur nous explique qu'il a « *demandé aux producteurs de contacter les représentants de l'université de Californie à Bekerley pour être autorisé à filmer les artefacts conservés la-bas. L'autorisation a été refusée* ».[161] Les producteurs terminèrent le programme en montrant à la place des photographies des objets – mais l'histoire ne s'arrête pas là. L'émission fut en général bien reçue par le public et la NBC décida de la rediffuser. Néanmoins, les scientifiques étaient scandalisés. Piqués au vif par le succès de l'émission et en co-

161 Michael A. Cremo et Richard L. Thompson, *Forbidden Archaelogy* (San Diego : Bhaktivedanta Institute, 1993).

lère contre son contenu, les autorités scientifiques entrèrent en action pour tenter d'empêcher la seconde programmation.[162] Lorsque leur efforts s'avérèrent vains pour convaincre NBC, ils menèrent campagne auprès du Dr Allison Palmer du FCC,[163] présidente de l'Institute for Cambrain Studies, et écrivirent une lettre à l'organisme fédéral : « *En fin de compte, NBC devrait être tenue de présenter de solides excuses aux heures de grande écoute aux téléspectateurs, et suffisamment longues pour qu'ils comprennent clairement qu'ils ont été dupés* ».[164]

Nous finissons par croire que certains membres de la communauté scientifique ne font pas confiance aux Américains pour discerner les faits de la fiction : c'est pourquoi nous ne devrions pas être soumis à des idées qui contredisent les théories reconnues par les autorités scientifiques. En réalité, cet épisode révèle l'attitude paternaliste de certains membres de la communauté scientifique tout comme leur mépris du premier amendement sur la liberté d'expression.

Nous pourrions nous demander si les chronologies susceptibles d'être revues ont finalement une quelconque valeur. Pourquoi établir une date « fixe » jusqu'à ce que cette date soit correcte à coup sûr ? Cette question se pose en particulier dans le contexte des nouvelles dans la presse ou à la télévision, comme celles de la BBC en 2001, présentées sous le titre « *L'étude des datations signifie "repenser l'histoire humaine"* » : « *Une réécriture complète de l'histoire de l'homme moderne pourrait être nécessaire après une avancée dans les techniques archéologiques de datation. Des scientifique britanniques et américains ont trouvé que la datation au radiocarbone, employée pour donner*

162 Ibid.
163 NdT : FCC (Federal Communications Commission), organisme fédéral équivalent au CSA français.
164 Michael A. Cremo, « Colonialism, Identity and Social Responsibility : The History of Archaelogy in the Service of Isms », article présenté au Cinquième Congrès archéologique mondial, Washington, D.C., 2003.

une indication grossière de l'âge d'un objet, pourrait être fausse... »[165]

Il y a cent ans, le physicien français Henri Becquerel découvrit le taux de décomposition de la radioactivité naturelle dans l'uranium. Peu de temps après, un chimiste américain, Bertram Borden Boltwood, détermina qu'il pouvait utiliser la décomposition prévisible des éléments radioactifs pour retracer le temps. Il appliqua cette nouvelle technique à l'âge de la Terre, qu'il estima à 2,2 milliards d'années. Ce fut un choc pour la communauté scientifique et pour le public, qui pendant longtemps avaient pensé que notre planète était bien plus jeune. A la fin du siècle dernier, l'âge de la Terre avait plus que doublé, passant à 4,5 milliards d'années. Pour autant, je ne le graverai pas dans la pierre ; il pourrait bien être revu d'ici une centaine d'années.

Au cours du siècle dernier, pratiquement aucune semaine ne s'est écoulée sans une importante découverte sur l'histoire de la vie sur Terre qui ait fait les gros titres. Au milieu du XXe siècle, les paléontologues ont découvert quelques rares fossiles des premiers hommes. Les chaînons manquants étaient nombreux et la chronologie de l'origine des espèces remontait à environ 2 millions d'années. Au moment où le nouveau millénaire débutait, la dernière découverte sur la datation des premiers mammifères fut annoncée : « *Des chercheurs ont décrit un fossile qui fait remonter les origines des caractéristiques-clés des mammifères à 45 millions d'années.* »[166]

En fait, les experts savent depuis longtemps que la datation au radiocarbone est inexacte, mais ils n'avaient pas réalisé à quel point elle pouvait être infidèle jusqu'à ce que cette étude récente soit publiée, où

165 « Dating Study Means "Human History Rethink" », BBC Online News, 29 juin 2001.
166 Kate Wong, « The Dating Game », Scientific American, 11 juin 2001.

des scientifiques ont calculé l'âge d'anciennes formations calcaires dans des grottes, à l'aide de méthodes de datation au carbone et d'une autre, nouvelle, plus fidèle, connue sous le nom de datation à l'uranium. Ils ont été surpris de trouver que les dates obtenues par le radiocarbone étaient décalées de milliers d'années et que les résultats étaient encore plus décalés lors d'essais sur des échantillons plus anciens. Pendant longtemps les critiques de la datation au carbone ont soutenu qu'elle n'était pas exacte et que de nombreux artefacts et ruines étaient bien plus anciens que ce qu'estimaient les scientifiques. Ils soutenaient que cette méthode était basée sur l'hypothèse erronée selon laquelle le niveau de carbone radioactif avait été stable tout au long de l'histoire de la Terre. L'étude montra que cette hypothèse était fausse et « *que dans un passé lointain il pourrait y en avoir eu plus* [de carbone] *que ce que l'on pensait auparavant* ».[167]

Avant la publication de l'étude, à l'époque de la rédaction de ce livre, la méthode au carbone était la première technique de datation utilisée par les archéologues pour dater les artefacts trouvés lors des fouilles. L'effet de vague qui allait se répercuter inévitablement dans la communauté scientifique devait cependant être traduit par des idées repensées et une chronologie ajustée. Les nombreuses dates et chronologies établies allaient sans aucun doute être repoussées en arrière dans le passé.

Mais les inexactitudes de la datation au carbone ne sont qu'un point du débat entre la communauté de scientifiques orthodoxes et les scientifiques alternatifs. Nombreux sont ceux qui croient que toute la méthodologie employée pour fixer les dates des ruines anciennes est basée sur des suppositions et des hypothèses qui ne

167 « Dating Study Means "Human History Rethink" », BBC Online News, 29 juin 2001.

peuvent être prouvées par aucune donnée. Il est impossible d'attribuer une date aux blocs de basalte, de calcaire ou de granit utilisés pour construire la Grande Pyramide, ou à un amas de terre employé pour ériger des tertres. Un géologue peut estimer les âges des pierres ou de la Terre, mais une telle estimation sera donnée en millions d'années, ce qui n'est pas d'une grande aide. Les archéologues et les anthropologues se reposent sur la datation au carbone d'objets trouvés sur des sites particuliers pour déterminer une période globale durant laquelle le site a été bâti et occupé.

L'étape suivante, alors, consistait à localiser les villages des environs et à travailler à partir du matériel trouvé sur ces sites. Mais plus vous vous éloignez du site original pour obtenir le genre d'information nécessaire à la datation, moins la date résultante est convaincante. Même si le matériel trouvé à un endroit particulier peut être daté, il n'y a aucune preuve irrécusable que cette date corresponde à l'époque de construction et d'occupation du lieu. Les bâtisseurs et les premiers occupants, par exemple, pourraient avoir abandonné le site, le laissant prêt à être utilisé par un groupe de personnes laissant derrière lui son matériel que nous retrouverons.

Nous savons que les Olmèques abandonnèrent leurs sites, après avoir intentionnellement détruit les bâtiments, enterré les monuments et dégradé les artefacts. Mais les scientifiques ne peuvent en aucune manière prouver que le matériel retrouvé sur les sites olmèques peut être attribué à ceux qui les ont bâtis. Au mieux, les données disponibles appuient une hypothèse de travail, une base plutôt faible pour une chronologie. Une date pour la fondation des sites olmèques – et ainsi pour la culture olmèque dans son ensemble – ne peut pas être établie en termes définitifs : on pense que la culture olmèque remonte à 1.500 av. JC et qu'elle a perduré jusqu'à 300 av. JC.

Il est possible de plaider la cause de presque tout et l'on peut toujours trouver des preuves pour soutenir ce que nous espérons prouver. Les historiens et les archéologues opèrent comme les avocats, se reposant souvent sur des arguments efficaces ou astucieux pour convaincre le jury. Bien évidemment, ce n'est pas comme cela que la science est supposée procéder. La méthodologie de la science consiste à assembler des faits observables en une théorie pouvant être prouvée et indépendamment confirmée. Mais les préjugés et les priorités, et le désir de les protéger peuvent troubler le processus. Les préjugés et les priorités de la science concernant les origines de l'homme et de la civilisation sont liés à la théorie de l'évolution culturelle, le darwinisme appliqué au développement des sociétés humaines.

Cependant, comme nous l'avons vu, il existe de nombreuses énigmes et anomalies qui ne cadrent pas avec le modèle établi. Tiahuanaco, la Grande Pyramide, et les autres ruines mégalithiques associées à la vallée de l'Indus, au Pérou, au Mexique, à l'Égypte, à la Chine et au Croissant fertile – ainsi que les preuves qui illustrent les connaissances élaborées de premières civilisations à travers le monde – révèlent des failles légitimes dans la théorie de l'évolution culturelle. Il est pourtant difficile de défier la théorie admise et de se faire entendre.

Le regretté Scotty MacNeish, archéologue considéré comme un scientifique à la fois non-conformiste et de premier ordre, a rédigé 50 livres, publié des centaines d'articles scientifiques, et a été crédité de nombreuses découvertes importantes, comme le fait d'être remonté à l'origine de l'acclimatation du maïs au Mexique. Il est convaincu que la première présence humaine en Amérique du Nord remonte à presque 60.000 ans au Nouveau-Mexique, mais, parce que sa théorie défie la théorie orthodoxe existante, il aura probablement peu de « temps d'antenne ».

Tant que la politique de la science ne changera pas ou que la technologie n'aura pas atteint un niveau extrêmement fiable, le mieux que l'on puisse faire est d'essayer d'établir une séquence correcte des événements et de négliger toutes les dates exactes ou les chronologies inflexibles. Ces dernières sont écrites dans le sable.

~ 19 ~
LES PÉRIODES GLACIAIRES

Nous sommes tous des descendants de la période glaciaire. Survivre à des régimes climatiques très froids pendant de longues périodes, est l'un des plus grands défis auxquels durent faire face nos ancêtres. Un peu auparavant sur l'échelle de temps géologique, les ours polaires chassaient les phoques à New York, et les loups suivaient à la trace les bœufs musqués le long des calottes glaciaires recouvrant l'Illinois. Les hommes s'habillaient d'épaisses peaux d'animaux et se déplaçaient péniblement à travers des paysages gelés et balayés par les vents, à la recherche de nourriture.

Les périodes glaciaires font partie de la vie sur Terre depuis des millions d'années, et durant les deux derniers millions d'années, nos prédécesseurs ont dû s'y adapter. La glace revenait au fil du temps, étendant une épaisse couverture sur le pays. Nous pouvons avoir une idée de ce qu'était une période glaciaire, à quoi elle ressemblait et l'impression qu'elle donnait, à la vue de l'Arctique, de l'Antarctique ou des glaciers perchés sur les plus hautes montagnes. Les glaciers sont d'ailleurs des vestiges de l'ère glaciaire, qui s'était déjà installée depuis 15.000 ans lorsque le dernier paroxysme glaciaire eut lieu il y a 18.000 ans. Il y a encore peu de temps, voici 12.000 ans, une grande partie de la Terre était couverte d'un épais manteau de glace, bien que cette période glaciaire arrivât à sa fin avec le retrait des glaciers, processus qui s'est poursuivi de façon continue jusqu'à aujourd'hui.[168]

La Terre connut une série de périodes glaciaires et la première qu'elle subit débuta il y a 340.000 ans environ ; la deuxième il y a 270.000 ans, laquelle dura 40.000 années. Elle fut suivie par une autre il y a 160.000 ans et qui se termina 30.000 années plus tard. Pendant les deux dernières périodes glaciaires, des isthmes se formèrent alors que le niveau des mers baissait[169], événement dramatique qui résultait du gel de plus en plus d'eau et qui faisait avancer les calottes glaciaires.

Dans une fourchette comprise entre il y a 35.000 et 11.500 ans, le niveau des mers était plus bas que celui d'aujourd'hui, et, au maximum de l'avancée des glaciers, le niveau de l'eau était à peu près 120 mètres plus bas qu'à l'heure actuelle. A la fin de la toute dernière période glaciaire, il l'était encore de 50 mètres, mais il n'a cessé de remonter depuis.

Bien sûr, la vie sur Terre dut s'ajuster et s'adapter à ces cycles extrêmes de diverses façons au cours des millénaires. L'*Homo sapiens neandertalensis* par exemple, était parfaitement adapté au froid et survécut à de nombreuses glaciations pendant son séjour sur Terre, qui avait commencé il y a 400.000 ans. En réalité, en partie parce qu'il a survécu, la science a considérablement révisé le portrait de l'homme de Neandertal ces dernières années – ils n'étaient pas tout à fait ces hom-

---

168 John Imbrie et Katherine Palmer Imbrie, *Ice Ages : Solving the Mystery* (Cambridge, Mass. : Harvard Uniersity Press, 1986).
169 A. Marshack, « Exploring the Mind of Ice Age Man », *National Geographic*, janvier 1975.

mes des cavernes à l'air bête que l'on a dépeints lorsqu'on les a découverts. Entre il y a 150.000 et 125.000 ans à peu près, les hommes modernes commencèrent à remplacer ceux de Neandertal en Afrique et en Océanie. Un article publié dans *Nature* le 4 mai 2000 nous en dit plus :

> « *L'hypothèse "originaires d'Afrique" prétend que les hommes modernes évoluèrent en Afrique entre il y a 200 et 100 kyr* (100.000 années), *migrant en Eurasie à une époque plus tardive.* [...] *La découverte d'artefacts du paléolithique moyen dans une terrasse en écueil émergée sur la côte de la mer Rouge en Erythrée, que nous datons de la dernière période interglaciaire (il y a environ 125 kyr)* [...] *est la première preuve bien datée de l'adaptation humaine à un environnement côtier marin, annonçant une expansion dans le domaine et la complexité du comportement humain depuis une extrémité de l'Afrique à l'autre. Cette nouvelle stratégie adaptative, largement étendue, pourrait en partie signaler les débuts du comportement humain moderne, qui corrobore une origine africaine des hommes modernes il y a 125 kyr.* »[170]

Des études génétiques récentes ont présenté des preuves montrant apparemment que les hommes modernes, qui semblent avoir migré depuis l'est de l'Afrique, connurent un « rétrécissement de la population » dramatique :

> « *Les précédentes études du matériel génétique connu sous le nom d'ADN mitochondrique et de micro satellites soutient la notion selon laquelle un petit groupe d'hommes primitifs – entre 5.000 et 20.000 – migrèrent depuis l'est de l'Afrique, se répandirent à travers le monde, et se déployèrent rapidement dans la population, remplaçant d'autres populations humaines*

170 M. Walter, « News and Views », *Nature*, 4 mai 2000.

ailleurs en Afrique il y a 80.000 ans, en Asie il y a 50.000 ans, et en Europe il y a 30.000 ans. [...]

La nouvelle étude, néanmoins, analyse les mutations du nom de SNPS (polymorphismes de nucléotide simple) dans l'ADN à partir du noyau des cellules humaines étudiées dans le cadre du Projet pour le Génome Humain, tentative de dresser le plan de toute la carte génétique humaine. Cela indique qu'il y eut un rétrécissement dans la population humaine – qui ressemble à une nette réduction du nombre de personnes – quand les ancêtres des hommes modernes colonisèrent l'Europe il y a environ 40.000 ans ».[171]

Dans le numéro du 7 décembre 1999 du *New York Times*, Nicolas Wade écrivait : « *... à partir de données de 50 groupes ethniques du monde entier,* [l'étude] *conclut que la population ancestrale d'où provenaient les premiers émigrants pourrait avoir compté seulement 2.000 personnes.* »[172] Une autre étude montre que ce petit groupe se dirigea vers l'Asie. Sans compter la direction qu'ils empruntèrent, ils ne durent pas mettre beaucoup de temps à s'établir dans quelque nouvelle région car la période glaciaire suivante débuta environ 5.000 ans plus tard (il y a environ 35.000 ans).

Le fait qui ressort de toutes ces informations est un événement capital, une transformation ayant eu lieu il y a 40.000 ans environ, quand les hommes de Neandertal disparurent et que les hommes modernes devinrent la seule espèce d'*Homo sapiens* sur Terre. Un groupe de scientifiques est convaincu qu'un changement neurologique majeur de base génétique se produisit chez les *Homo sapiens* à cette époque, amenant petit à petit les hommes modernes à innover dans des outils en pierre et des ouvrages plus perfectionnés. Mais quel fut cet événement neurologique et par quoi fut-il causé ? Aurait-il

171 Communiqué de presse de l'université de l'Utah, 23 décembre 2002.
172 Nicolas Wade, « Genes Tell New Story on the Spread of Man », *New York Times*, 7 décembre 1999.

pu avoir une importance au moment d'une intervention majeure ?

La population des hommes modernes est très homogène. En tant qu'individus, nos gènes diffèrent seulement d'un dixième de 1%, sans compter la race, le genre ou l'ascendance ethnique. Nous sommes virtuellement identiques au niveau de l'ADN. D'après un article du magazine *Discover*, « *certains anthropologues pensent que cette homogénéité génétique est le résultat d'un "rétrécissement de la population", à une certaine époque passée où nos ancêtres connurent un événement qui réduisit fortement nos rangs et donc notre variation génétique.* »[173]

Presque toutes les cultures connaissent un mythe détaillant un ou plusieurs de ces événements ou cataclysmes qui réduisirent à une misère la population mondiale. Dans la Bible, par exemple, le « *rétrécissement de la population* » correspond au Déluge dans lequel seuls Noé, sa femme et sa famille survécurent.

Les scientifiques pensent que le « rétrécissement » de la population mondiale eut lieu il y a 40.000 ans. L'archéologue Stan Ambrose, de l'université de l'Illinois, estime qu'une éruption volcanique colossale environ 4.000 fois plus puissante que l'éruption du mont Saint Helens fut l'événement qui fit baisser le taux de population sur Terre. Il y a 40.000 ans, le mont Toba à Sumatra entra en éruption, enterrant l'Inde sous une couche de cendre et à présent, les scientifiques estiment qu'il provoqua un hiver global de 6 années, donnant une mini-période glaciaire de 1.000 ans.

L'idée d'une population de 2.000 rescapés survivant à un cataclysme mondial il y a 40.000 ans, suivi d'une migration en divers endroits comme l'évoque à la fois la théorie des «o riginaires d'Afrique » et celle des isthmes et du détroit de Béring, ne paraît cependant

173 « A Global Winters'Tale », *Discover*, décembre 1998.

pas recevable. Il semble impossible qu'un aussi petit groupe d'hommes partant d'Afrique il y a 40.000 ans puisse s'être répandu à travers le monde en un nombre aussi important et dans une telle diversité culturelle en seulement 20.000 ans.

De plus, pourquoi ce petit groupe aurait-il quitté l'Afrique ? Et s'ils sont partis, pourquoi se seraient-ils aventurés plus loin que dans le territoire hospitalier d'à côté, dans un monde vaste et inconnu ? S'ils ont voyagé loin, ils auraient tôt ou tard rencontré des montagnes infranchissables, des mers sans fin, des prédateurs et des animaux menaçants. Une telle dispersion aurait nécessité que des générations successives abandonnent ce que les anthropologues ont observé comme étant le trait dominant des tribus humaines – le conservatisme.

Le principe de la migration de nos ancêtres depuis l'Afrique soulève également d'autres questions. Il semble impossible d'expliquer pourquoi ou comment ils auraient émigré de l'Afrique au cours de la plus récente période glaciaire. Nous devons garder à l'esprit qu'elle a débuté il y a 35.000 ans et ne s'est terminée qu'il y a 11.500 ans. Si les hommes ont en réalité commencé à quitter l'Afrique voici 40.000 ans, ils n'auraient pas – contrairement aux hommes de Neandertal – connu une glaciation, exception faite des régions de haute montagne. En effet, l'Afrique fut très peu affectée par les glaciations. A supposer qu'ils se soient répandus vers le nord en direction de l'Europe et de la Chine, puis qu'ils aient passé le détroit de Béring pour peupler les Amériques il y a 20.000 ans, du moins (car la date – il y a 13.000 ans – de l'apparition des premiers hommes dans les Amériques est quelque peu contestée), ils auraient rencontré un environnement glacial sans disposer des connaissances nécessaires pour survivre à un froid extrême. De plus, il semble peu probable qu'ils aient été motivés à s'éloigner d'une région plus tempérée pour des contrées bien plus froides. Les géologues savent à présent qu'à la suite de la dernière période glaciaire un déluge provoqua des inondations massives à travers l'Amérique du Nord, l'Europe et l'Asie lorsque les calottes glaciaires recouvrant l'Amérique du Nord commencèrent à fondre. Pour comprendre l'échelle de cette inondation, il suffit de se tourner vers une vaste région de l'État de Washington, du nom des Channeled Scablands, qui s'étend depuis la ville de Spokane vers la Chaîne des Cascades en direction de l'ouest.

Les Scablands furent sculptés par les inondations post-glaciaires qui s'engouffraient par un barrage naturel. Lorsque les eaux baissèrent, elles laissèrent des traces géologiques qui consistent en barrières de gravier et de sédiment entassés à 270 mètres de haut, en profondes gorges ayant buriné à des dizaines de mètres la dure roche de fond, et en blocs de pierre de la taille d'un maison qui émaillent le paysage.

La compréhension du mécanisme qui a déclenché et stoppé les glaciations est un point important dans tout scénario qui veut expliquer comment les hommes furent capables de survivre à la dernière période glaciaire. La science n'a pu que parler récemment avec autorité de ce qu'elle savait, et c'est plutôt surprenant : des échantillons de glace prélevés aux pôles et au Groenland montrent que le total d'ensoleillement des régions polaires détermine les périodes de glaciation.[174] Les quatre dernières ères glaciaires ont été directement liées à ce phénomène. Des périodes inter-glaciaires (intervalles chauds entre des cycles froids) ont lieu quand les régions polaires sont plus ensoleillées : et le total d'ensoleillement des pôles varie en fonction des changements de l'inclinaison de l'axe terrestre combiné à son orbite autour du Soleil.

---

174 Richard Muller et Gordon McDonald, *Ices Ages and Astronomical Causes : Data, Spectral Analysis, and Mechanisms* (New York : Springer, 2002).

Notre expérience de la trajectoire de la Terre dans l'espace est illusoire. Nous avons l'impression que la planète se tient sagement mais en réalité nous filons à travers la galaxie à 29 kilomètres par seconde ! Pendant que nous traversons en trombe l'espace, notre vaisseau sphérique oscille légèrement sur son axe de rotation – un peu comme le haut d'une toupie – pour décrire un cône : la Terre est légèrement inclinée par rapport au plan horizontal, le plan de son orbite autour du Soleil, et cette inclinaison varie entre 21°1', où elle est au plus près de la verticale, et 24°5' où elle est le plus inclinée. Elle bouge entre ces deux extrêmes sur un cycle de 41.000 ans ; actuellement elle est inclinée de 23°5'.

La Terre réalise une rotation totale autour de la verticale tous les 26.000 ans quand elle trace ses orbites elliptiques autour du Soleil – mécanisme connu sous le nom de *précession*. Le changement qui en résulte a déjà été vu de différentes manières. Par exemple, le pôle Nord indique aujourd'hui l'étoile Polaire, mais cela n'a pas toujours été le cas. La direction qu'il indique change petit à petit. Le pôle indiquait Véga il y a environ 13.000 ans et il l'indiquera à nouveau d'ici 13.000 ans. Le changement peut aussi s'observer sur la Terre par les très petites modifications dans la position du Soleil au moment des équinoxes, modifications si infimes qu'avec nos équipements actuels elles ne sont apparentes que sur des centaines d'années.

La science moderne sait maintenant que la rotation de la Terre autour de la verticale en 26.000 années environ combinée au cycle d'inclinaison de quelque 41.000 années sont les principaux mécanismes qui déclenchent et arrêtent les périodes glaciaires. L'impact de ces mécanismes sur le climat de la Terre est facile à comprendre si l'on songe au changement de saison, et à la façon dont la rotation axiale de la Terre les crée.

Dans l'hémisphère Nord, l'été arrive quand le pôle Nord est le plus incliné vers le Soleil et l'hiver vient quand il est incliné au plus loin. Le processus qui fait commencer et se terminer les périodes glaciaires fonctionne de manière semblable, bien qu'il soit plus complexe, et dure sur une plus longue période de temps. On pourrait le comparer à des cycles saisonniers prolongés. Quand l'inclinaison de la Terre est moins prononcée par rapport à la verticale, les étés sont plus froids et la glace s'entasse sur les pôles année après année.

Une fois que les calottes glaciaires ont commencé à se constituer, elles créent une boucle de réactions positives. La propriété de réflexion croissante de la surface terrestre renvoie les rayons solaires dans l'espace, ce qui crée plus de froid. Comme la couverture glaciaire continue de s'étendre, le taux de dioxyde de carbone dans l'atmosphère diminue, ce qui ajoute encore au processus de refroidissement. Sur les 10.000 dernières années nous avons connu l'effet inverse, une ère interglaciaire chaude caractérisée par « *l'effet de serre* » – une augmentation du taux de dioxyde de carbone, réduisant les glaciers et faisant monter le niveau des mers.

La période interglaciaire dans laquelle nous sommes a commencé il y a 18.000 ans (à l'apogée de la dernière glaciation). L'orbite de la Terre est elliptique, ce qui signifie que la Terre est plus proche du Soleil à certains moments de l'année et plus éloignée à d'autres. La position la plus proche du Soleil, appelée périhélie, a maintenant lieu en janvier, rendant les hivers de l'hémisphère Nord légèrement plus chauds qu'ils ne l'étaient il y a 18.000 ans. Le périhélie arrivait en juillet à cette époque et rendait l'été plus chaud en Arctique.

Une fois encore, en appliquant l'analogie saisonnière aux périodes glaciaires et interglaciaires, nous pouvons voir que nous avons connu une phase printemps/été de saisons équinoxiales à long terme pendant environ 18.000 ans. Néanmoins, comme nous le savons, les saisons changent selon la position de la Terre par rapport au Soleil avec une régularité précise. C'est pourquoi nous sommes proches des premiers stades de la prochaine période glaciaire. Si cela ne s'est pas encore manifesté, c'est probablement lié à l'impact sur les mécanismes naturels de l'effet de serre dû à l'homme.

Certes, en en sachant d'avantage sur un mécanisme aussi complexe que celui qui a provoqué des périodes glaciaires et interglaciaires au cours des 200.000 dernières années, nous avons montré que les hommes possédaient des connaissances astronomiques particulièrement poussées. Un tel savoir est le produit de milliers d'années de civilisation. Mais est-ce sûr ? Comme nous le verrons dans le chapitre suivant, il existe des preuves démontrant que les peuples anciens en savaient autant que nous sur les cieux.

Nous savons depuis longtemps que les anciens accordaient une grande importance aux constellations, et que Hippoarchus, un Grec, avait déjà décrit le cycle des précessions. Mais il avait réalisé ses observations et comparé ses résultats à d'autres observations, bien plus anciennes, effectuées par des savants d'Alexandrie et de Babylone dont les connaissances, à leur tour, venaient de Sumer. Comment ce peuple ancien avait-il acquis ce savoir ?

Comme pour les autres progrès techniques des Sumériens, ce savoir astronomique et mathématique venait des dieux – la race de la Genèse qui transmit ses connaissances aux Sumériens et à d'autres cultures anciennes via l'enseignement de l'astrologie, des constellations et du positionnement des premières civilisations terrestres proche de la latitude 30° nord, une latitude qui était relativement à l'abri des effets des glaciations. Ce positionnement nous mène au but que visait cette connaissance : permettre aux anciens, ou à leurs descendants, de survivre dans le futur lorsque la glace aurait une fois de plus recouvert de vastes portions de la Terre.

~ 20 ~
LES ÂGES DE L'HOMME : TEMPS LINÉAIRE CONTRE TEMPS CYCLIQUE

La mesure du temps est basée sur la rotation de la Terre sur son axe, et sur sa révolution autour du Soleil, deux phénomènes cycliques.

Nous utilisons le système sumérien en base 60 pour subdiviser un jour en 24 heures, une heure en 60 minutes et une minute en 60 secondes.

Dans la société occidentale, nous considérons le temps à grande échelle d'un point de vue linéaire, avec un certain point de départ à partir duquel il progresse, jusqu'à ce qu'il atteigne, théoriquement, un certain point final. Alors que nous observons des cycles qui se répètent sur une longue période de temps – jours, saisons, années et ainsi de suite – en tout, nous percevons le temps comme s'il ne faisait qu'avancer, en ligne droite.

Toutefois, les anciennes civilisations considéraient le temps et l'histoire de manière fort différente. Non seulement le cycle des jours s'additionnait aux cycles des mois, des saisons et des années, mais il existait aussi d'autres cycles, bien plus longs – les cycles des âges où se produisaient et se reproduisaient des événements. Cette considération cyclique du temps mérite que l'on examine plus en profondeur la manière dont les peuples anciens mettaient en rapport ces cycles longs et l'expérience humaine collective.

~ *Parallèles entre les Grecs et les Hindous*

Les philosophes et les poètes grecs décrivaient ces cycles sous l'expression « *les Cinq Âges de l'Homme* », dont chacun se terminait par un grand cataclysme. Hésiode les énumère dans *Les Travaux et les jours* : l'âge d'or, l'âge d'argent, l'âge de bronze, l'âge des héros et l'âge de fer. D'après son système, nous en sommes encore à l'âge de fer.

Les textes anciens védiques (hindous) décrivent plusieurs cycles prenant place à l'intérieur d'une longue période de temps connue sous l'expression « *le Jour de Brahma* », qui est égal à 4.320.000.000 ans. On y trouve des cycles de plus courte durée connus sous le nom de *yugas*, qui sont subdivisés en grands et petits yugas. Les quatre grands yugas correspondent à peu près au schéma grec. Le Satya Yuga est l'âge d'or, le Treta Yuga équivaut à l'âge d'argent, le Dvapara Yuga à l'âge de bronze (cuivre) et le Kali Yuga à l'âge de fer.[175]

La croyance qui se trouve à la base de ces deux schémas est que les êtres humains passent par une série d'étapes, depuis l'âge d'or au zénith jusqu'à l'âge de fer au nadir, quand l'emporte le matérialisme centré sur soi. Il est intrigant que les scénarios grecs et hindous semblent s'accorder sur la description de ces âges et le passage de l'un à l'autre. Hésiode décrit l'âge d'or comme une époque où les hommes étaient heureux et ne connaissaient ni avidité, ni souffrance. La Terre leur

175 K. Sherman, « Cycles of Time : Evolution of Consciousness », *New Times*, avril 1988.

fournissait tout ce dont ils avaient besoin. Les *Vedas*[176] décrivent le Satya Yuga comme une époque idéale, caractérisée par la vertu et la sagesse, et quasiment dépourvue de vice et d'ignorance.

Les Grecs disent que l'âge d'argent commença lorsque les hommes inventèrent l'agriculture et commencèrent à travailler pour se nourrir. Les hommes de cette époque étaient puissants mais faux, et ils manquaient de force morale, de résolution et de caractère. La misère, la souffrance et la corruption furent introduites par l'humanité jusqu'à ce que Zeus, comme nous le raconte la légende grecque, en ait assez des plaintes et querelles constantes des hommes de l'âge de fer et décide de les détruire. Nous pouvons mettre ceci en parallèle avec les événements des deuxième et troisième chapitres de la *Genèse*, lorsque se termine la première époque du jardin d'Eden et que les dieux chassent Adam et Eve, leur ordonnant de travailler laborieusement dans les champs pour gagner leur pain. Le Treta Yuga, l'âge hindou comparable à l'âge d'argent, est caractérisé par la réduction d'un tiers des bonnes qualités et des bons avantages de l'âge d'or. Ce fut l'époque où les hommes inventèrent les premiers rites religieux, les sacrifices d'animaux et les cérémonies religieuses.

Hésiode dépeint l'âge de bronze comme un temps de civilisation, où les hommes étaient forts, productifs et très agressifs. Durant cette ère de l'histoire de la civilisation occidentale, de grands progrès eurent lieu très rapidement et de magnifiques villes, temples et ouvrages d'art furent réalisés. Néanmoins, pendant des milliers d'années, des guerres éclatèrent souvent entre les cités-Etats et les empires qui se développaient. La partie de l'Ancien Testament comparable est tout aussi remplie de récits de guerres tribales, de dissensions, de querelles intestines, et de la propagation de la peste et de

176 NdT : premiers écrits sacrés de l'hindouisme, composés de 4 principaux textes, le *Rig-Veda*, le *Sama-Veda*, le *Yajur-Veda* et l'*Atharva-Veda*.

fléaux. Son équivalent hindou, l'âge Dvapara, fut une époque où les instincts animaux augmentèrent, où la maladie fit son apparition, et où l'injustice se répandit à travers la civilisation humaine.

Il est intéressant de noter que le système grec aurait en réalité quatre âges primaires, avec l'âge de bronze divisé en deux parties, dont la seconde décrit l'âge des héros. Les personnages de l'âge des héros grec étaient des hybrides – à moitié humains et à moitié divins. Ils accomplirent de prodigieux exploits et eurent une vie honorable et fructueuse. Cela nous rappelle les « *fils de Dieu* » bibliques qui s'accouplèrent avec les « *filles des hommes* » et engendrèrent une descendance extraordinaire – les géants, ou les Nephilim de la *Genèse*.

Les Grecs et les Hindous décrivent un même âge de fer (ou Kali Yuga) caractérisé par le matérialisme et l'avidité. Kali est traduit de façon littérale par « querelle et hypocrisie ». Dans cet âge, le travail est rabaissé en dur labeur à des fins égoïstes ; le crime se banalise ; de terribles guerres éclatent ; la fraude, la supercherie et la haine règnent. Et si tout cela nous paraît familier, c'est parce que, selon les Hindous, nous sommes encore dans cet âge, que nous connaissons depuis des milliers d'années.

~ *Les cinq Soleils*

Les Mésoaméricains aussi possédaient un système qui divisait l'existence humaine en cinq âges qu'ils appelaient Soleils. Le calendrier aztèque, ou pierre solaire, est en fait le plus bel objet à notre disposition représentant le système employé par les Mayas et d'autres civilisations anciennes de la région ; bien que les Aztèques aient utilisé des noms différents, ils dépeignent les Cinq Soleils et les proportions temporelles exactes dont se servaient les Mayas – les calculs numériques des Aztèques et Mayas sont identiques, comme nous l'ont appris les chroniques de l'évêque de Landa. Nous devons nous souvenir qu'après que les conquistadores aient rencontré les Aztèques et les Mayas et les aient interrogés sur leurs traditions, ils détruisirent les temples aztèques et les codices mayas.

Le calendrier, un relief en basalte de 4 mètres pesant 25 tonnes, est actuellement conservé au Musée Archéologique National de la ville de Mexico : c'est aussi bien une représentation visuelle du mythe de la création mésoaméricain, qu'une très grande horloge des âges de l'Homme.[177] Il semble que le cycle temporel qu'il représente corresponde aux âges grecs et hindous et s'accorde à cet égard à l'époque actuelle : nous sommes dans l'âge final d'un grand cycle.

La pierre elle-même est circulaire et dépeint quatre soleils entourant un cinquième soleil, un cycle complet comportant une période de temps de 26.000 ans, qui équivaut à une précession équinoxiale. Chacun des cinq soleils – Jaguar, Vent, Pluie et Eau – correspond à un âge de l'homme différent qui précède Tonatiuh, le Cinquième Soleil, ou Mouvement. Les noms des cinq soleils sont importants car ils nous disent comment arrivent – ou arriveront – les âges à leur fin. Par exemple, le Quatrième Soleil (Eau) se termine par un déluge et l'on prédit que le Cinquième Soleil (Mouvement) se finit dans une série violente de tremblements de terre mondiaux et d'impacts d'objets cosmiques.

Encerclant les glyphes de soleil sur la pierre, se trouve un cercle représentant les signes des 20 jours du calendrier sacré de 260 jours. Un second cercle consistant en 52 segments – le nombre d'années dans le Rond Calendaire – entoure le premier. Le bord extérieur de la pierre est formé par des serpents de feu dont les queues se rejoignent en haut de la pierre et dont les têtes – d'où

177 Kay Almere Read, *Time and Sacrifice in the Aztec Cosmos* (Bloomington : Indiana University Press, 1998).

émergent deux têtes humaines – se rejoignent en bas. Chacun des serpents est fait de 10 segments marqués du chiffre employé pour « 10 » et les glyphes du Feu Nouveau, qui ensemble représentent 100 ronds calendaires, ou 5.200 années, équivalent à un soleil.

Ainsi ces soleils – comprenant un cycle complet des âges de l'homme – équivalent à 26.000 années, ou à une précession équinoxiale.

~ Le lien entre les âges de l'homme et la précession

Comme nous l'avons vu dans le chapitre précédent, la précession contrôle finalement le modèle géologique d'alternance d'âges glaciaires et de périodes interglaciaires caractérisées par un climat global relativement chaud. Compte tenu de l'existence de la pierre solaire aztèque, nous pourrions nous demander si les anciens connaissaient la précession et ses effets sur ces modèles géologiques de climat, et, si c'est le cas, ce que cela peut signifier.

Pour les Mayas, ainsi que je l'ai noté plus haut, les 26.000 années de la précession englobent la série cyclique des Cinq Soleils, ou temps équivalent à une précession. Le cycle hindou des Yugas coïncide avec le cycle de précession/zodiacal, qui dure environ 2.200 années. Le système occidental de l'astrologie est également basé sur la précession équinoxiale. Il est alors facile de voir que tous ces cycles, ou systèmes de calculs, convergent vers le grand cycle astronomique de la précession.

Le Soleil traverse le ciel sur une voie appelée le plan de l'écliptique, un grand cercle divisé en 12 parties égales de 30 degrés chacune. Chacune de ces parties est assignée à l'un des 12 signes du zodiaque. La position du Soleil à l'équinoxe du printemps est fixée dans chacune de ces 12 parties pour environ 2.200 ans. Ainsi chaque période de 2.200 ans représente un des 12 signes du zodiaque. Traverser les 12 signes prend environ

26.000 ans (12 multiplié par 2.200). Une année zodiacale complète est ainsi équivalente à la précession.

Selon les astrologues, nous sommes dans l'ère des Poissons depuis plus de 2.200 ans, et nous nous approchons de l'ère du Verseau (la génération du baby-boom est partie avant le signal). Si, toutefois, nous remontons l'horloge de la précession à travers l'année zodiacale jusqu'à l'ère où la civilisation débuta au Moyen-Orient, nous nous retrouvons à l'ère du Taureau. Les artefacts montrent que durant cette ère, le taureau joua un rôle important dans les arts et la littérature sur plusieurs millénaires.

En remontant dans le temps, vers 1.800 av. JC, le soleil équinoxial commença à se lever dans le Bélier – et les Israélites sacrifiaient des agneaux et des moutons. Toujours dans le passé, mais plus récemment, Jésus naquit peu après le début de l'ère des Poissons – il est connu comme le pêcheur des hommes et est représenté symboliquement par un poisson. Tout cela semble indiquer que les anciens avait connaissance de la précession, à laquelle on peut aboutir en observant d'abord cette Terre, les planètes, et les étoiles en rapport les unes avec les autres dans des cycles petits et grands.

Il est significatif aussi que certains calendriers dans le monde s'accordent sur la date de début du présent âge – que nous pourrions appeler l'âge de la civilisation. Le Cinquième Soleil maya, l'âge de l'homme, commença en 3.113 av. JC, il y a quelque 5.100 ans. A cette époque, les premières civilisations étaient en marche, non seulement au Mexique mais aussi à Sumer, en Égypte et sur la côte péruvienne. Le calendrier juif compte à partir de 3.700 av. JC et a donc vu s'écouler environ 5.700 années.

Le calendrier chinois est vieux d'à peu près 4.500 ans et le calendrier julien d'environ 5.000 ans. Selon le calendrier hindou, le *pachanga* (almanach traditionnel) suit les années équivalentes du Kali Yuga, et affirme que de 1990 à 1991, « *5091 années Kali se sont écoulées* ». A la fin 2001, 5102 années du Kali Yuga (ou âge de fer) se sont écoulées dans le système Yuga.

Si nous remontons le cycle maya de 5.200 années, nous nous retrouvons au seuil d'une autre ère, à la fin de la dernière période glaciaire et au début de la domestication des plantes et des animaux. Et si nous remontons encore de 5.200 années, nous sommes proches du maximum de la dernière période glaciaire, qui a eu lieu entre - 17.000 et - 18.000 ans.

Il est donc clair que les anciens étaient soit de zélés observateurs des planètes et étoiles depuis bien plus de temps que l'histoire ne peut l'établir, soit ils furent aidés par une race plus ancienne qui avait déjà observé ces phénomènes depuis une éternité. Nos ancêtres suivaient les cycles lunaires, prédisaient les éclipses et établissaient en fin de compte des calendriers solaires assez exacts. Des milliers et des milliers de tablettes et de livres traitant de données astronomiques et astrologiques ont été mis au jour au Moyen-Orient et en Égypte et la plupart des informations contenues dans les quatre codices mayas qui nous sont restés, traitent d'importantes questions astronomiques.

Les scientifiques se sont demandés pourquoi les échelles de temps mayas et hindoues portent sur des millions d'années. Mais comment des peuples anciens ont-ils pu concevoir des cycles temporels d'une telle ampleur – et insister sur le fait que les êtres humains les vécurent – si ce n'est avec l'aide de ceux qui en avaient fait l'expérience ?

Les hommes des anciennes civilisations n'auraient pas pu acquérir tout seuls leur connaissances des cieux. Alors qu'une certaine somme d'observation du ciel était sans aucun doute possible pour eux, il aurait été très difficile de découvrir la précession par l'observation seule. Cela aurait nécessité d'observer la précession dans sa durée totale, puis de l'observer à nouveau à son recommencement afin de discerner sa nature cyclique. Cela aurait pris des millénaires d'inlassables observations du ciel et de consignations des données pour retracer les schémas des constellations et le trajet du Soleil à travers le zodiaque. Il est bien plus vraisemblable qu'on leur enseigna – et ainsi, les preuves tendent une fois encore vers le rôle d'une intervention extérieure.

Des chercheurs indépendants se sont émerveillés des alignements astronomiques précis des cercles de pierre, des dolmens et des sites archéologiques majeurs à travers le monde qui sont orientés pour marquer les solstices, les équinoxes et les configurations astronomiques de diverses étoiles et planètes. A vrai dire, cette pléthore de preuves a mené à une toute nouvelle branche de l'archéologie, la *paléoastronomie*. Le grand nombre de mégalithes et d'autres structures d'anciennes civilisations suggère que nos ancêtres étaient extraordinairement préoccupés par le fait de suivre à la trace l'alignement astronomique de la Terre et d'autres corps célestes, et nous pourrions nous demander pourquoi.

Bien sûr, en tant qu'agriculteurs, les anciens auraient noté les cycles des jours, de la Lune et des saisons afin de pouvoir préparer la terre, planter et récolter au meilleur moment. Ils savaient que ces cycles pouvaient mener à l'obtention d'une bonne récolte. Pareillement, ils doivent avoir appris de ceux qui le savaient déjà – de leurs guides cosmiques – que la clé de la vie sur Terre, ou de la survie, résidait dans les positions, la périodicité et les mouvements des planètes, du Soleil et des étoiles.

L'observation et l'enregistrement sont les deux composants primaires de la méthode scientifique. Les observations de planètes, d'étoiles, de comètes et de divers événements naturels dans le monde réalisées par nos ancêtres, ainsi que le fait de garder une trace et d'enregistrer les mouvements de la Terre et ses interactions avec d'autres corps célestes, pourraient être considérés comme des étapes vers l'acquisition de dates scientifiques – peut-être vers la prédiction de certains phénomènes.

Les observations célestes des anciens, leurs tentatives de démontrer les alignements astronomiques, et, finalement, leur familiarité avec le cycle de la précession peuvent toutes être considérées comme des moyens d'attirer l'attention des futures générations vers les cieux et la nature cyclique de phénomènes célestes, afin de prédire quand auront lieu dans le futur des événements spécifiques, voire catastrophiques.[178] En consignant leurs connaissances dans des « archives » permanentes – les monuments en pierre orientés sur les cycles célestes – ils les rendirent accessibles aux générations futures. Ces structures furent alors en partie construites avec, à l'esprit, la survie de l'homme.

---

178 Stephen Crockett, *The Prophet Code : Processional Encryption and the Apocalyptic Tradition* (Mount Gilead, N.C. : Aethyrea Books, 2001).

~ 21 ~
LES CYCLES DES CATASTROPHES

Comme nous l'avons vu, les peuples anciens avaient appris à regarder très attentivement le ciel, n'ignorant pas que le système solaire est toujours en équilibre dynamique – qu'il est stable et prévisible mais qu'il a aussi un côté imprévisible. Les comètes et les astéroïdes sont passés près de la Terre, ou s'y sont écrasés de temps en temps. Les phases de la Lune ont fait monter et descendre les marées. Certaines configurations planétaires étaient favorables ; d'autres pas. L'ensemble de l'univers était comme la Terre, habituellement calme et mesurée, mais de temps à autre capable de se déchaîner sous la forme de volcans, d'ouragans, de tremblements de terre et d'inondations.

Les mythologies du monde entier parlent de cataclysmes répétés accablant la plupart des civilisations et l'humanité. Il ne faut cependant pas beaucoup de temps pour que les hommes oublient totalement que notre planète est périodiquement soumise aux inondations et tremblements de terre massifs, aux glaciations et aux impacts de comètes, « aux feux du ciel » et aux éruptions volcaniques partant des entrailles surchauffées de la planète. Cette vérité est clairement visible lorsqu'on lit cet article intitulé « *Comètes et désastres à l'Âge du bronze* » paru en 1997 dans le journal *British Archaeology* :

> « *A une certaine époque, vers 2.300 av. JC, à un siècle ou deux près, un grand nombre de civilisations majeures de ce monde se sont effondrées, apparemment de manière simultanée. L'empire akkadien en Mésopotamie, l'Ancien Empire d'Égypte, la civilisation de l'âge du bronze inférieur en Israël, Anatolie et Grèce, tout comme la civilisation de la vallée de l'Indus en Inde et la culture Hongshan en Chine – les premières civilisations urbaines du monde – toutes tombèrent en ruines plus ou moins en même temps. Pourquoi ?* »[179]

Cette catastrophe globale assez récente a été ni plus, ni moins oubliée, balayée de la mémoire de l'humanité comme si une amnésie collective s'était emparée des hommes du monde entier dès la fin du cataclysme. La population survivante ramassa simplement les morceaux et poursuivit sans même jeter un coup d'œil en arrière. Et des migrations ethniques dans toutes les directions suivirent ce grand désastre.

Ce n'est qu'au siècle dernier que les archéologues ont reconstitué le puzzle de notre passé brisé. Des fouilles, depuis Troie jusqu'en Israël, de la Syrie à la vallée du Nil, ont révélé des couches de débris et de ruines, nous parlant de désastres à grande échelle répétitifs : des tremblements de terre, des raz de marée et de gigantesques incendies.

Depuis les berges nourricières des fleuves de Mésopotamie, le Tigre et l'Euphrate, et les rivages de l'île de Chypre entourée par la Méditerranée, jusqu'à la vallée de l'Indus, nous rencontrons l'histoire de la grandeur et de la décadence de grandes cités ensevelies en cou-

179 Benny J. Peiser, « Comets and Disasters in the Bronze Age », *British Archaelogy*, n° 30, décembre 1997.

ches successives. Les villes d'Héraclite et de Menthius ont été retrouvées au fond de l'océan dans la baie d'Aboukir en Égypte!

L'archéologue français Claude Schaeffer a été le premier à mettre en lumière ces faits perturbants dans son remarquable ouvrage, *Stratigraphie Comparée et chronologie de l'Asie occidentale* publié en 1948. Schaeffer a étudié diverses couches de quelque 50 sites archéologiques au Proche et Moyen-Orient, amenant la preuve qu'ils avaient connu une destruction totale à plusieurs reprises tout au long de l'Âge du bronze – et qu'à chaque fois leur ruine s'était produite simultanément. Il en a conclu que cela ne pouvait être que le résultat d'une catastrophe naturelle. De nombreux savants l'ont suivi dans cette voie et ont soutenu sa théorie, selon laquelle les tremblements de terre étaient la principale cause des effondrements périodiques des civilisations.

Des études ont montré que les « *changements de terre* » dans la région qu'il a examinée étaient massifs : des parties du Sahara actuel et la région autour de la mer Morte étaient autrefois cultivées ; et des endroits auparavant fertiles et suffisamment hospitaliers pour faire pousser des récoltes se sont transformés en déserts.

Schaeffer n'a pas fait le lien entre les résultats de ses études et les récits anciens de telles catastrophes au cours de l'histoire et de la préhistoire. Cependant, en 1950, Immanuel Velikovsky a été conduit, en analysant la littérature ancienne, à émettre des conclusions similaires à celles de Schaeffer – et le travail des deux hommes a tout d'abord été rejeté. Dans sa préface de son livre controversé, *Mondes en collision*, Velikovsky écrit :

> « *Ce livre a pour sujet les guerres qui ont bouleversé le ciel dans les temps historiques et auxquelles participa notre planète.* [...] *Le récit à la fois cosmologique et historique contenu dans ce livre s'appuie sur les témoignages des textes historiques du monde entier, sur la lit-*

térature classique, les épopées nordiques, les livres sacrés des peuples d'Orient et d'Occident, les traditions et le folklore des tribus primitives, sur d'antiques inscriptions et cartes astronomiques, sur les découvertes archéologiques, géologiques et paléontologiques ».[180]

En raison de l'embarras et la honte affichés alors par la communauté scientifique, ce livre a été fermement condamné et même banni des librairies. Mais bien que sa théorie provocante à dessein ait été rondement critiquée à l'époque (et elle comporte en effet quelques failles), ses idées ont depuis gagné de la reconnaissance. En octobre 2001, l'université de Pennsylvanie a annoncé que le Dr. Anthony Pratt, un physicien, « *présente*[rait] *de nouvelles découvertes qui relient l'ancien art de la pierre et Stonehenge à des observations dans le monde d'événement inhabituel.* » Le titre de cette lecture était « *Catastrophes célestes dans la préhistoire humaine ?* »[181]

La prospection des causes naturelles de désastres humains a gagné du terrain depuis les quinze dernières années. La publication de l'article « *Comètes et désastres à l'âge du bronze* » dans *British Archaeology* révèle un net changement d'attitude : des scientifiques ont passé le pas et découvrent un peu partout des preuves décisives de « *changements abrupts de climat, changements soudains du niveau des mers, inondations catastrophiques, activité sismique répandue* [ainsi que des] *preuves d'une activité volcanique massive à plusieurs reprises depuis la dernière période glaciaire, mais en particulier autour de 2.300 av. JC, à plus ou moins 200 ans près.* »[182]

---

180 Immanuel Velikovsky, *Worlds in Collision* (Garden City, N.Y. : Doubleday, 1950). NdT : paru en français sous le titre *Mondes en collision* (Paris : Le jardin des Livres, 2003).
181 Anthony Peratt, « Celestial Catastrophes in Human Prehistory ? » lecture, université de Pennsylvanie, octobre 2001.
182 Benny J. Peiser, « Comets and Disasters in the Bronze Age », *British Archaelogy*, n° 30, décembre 1997.

Les conséquences de ces désastres naturels en des temps anciens furent épouvantables pour les civilisations humaines. La population diminua de façon drastique : d'après *The Cambridge Ancient History*, le nombre des lieux d'habitation fut « *réduit de trois quart par rapport à la période précédente* »[183] et G. Ernest Wright a déclaré que « *l'un des fait les plus frappants au sujet de la civilisation de l'Âge du bronze est sa destruction, une destruction si violente qu'elle ne laissa quasiment aucun vestige* ».[184]

Un millier d'années après qu'un désastre majeur réduisit à néant la première civilisation autour de 2.300 av. JC, un autre effondrement de grande ampleur toucha les Mycéniens de Grèce, les Hittites d'Anatolie, les Egyptiens du Nouvel Empire, l'Israël de l'Âge du bronze supérieur, et la dynastie Shang en Chine. Les astronomes ont commencé à cerner la cause de ces effondrements subits : l'impact de comètes et d'autres types de débris cosmiques. L'idée qu'un impact d'objet cosmique mena à l'extinction des dinosaures – présentée par le prix Nobel Luis Alvarez en 1980 – a pavé le chemin pour l'acceptation plus large de la théorie selon laquelle la majeure partie de l'histoire de la Terre fut façonnée par des cataclysmes périodiques, y compris ceux qui ne viennent pas de notre planète mais d'ailleurs.

Il est facile de comprendre en partie pourquoi l'idée de tels bouleversements catastrophiques dans notre histoire a été difficile à accepter dans le monde moderne. Alors que la Terre a connu tant de bouleversements et de catastrophes dramatiques au cours de toute son histoire géologique, comparativement aux périodes passées, nous avons l'impression d'avoir vécu dans une

---

183 Averil Camson, Bryan Ward-Perkins, Michael Whitby, éd., *The Cambridge Ancient History* (Cambridge, U.K. : Cambridge University Press, 2001).

184 G. Ernest Wright, « The Archaelogy of Palestine », in *The Bible and the Ancient Near East : Essays in Honor of William Foxwell Allbright* (Garden City, N.Y. : Doubleday, 1961).

ère chaude, hospitalière et douce au cours des 2.000 ans passés – dans un monde où ne se sont produits que quelques désastres, où la civilisation s'est étendue, et où la population a augmenté de façon exponentielle.

Résultat : au XIXe siècle les hommes étaient satisfaits, croyant vivre sur une planète particulièrement stable et sûre. Cette idée était renforcée par la théorie de l'évolution, qui insistait sur l'idée que les changements se produisent d'une manière graduelle et ordonnée. Il n'y avait certainement pas de preuves du contraire – les seuls représentants de la période glaciaire étant hors de vue dans les régions polaires du monde, ou confinés sur les versants nord de haute montagne. Il n'y avait pas de grandes inondations. Dans les mémoires, aucune comète n'était entrée en collision avec la Terre. Le temps des découvertes archéologiques commençait tout juste, et personne ne savait que des histoires de destruction se cachaient sous la surface du sol dans tout le monde ancien.

Mais les preuves de telles histoires ne se trouvent pas uniquement dans les ruines de sites anciens. Des études sur les anneaux des troncs arbres et des recherches sur les phénomènes astronomiques confirment également la véracité de l'histoire catastrophique de la Terre. Ce n'est pas une image réconfortante. Et bien qu'aucune civilisation n'ait été détruite au cours des deux derniers millénaires, nous avons connu des cataclysmes relativement récents qui pourraient présager un futur sombre et désastreux.

Certains des plus violent tremblements de terre qui aient ébranlé notre planète se sont passés au cours des 60 dernières années. En 1960, le séisme le plus fort ayant été enregistré – 9,5 sur l'échelle de Richter – dévasta le Chili et généra un tsunami haut de 10 mètres qui balaya des villages entiers, et traversa le Pacifique jusqu'à Hawaii où il tua 61 personnes. Un tremblement de terre violent de 9 sur l'échelle de Richter frappa Assam au nord-est de l'Inde en 1950, un autre de 9,2 secoua Prince William Sound dans l'Alaska en 1960, tuant 25 personnes et entraînant un tsunami qui emporta 101 autres vies.

En 1976, la Chine fut touchée par des séismes les plus destructifs et dévastateurs que la nation ait connu au XXe siècle, décimant environ 600.000 personnes dans la province de Shan. Une partie (50 km^{2}) de la ville de Haicheng fut soulevée. Un séisme massif tua 10.000 personnes en 1985 à Mexico, et un autre 25.000 personnes en 1988 en Arménie. L'Iran, le Japon, Taiwan, le Salvador, et aux Etats-Unis, Oakland, la Californie et Seattle ont été frappés par des tremblements de terre dans un passé récent.

Les volcans sont aussi entrés très fréquemment en éruption au cours des 4 derniers siècles – c'est-à-dire assez récemment d'un point de vue géologique. En 1783, le volcan Laki en Islande se réveilla, ce qui entraîna la perte du bétail de l'île et une pénurie de récoltes due aux pluies acides. Presque 10.000 personnes succombèrent à la famine. En 1792, un vieux dôme de lave s'écroula durant l'éruption du volcan Unzen au Japon, provoquant une avalanche et un tsunami qui fauchèrent 14.300 personnes.

En 1815, la plus grande éruption volcanique enregistrée eut lieu sur l'île Sumbawa en Indonésie, tuant presque 100.000 personnes. Les effets de l'éruption se manifestèrent en un changement temporaire du climat mondial. Ce climat changea aussi en 1883 lors de l'explosion de l'îlot volcanique de Krakatoa en Indonésie qui tua 36.000 personnes.[185] Les débris de l'éruption du

185 NdT : dans *Les Grands bouleversements terrestres* (Paris : le jardin des Livres, 2004), Velikovsky nous précise que l'éruption du Krakatoa et les séismes provoquèrent un raz de marée avec des vagues hautes de 30 mètres, se répercutant sur les marées de la côte est de l'Afrique et la côte ouest de l'Amérique, et que le bruit de l'explosion s'entendit même à quelque 5000 km de là.

mont Tambora sur l'île de Sumbawa en 1815 mirent un an à se répartir autour du globe, et, à cause de son effet sur le climat mondial, l'année qui suivit restera comme « *l'année sans soleil* ». Les journaux intimes s'accordent sur le record de temps froid durant l'hiver 1816 ; en Angleterre, il neigea en juin et il gela en juillet et août. Il advint de graves pénuries de nourriture un peu partout dans le monde et il y eut de nombreux morts, dus à la famine et à ses conséquences, des pandémies de choléra et de typhus.

A une époque plus récente, en 1982, El Chicón entra en éruption au Mexique, envoyant suffisamment de fumées et de cendres dans l'atmosphère pour refroidir modérément l'hémisphère nord. En 1985, l'éruption du Nevada del Ruiz en Colombie provoqua un gigantesque glissement de boue qui ensevelit une ville entière, tuant 25.000 personnes. En 1997, une éruption continuelle sur l'île de Montserrat rendit inhabitable les deux tiers de l'île. Et en 1991, le mont Pinatubo aux Philippines cracha un panache de cendres volcaniques à plusieurs kilomètres de hauteur, jusque dans la stratosphère lors de son éruption la plus violente du XXe siècle. La cendre recouvrit une surface de presque 500 km^2 autour du volcan et 25 millions de tonnes de dioxyde de soufre se retrouvèrent dans l'atmosphère, ce qui amena des répercussions sur le climat mondial pendant un an.

Mais les menaces sur la stabilité de la planète ne viennent pas seulement de l'intérieur. En 1994, la comète Schoemaker-Levy 9 envoya 21 fragments (dont le plus large faisait 2,5 kilomètres de diamètre) s'écraser sur la planète Jupiter, un spectacle cosmique dont les astronomes parlent encore. Mais bien que les impacts aient été spectaculaires depuis notre position, nous ne pouvons qu'imaginer la dévastation qui suivrait la collision d'une comète ou d'un astéroïde avec la Terre.

Un tel événement se produisit il y a presque 600 millions d'années dans le sud de l'Australie, dans la région du lac Acraman, et la preuve de la collision est toujours visible. Selon le scénario établi par les scientifiques, un météorite de pierre de 3 kilomètres de diamètre voyageant à 80.000 km/h se jeta dans une région de roche volcanique rouge à 400 kilomètres au nord de l'actuelle Adélaïde. En l'espace de quelques secondes, le météore se vaporisa en une boule de feu qui creusa un cratère de 3,5 kilomètres de profondeur et de plus de 30 kilomètres de diamètre. Mais ce n'est pas tout. L'impact engendra un tremblement de terre suffisamment puissant pour déclencher des tsunamis de 90 mètres dans une mer peu profonde à 300 kilomètres. Des débris – dont des étincelles – tombèrent sur la région, sur des kilomètres, et ces vestiges sont toujours éparpillés au milieu du paysage.

L'une des plus grandes catastrophes à frapper la planète se produisit il y a 65 millions d'années, selon les scientifiques, lorsqu'un astéroïde de presque 10 kilomètres de diamètre creusa un cratère de la taille de la Belgique à la surface de la Terre. L'impact envoya un nuage de débris qui modifia tant le monde et obscurcit tant l'atmosphère qu'à l'époque 70% des formes de vies sur la planète – dont les dinosaures – furent décimées.

Le Dr. Victor Clube, du département d'Astrophysique de l'université d'Oxford, pense que l'impact d'autres comètes ou astéroïdes sur Terre n'est qu'une question de temps. Il est convaincu que les collisions de ce genre se sont régulièrement produites dans l'histoire de l'humanité. En 1990, dans un article du *London Times*, il avertit que « *l'affaire mérite que l'on s'y intéresse de toute urgence. Il est crucial que chacun prenne conscience du danger.* »[186]

---

186 Nick Nuttall, « A cosmic Trail with Destruction in Its Wake », *London Times*, 14 mai 1990.

Sa plus grande peur est qu'un hiver nucléaire soit provoqué par ce qu'il appelle de « *multiples bombardements Tunguska* » – d'après le nom de l'explosion qui se produisit le 30 juin 1908 en Sibérie dans la région de Tugunska – rappelant que lorsqu'un objet relativement petit explose sur une région en s'approchant de la Terre, le résultat est la dévastation d'une région sur 40 kilomètres. Clube prévoit que les particules d'un impact de comète assombriraient le ciel et engendreraient une période d'obscurité[187].

Selon les anciennes chroniques du Pérou, d'Égypte et de Grèce, il y a eu d'autres époques dans l'histoire où le soleil était soit masqué, soit présent pendant que les étoiles tombaient du ciel. Il est clair que ce sont là des récits d'impacts de divers types de débris cosmiques sur Terre. Ces récits auraient dû nous amener à réaliser ce qu'essayaient de nous transmette nos ancêtres : nous avertir que la Terre connaît des cataclysmes périodiques dans une fenêtre de temps prévisible.

Mais quelle est cette fenêtre de temps ?

S'il existe des tremblements de terre ou des éruptions volcaniques périodiques, il faut les établir. Nous n'avons alors pas grand chose à faire pour nous préparer à ces catastrophes. Nous sommes toutefois mieux placés concernant les bombardements cosmiques et les cycles des futures périodes glaciaires. Les rapports entre la Terre et l'environnement cosmique affichent une certaine régularité. Selon les scientifiques, des impacts de type Tugunska se produisent à peu près tous les 100 ans alors que les bombardements multiples comme les prévoit l'astronome Clube n'arriveraient que tous les 3.000 à 5.000 ans.

---

187 Note JdL: Voir son livre « Hiver Cosmique », publié en 2006 par le Jardin des Livres.

L'ensemble Taurid de météores, météorites et astéroïdes, et la comète Enke ont été probablement des dangers célestes importants et régulièrement visibles depuis la dernière période glaciaire jusqu'à présent. Les astronomes pensent généralement que la Lune fut créée à partir de la matière rejetée quand la Terre était jeune et qu'elle tournait comme une folle au moment de la création du système solaire. Ils sont à présent certains que la Terre fut heurtée par une autre planète qui oscillait autour du Soleil sur une orbite semblable à celle de notre monde. La théorie de la formation de la Lune actuellement reconnue se concentre sur une collision de biais entre une proto-Terre et un corps de la taille de Mars. Résultat de ce choc, notre actuelle Lune fut arrachée du corps de la proto-Terre et resta prisonnière de son champ gravitationnel. Ce qui resta de cette première Terre s'installa ensuite dans un espace vide où ne se trouvait aucune planète et adopta son orbite en tant que troisième planète à partir du Soleil.

Cette nouvelle théorie ressemble fortement à un récit sumérien vieux de 5.000 ans, qui se trouve dans l'ouvrage de Sitchin, *La 12e planète*. D'après les Sumériens, le système solaire connut un cataclysme majeur sous la forme d'une collision entre deux planètes. Le résultat de la collision fut que l'une des planètes – Tiamat – fut scindée en deux. Ensuite, un satellite de l'autre planète s'écrasa sur l'une des moitiés de Tiamat, créant la Terre, et la Terre nouvellement formée alla frapper l'autre moitié de Tiamat, la brisant en mille morceaux qui formèrent ainsi la ceinture d'astéroïdes de notre système solaire.[188]

Même si dans le récit sumérien, la Terre entre en collision de plein fouet avec Tiamat, au lieu d'une collision sur le côté, l'histoire est de toute façon particulièrement similaire à l'actuelle théorie de la formation de la Terre et de la Lune. Sitchin conclut ainsi :

---

188 Zecharia Sitchin, *The 12th Planet* (Rochester, Vt. : Bear and Co., 2002).

« *Qui plus est, on nous offre, pour la première fois, une explication cosmogonique-scientifique cohérente des événements célestes qui ont mené à la disparition de la "planète manquante", et de la création de la ceinture d'astéroïdes (plus des comètes) et de la Terre qui en résulta* [...] *Nous avons aussi la réponse aux questions suivantes : pourquoi les continents de la Terre sont-ils concentrés sur l'un de ses côtés et pourquoi une cavité profonde (l'océan Pacifique) se trouve-t-elle du côté opposé ?*[189]

La « *planète manquante* » à laquelle Sitchin fait référence et qu'il appelle Niburia, est connue par les astronomes sous le nom de planète X. Selon le scénario sumérien, la planète qui détruisit Tiamat – la planète X – prit une orbite très elliptique qui l'envoya plus loin que Pluton à son aphélie[190], et largement à l'intérieur des orbites de Jupiter et Mars quand sa propre orbite était au plus près du Soleil.

Les astronomes ont mathématiquement établi la nécessité d'une planète entre Mars et Jupiter. La planète X n'a pas été localisée : toute planète qui voyage derrière l'orbite de Pluton ne réfléchirait pas assez de lumière pour être visible, même avec les télescopes les plus puissants. Néanmoins ils présument qu'elle se trouva là car quelque chose attire Pluton et rend son mouvement erratique. D'après Sitchin, les Sumériens ont estimé que l'orbite de la planète X/Niburia est équivalente à 3.600 ans environ, ce qui signifie qu'un autre rendez-vous avec les planètes « internes » du système solaire est proche.

Ce retour d'une planète ayant engendré le cataclysme par lequel fut créée notre planète ne fait que souligner notre vulnérabilité. Le 8 janvier 2002, un astéroïde passa près de la Terre, nous ratant de 800.000

---

189 Ibid.
190 NdT : point, sur une orbite, le plus éloigné par rapport au Soleil.

kilomètres. Les conséquences catastrophiques de l'impact d'un tel astéroïde auraient provoqué une destruction à grande échelle, des tremblements de terre et des tsunamis. Ce fut le second coup manqué inespéré en une douzaine d'année et il prit les astronomes par surprise ; il ne l'observèrent que le 26 décembre. Lorsqu'on l'interrogea sur ce qui aurait pu être fait pour se préparer à une collision dans un si bref délai, Steven Pravado, directeur du programme NEAT[191] de la NASA répondit : « *Il n'y a guère de réponse* ».[192]

Lors des 40 dernières années, le nombre et l'intensité des désastres ont augmenté. Un nombre record a été enregistré durant l'année 2000 et l'on pense que la tendance à la hausse va se poursuivre, d'après les recherches menées par les plus grands agents de réassurance du monde, dont les compagnies assurant des entités comme le World Trade Center. D'après les calculs des Mayas, le Cinquième Soleil se terminera en 2012, et sera précédé de 8 années d'un nombre de cataclysmes croissant – cette « fenêtre » cataclysmique devant s'ouvrir en 2004. De nombreux sismologues, météorologues et astronomes s'accordent à dire que notre chance ne durera pas longtemps : la planète attend un tremblement de terre majeur, une tempête extrême, ou un impact de comète ou d'autre objet céleste.

Bien que Solon et Platon aient raconté des catastrophes similaires en des temps anciens, et Solon les rapporta à ses contemporains, les générations suivantes oublièrent vite que les hommes les avaient subies. Peut-être que certains de ces cataclysmes furent oubliés en raison de la destruction des témoignages écrits anciens, que ce soit par des conquérants comme Alexandre le Grand ou Cortés, ou par des calamités comme l'incen-

---

191 Ndt : Near Earth Asteroid Tracking : dépistage d'astéroïdes proches de la Terre.

192 Associated Press, « Asteroid Big Enough to Raze France Zips by Earth », *Seattle Times*, 9 janvier 2002.

die de la bibliothèque d'Alexandrie. Compte-tenu de notre connaissance de la catastrophe qui mit fin à la période des dinosaures et du flamboyant spectacle dont nous avons été témoin lorsqu'une comète entra en collision avec Jupiter en 1993, il serait peut-être de notre intérêt de nous rappeler les choses, mais aussi de s'intéresser aux prophéties de nos ancêtres comme les Mayas au sujet des grands cycles ou âges de l'homme et des cycles destructeurs de notre planète. Car dans ces prophéties, la race de la Genèse nous a légué une certaine connaissance de notre futur et la manière dont nous pourrions le prédire.

~ 22 ~
LA FIN DU MONDE

Il existe une convergence inhabituelle et mémorable entre le grand cycle zodiacal, le cycle de précession de 26.000 ans et la fin du Cinquième Soleil d'après la légende maya, et l'ultime jour de la fin des temps d'après l'*Apocalypse*, dernier livre du Nouveau Testament.

Selon la croyance chrétienne, Jésus Christ régnera après le Second Avènement sur un Nouveau Royaume pendant 1.000 ans. La vie sur Terre ne sera pas finie ; les 5.000 ans d'histoire précédents dans la Bible seront balayés quand le Christ reviendra, et la Terre et le Ciel seront à nouveau créés. Alors que le commencement d'un nouvel âge et d'une nouvelle Terre semble grisant et plein de promesses, si en fait nous nous approchons de la fin des temps, le chemin y menant depuis ce jour jusqu'à la fin de l'âge de fer, ou Cinquième Soleil, est pavé de conflits, de conflagrations et de désastres terribles. L'*Apocalyspe* 6:12-14 nous dit :

> *« Et je regardai lorsqu'il brisa le sixième sceau, et il y eut un grand tremblement de terre ; et le soleil devint noir comme l'étoffe de crin, et toute la lune devint*

comme du sang ; et les étoiles du ciel tombèrent sur terre, comme un figuier fait tomber ses figues vertes quand il est secoué par un grand vent. Et le ciel se retira comme un rouleau quand on le roule; et toutes les montagnes et les îles furent déplacées ».

Le séisme qui semble être décrit ici est un désastre global d'une magnitude énorme, déplaçant « *toutes les montagnes et les îles* ». Après un certain temps, le septième sceau est ouvert et les résultats sont décrits dans L'*Apocalyspe* 8:7 : « *Et la grêle vint, et le feu, mêlés de sang, et ils furent jetés sur la terre; et le tiers de la terre brûla, et le tiers des arbres brûla, et toute l'herbe verte brûla.* »

La fin du Cinquième Soleil est décrit dans les récits mayas et aztèques comme un temps de tremblements de terre si violents qu'ils en secoueront les étoiles à les faire tomber et que le feu pleuvra du ciel. Les deux prophéties sont terriblement semblables. Ces trente dernières années, bien des livres ont été écrits sur les prédictions relatives à la fin des temps. Tant les morts et les bombardements des guerres du siècle dernier et du début de ce millénaire, que l'aube de l'ère atomique avec Hiroshima et Nagasaki indiquent quel genre et quel niveau de dévastation et d'anxiété accompagneraient la fin du Cinquième Soleil.

De même, la dégradation de la terre et des habitats due à la pollution, au développement et à d'autres actions destructives des hommes, la résurgence des maladies infectieuses qui avaient été éradiquées depuis longtemps et l'apparition de nouveaux virus et de nouvelles maladies, la menace grandissante de la course aux nouvelles armes nucléaires et du terrorisme – tout ceci a rendu notre planète de plus en plus dangereuse et imprévisible. Et nous ne pouvons pas d'avantage compter sur la stabilité de notre climat.

Les scientifiques nous préviennent que si nous ne ralentissons pas nos émissions dans l'environnement et si nous ne nous concentrons pas à préserver les forêts et les espaces verts de la planète, nous allons connaître une ère de réchauffement global sans précédent qui fera fondre les calottes glaciaires et inondera nos villes côtières. Il n'est pas difficile de plaider la cause captivante du jour du Jugement dernier qui approche. Mais sont-ce là les pires heures ? L'humanité n'a auparavant jamais connu un climat si doux et des conditions si favorables que ceux de ces 3.000 dernières années. La population mondiale est passée à 6,5 milliards et s'est répandue aux quatre coins du monde. De plus en plus de personnes bénéficient des niveaux de vie les plus élevés de notre histoire, la médecine moderne guérit des maladies autrefois mortelles, et notre espérance de vie a augmenté de presque 30% sur les 100 dernières années.

Encore que pour de nombreux astronomes et sismologues, il n'est pas question que la Terre connaisse, à un certain point, une répétition des types de catastrophes dont elle a souffert par le passé. Notre histoire, des observations et études scientifiques, ainsi que la loi des probabilités appuient cette conclusion. Les Mayas et les prophètes bibliques prédirent aussi une calamité de mesure à détruire la civilisation. La question qui se pose à nous est : quand ?

Alors que les prêtres mayas donnèrent une date spécifique qui se traduit par le 24 décembre 2012, aujourd'hui nos scientifiques ne peuvent pas se prononcer de manière sûre. Nous ne pouvons que regarder, en utilisant nos connaissances pour en prédire le plus possible, tout comme le firent les anciens.

~ 23 ~
ASCENDANTS COSMIQUES

Les premiers gros titres sur les « soucoupes volantes » alarmèrent le monde le 26 juin 1947 – et nous venons récemment de passer le cinquantième anniversaire. Les lecteurs de « *L'Arrivée des soucoupes* » dans le premier numéro de *Fate,* apprirent que le 24 juin 1947 Kenneth Arnold, un pilote privé, survolait la chaîne montagneuse des Cascades à la recherche d'une épave d'avion, un C-46. Il voulait la récompense de 5.000 dollars qui avait été offerte à quiconque localiserait l'épave.

Bien qu'il ne l'ait jamais retrouvée, ce qu'il vit lui assura un nom dans les annales de l'histoire des ovnis. Alors qu'il sortait d'un virage au dessus de Mineral, dans l'Etat de Washington, il vit 9 objets de la forme d'un disque, volant à une vitesse qu'il estima à 2.700 km/h. Le jour suivant, il témoigna face aux journalistes du journal local. De là, l'histoire parvint à l'agence Associated Press et en l'espace de quelques jours des témoignages similaires furent signalés dans la région. Un journaliste fit la « une » en inventant l'expression « *soucoupe volante* », se référant à la forme du vaisseau que le pilote avait rencontré – bien que les descriptions d'Ezéchiel soient en réalité plus évocatrices, dont son « *grand nuage avec du feu étincelant sans cesse, et une lumière vive, autour et en son centre quelque chose qui brillait comme du métal au milieu du feu* » (*Ezéchiel* 1:4). Ceci ressemble à la description explicite d'une fusée entrant dans l'atmosphère terrestre, qui serait surchauffée et rougeoyante, comme nous le savons à présent de par notre expérience pour avoir voyagé au-delà de notre atmosphère.

Trois millénaires se sont écoulés depuis les événements décrits dans l'Ancien Testament. Depuis, les interprétations théologiques de la Bible ont fait ressortir le côté indirect et allégorique – tant et si bien qu'il semble que nombre de versets de la Bible manquent d'une vérité manifeste : nous ne sommes pas seuls dans l'univers et nous avons reçu des visites par le passé. Même le Nouveau Testament y fait allusion. Peut-être est-il significatif que l'étoile de Bethléem, qui força l'attention, tourne dans les cieux différemment des autres étoiles : « *et l'étoile qu'ils avaient vue à l'est, continua devant eux, et se tint au-dessus de là où se trouvait l'Enfant* » (*Matthieu* 2:1).

Erich von Däniken, l'auteur des *Chariots of the Gods ?* fut le premier écrivain moderne et chercheur indépendant à associer aux dieux les anciens vestiges mystérieux du monde, pendant que l'auteur Immanuel Velikovsky semble être le premier à réaliser que l'Ancien Testament pourrait faire référence aux visiteurs arrivant sur terre depuis une autre planète. Dans un article intitulé « *Nefilim* », Velikovsky écrit :

> « *L'histoire racontée dans la Genèse 6 au sujet des fils de Dieu (* bnei Elim *) venant vers les filles des hommes, est habituellement expliquée comme faisant ré-*

férence à un clergé avancé qui se mélangeait avec des membres de tribus moins développées. [...] *Mais si nous sommes aujourd'hui à la veille d'un voyage interplanétaire, nous ne devons pas déclarer comme absolument impossible l'idée que cette terre fut visitée, il y a très longtemps, par un peuple d'une autre planète.* [...] *D'après ce que je comprends de ce passage du Livre de la Genèse, c'est littéralement un vestige traitant d'une visite d'êtres intelligents issus d'une autre planète* ».[193]

Le best-seller de Velikovsky, *Mondes en collision*, fut publié plusieurs années avant le *Chariots of the Gods ?* paru en 1969. Comme Velikovsky, von Däniken a basé sa théorie des dieux de l'espace essentiellement sur les interprétations originales des mythologies anciennes. Ses mots poussèrent certainement ses lecteurs à réfléchir et à poser des questions pertinentes sur l'incroyable histoire de la planète Terre et sur les artefacts qui ont été retrouvés à travers le monde. Bien que sa théorie n'ait pas été formulée en termes scientifiques, elle a accompli bien plus que toute autre théorie scientifique en captivant l'imagination des masses.

Qu'un scientifique avec des références comme celles de Francis Crick ait participé au débat, témoigne du pouvoir de la théorie selon laquelle la vie est venue d'ailleurs dans l'univers. Crick ne s'intéressait pas à la Grande Pyramide ou aux autres monuments et vestiges qui pourraient avoir été le résultat de l'influence des dieux. Son idée, présentée dans son livre *Life Itself*, sur une civilisation avancée qui a envoyé sur Terre des fusées portant des germes de vie, fut encore plus controversée que les hypothèses sur les origines des anciens monuments. Il alla même très loin en décrivant la possible construction des vaisseaux ayant livré leur cargaison vivante.

---

193 Immanuel Velikovsky, « Nefilim », www.varchive.org/itb/nefilim.htm.

L'astronome Fred Hoyle et son coauteur N. Chandra Wickramasinghe intervinrent dans le débat avec leur ouvrage, *Lifecloud : The Origin of Life in the Universe*. Convaincus comme Crick que l'évolution ne pouvait avoir créé la vie telle que nous la connaissons sur Terre, ils présentèrent l'idée qu'elle pourrait être arrivée de l'espace intersidéral en voyageant sur des ondes de lumière flottant entre les étoiles ou sur des comètes. Selon eux, les organismes qui sont arrivés sur Terre avec leur code génétique auraient pu être des organismes simples comme les bactéries. Toutefois, les scientifiques et les créationnistes critiquèrent fermement la théorie de panspermie avancée par Crick et Hoyle.

A peu près à la même époque de la rédaction de ces livres, les Etats-Unis lancèrent un programme spatial, envoyèrent des hommes sur la Lune, et embrayèrent à toute allure sur l'exploration spatiale. Il est intéressant de noter qu'en dépit du fait que nos astronautes aient signalé des « *boggeys* »[194] – code de la NASA pour les ovnis – on disait toujours au public que de telles choses n'existaient pas.

Néanmoins la notion d'objets volants non-identifiés nous rendant visite depuis un espace intersidéral hors de portée captiva la curiosité du public. Bien sûr, il existait d'un côté des sceptiques endurcis qui ne croyaient à aucun des témoignages, même ceux des plus expérimentés pilotes de lignes commerciales ou astronautes, et d'un autre côté des passionnés d'ovnis qui croyaient tous les récits, y compris les plus incroyables.

A la fin des années 70 et 80, des films comme *Rencontre du troisième type* et *E.T.* alimentèrent le sujet d'une vie « extérieure » rendant visite à la Terre, sujet qui est depuis devenu l'objet d'émission radio, de séries télévisées (*X Files, Aux frontières du réel*), de centaines d'articles et des douzaines de livres.

194 NdT : mot signifiant, toutes connotations confondues, spectre, fantôme, hantise et bête noire.

Sur ces vingt dernières années, certaines idées concernant ces visiteurs ont saisi les média et l'imagination populaire : on dit que les extra-terrestres sont d'apparence frêle, grise, et ressemblent aux hommes, avec de larges têtes et des yeux en forme d'amande. Il est peut-être significatif que nous ne les concevions pas comme des hommes ; ils sont d'une espèce tout autre. Il semble que les dieux d'autrefois aient été remplacés par des êtres qui ne sont pas du tout comme nous. Dans tous les récits anciens, les dieux supposés venus de loin pour nous donner un enseignement sont décrits comme des êtres humains. Peut-être que ces visiteurs décrits par des personnes kidnappées ne sont pas les mêmes que ceux qui nous ont rendu visite par le passé.

Un autre mythe populaire se trouve dans l'idée que le gouvernement américain est depuis longtemps au courant de l'existence des extra-terrestres et de leurs vaisseaux – comme le prouvent, selon les dires de nombreuses personnes, l'incident de Roswell et les commentaires émis par le général Douglas MacArthur. Homme n'ayant pas la langue dans sa poche et ne mâchant pas ses mots, MacArthur prévint en 1955 : « *Les nations du monde devront s'unir, car la prochaine guerre sera une guerre interplanétaire. Les nations de la Terre devront un jour faire front commun contre l'attaque de peuples d'autres planètes.* »[195]

Hormis la nature de nos contacts actuels ou futurs avec les extra-terrestres, des découvertes récentes suggèrent de plus en plus fréquemment la véracité de la théorie selon laquelle la vie sur Terre était le résultat d'une série d'interventions menées par une civilisation extra-terrestre.

La découverte de sites archéologiques sous l'eau menace les théories orthodoxes de l'évolution et l'histoire humaine, pendant que d'autres découvertes ont

195 Gregory M. Kanon, *The Great UFO Hoax : The Final Solution to the UFO Mystery* (Lakeville, Minn. : Galde Press, 1997).

servi à établir la validité de la théorie de la panspermie. Le 20 décembre 2001, la NASA annonça qu'une équipe de chercheurs avait découvert des molécules d'hydrate de carbone (glucides ou sucres) et plusieurs composés organiques voisins sur deux météorites. Bien que les composés à base de carbone tels que les acides aminés et les acides carboxyliques aient été précédemment découverts sur des météorites, ce fut la première preuve de la présence de glucides. La découverte donna la première preuve physique qu'un des blocs de construction fondamentaux de la vie sur Terre pouvait provenir de l'espace intersidéral. Elle indiquait aussi la possibilité que la vie sur d'autres planètes avait commencé à partir des mêmes germes qui furent à l'origine de la vie sur Terre.

Nous avons vu que l'histoire humaine ne s'est pas nécessairement déroulée comme les modèles orthodoxes auraient voulu nous le faire croire. Elle est pleine de mystères, de virages et de détours inattendus, preuve d'une civilisation géniale et avancée se présentant à une époque qui paraîtrait impossible, si l'on se base sur notre préhistoire, déviant radicalement des millions d'années de développement pour suivre un cours qui va à l'encontre de tout dogme basique de la théorie de l'évolution.

Nous avons vu que des millions de tonnes de pierres taillées étaient d'une façon ou d'une autre utilisés pour construire des pyramides, des plate-formes et d'autres structures monumentales par les anciens peuples d'Égypte, du Mexique, du Pérou, de Mésopotamie et de Chine pour des raisons que nous n'avons pas résolues et qui demeurent énigmatiques.

Mais grâce aux études, nous avons découvert que ces structures semblent avoir été placées de manière stratégique en tant que repères géodésiques, et que des connaissances hautement poussées en astronomie, en mathématiques et en ingénierie étaient intégrées dans leur construction. En un sens, les vestiges des civilisations anciennes éparpillées à travers le monde sont des livres ouverts dans lesquels nous pouvons lire la preuve qui appuie la théorie selon laquelle la civilisation humaine a débuté lors de l'intervention intelligente d'une source extra-terrestre déjà avancée. Pendant que ces vestiges archéologiques suggèrent une explication sur la façon mystérieuse dont la civilisation a explosé il y a des millénaires, notre ascendance cosmique est évoquée dans les récits anciens venant de Mésopotamie, d'Égypte, de Mésoamérique, du Pérou, et dans les mythes et les histoires de la création issus de ces cultures.

Il nous suffit de regarder notre histoire plus récente pour voir à quel point notre loyauté à des modèles préconçus a entravé notre progression. Tant que les Européens crurent que le Soleil tournait autour d'une Terre plate, aucun progrès ne fut possible dans la cartographie ou l'astronomie, et aucune exploration du monde extérieur ne pouvait avoir lieu. Ce ne fut que lorsque le modèle fut défié que nous progressâmes dans notre connaissance et notre compréhension.

Pareillement, si nous défions le concept historique orthodoxe de nos origines, nous pourrions y gagner le même prix, celui d'un savoir et d'une compréhension accrus. Pour ce faire, nous n'avons pas besoin d'adhérer au concept d'extra-terrestres grêles aux cortex surdimensionnés. Comme nous l'avons vu, les dieux qui créèrent les hommes modernes et leur donnèrent l'agriculture et les arts de la civilisation étaient décrits par les anciens comme humains, bien que très avancés. Le dieu de la Bible, Viracocha, Quetzalcoatl et tous les dieux des Sumériens étaient décrits comme des hommes – comme nous.

Aujourd'hui, avec notre base technologique progressant rapidement, nous accomplissions la mission cosmique que la race de la Genèse nous a léguée voici des millénaires. Nous sommes finalement les héritiers génétiques, ou un paradigme ADN, qui comprend l'exploration spatiale, une connaissance des mathématiques et de la physique s'accroissant sans cesse, et la capacité de manipuler des gènes en bio-ingénierie. Dans notre quête et l'acquisition de tout ceci, nous répétons les progrès que nos ancêtres terrestres attribuaient aux dieux – nos ancêtres cosmiques.

En ce début de XXIe siècle, il n'est pas si scabreux ou tiré par les cheveux d'imaginer que nous pourrions bientôt conduire nos propres expérimentations génétiques sur des planètes distantes. Et que diraient leurs habitants primitifs au sujet de notre aspect et de notre conduite ? Sans doute, que nous sommes des dieux possédant des pouvoirs divins – ou même magiques.

~ Bibliographie ~

Aitchison, L A *History o f Metals*. New York Interscience 1960.

Argüelles, José. *The Mayan Factor: Path Beyond Technology*. Santa Fe: Bear and Co., 1987.

Aveni, Anthony F. *Skywatchers o f Ancient Mexico*. Austin: University of Texas Press, 1980.

Behe, Michael. *Darwin's Black Box*. New York: Simon and Schuster, 1998.

Bellamy, H. S. *Built Before the Flood: The Problem of the Tiahaunaco Ruins*.London: Faber and Faber,1943.

Bierhorst, John. *The Mythology o f South America*. New York: William Morrow, 1988.

Campbell, Joseph. *The Hero with a Thousand Faces*. New York: MJF Books, 1996.

Cochrane, E. *The Many Faces o f Venus: The Planet Venus in Ancient Myth and Religion*. Ames, Iowa: Aeon Publishers, 1997.

Coe, Michael D. *The Maya*. London: Thames and Hudson, 1991.

Coe, Michael and Richard A. Diehl. *In the Land o f the Olmec*. Austin: University of Texas Press, 1980.

Crick, Sir Francis. *Life Itself. Its Origin and Nature*. New York: Simon and Schuster, 1981.

Darwin, Charles. *The Origin o f Species*. Harmondsworth, Middlesex, U.K.: Penguin, 1985.

de Landa, Diego. *Yucatdn Before and After the Conquest*. Translated by William Gares. New York: Dover, 1978.

Denton, Michael. Evolution: *A Theory in Crisis*. Bethesda, Md.: Adler and Adler, 1986.

Editors of Time-Life Books. *Mystic Places*. Alexandria, Va.: Time-Life Books, 1987.

Epic of Gilgamesh. Harmondsworth, Middlesex, U.K.: Penguin Classics, 1988.
Fiedel, S. J. *The Prehistory of the Americas*. Cambridge, U.K.: Cambridge University Press, 1992.
Gould, Stephen Jay. *Wonderful Life; The Burgess Shale and the Nature of History*. New York: W. W. Norton, 1989.
Gray, Louis Herbert and George Foot Moore, editors. *Mythology of All Races*. New York: Cooper Square Publishers, 1964.
Hancock, Graham. *Fingerprints o f the Gods*. New York: Crown, 1995.
Hausdorf, Hartwig. *The Chinese Roswell: UFO Encounters in the Far East from Ancient Times to the Present*. Boca Raton, Fla.: New Paradigm, 1998.
Hemming, John. *The Conquest of the Inca*. New York: Macmillan, 1993.
Hoyle, Fred. *The Intelligent Universe*. New York: Holt, Rhinehart, and Winston, 1983.
Imbrie, John and Katherine Palmer Imbrie. *Ice Ages: Solving the Mystery*. Cambridge, Mass.: Harvard University Press, 1986.
Josephus, Flavius. Complete Works. Translated by William Whiston. Grand Rapids, Mich.: Kregel Publications, 1960.
Kolata, Alan. *Tiwanaku: Portrait of an Andean Civilization*. Cambridge, Mass.: Blackwell, 1993.
Kulmar, Tarmo. "*On the Role of Creation and Origin Myths in the Development of Inca State and Religion*." http://haldjas.folklore.ee/folklore/vo112/inca.htm
Lemesurier, Peter. *The Great Pyramid Decoded*. Rockport, Mass.: Element Books, 1996.
Leonard, Jonathan Norton. *Ancient America*. New York: Time-Life Books, 1967.
Layard, Austen H. *Nineveh and Its Remains*. New York: G. P. Putnam, 1852.
Loewe, Michael and Edward L. Shaughnessy, editors.

The Cambridge History of Ancient China (Cambridge U.K.: Cambridge University Press 1999).

Marshall, J. *Mohenjo Daro and the Indus Valley Civilization*. London, n.p., 1931.

Miller, Mary and Karl Taub. *An Illustrated Dictionary of the Gods and Symbols o f Ancient Mexico and the Maya*. London: Thames and Hudson, 1997.

Milton, Richard. *Shattering the Myths of Darwinism*. Rochester, Vt.: Park Street Press, 1997.

Mosley, M. E. *The Exploration and Explanation of Early Monumental Architecture in the Andes*. Washington, DC. Dumbarton Oaks, 1985.

Muller, Richard and Gordon McDonald. *Ice Ages and Astronomical Causes: Data, Spectral Analysis, and Mechanisms.* New York: Springer, 2002.

New American Standard Bible. Grand Rapids, Mich.: World, 1995.

Plato, Timaeus and Critias. Harmondworth, Middlesex, U.K.: Penguin Classics, 1977.

Posnansky, Arthur. Tihaunacu: *The Cradle of American Man.* New York: J. J. Augustin, 1945.

Recinos, Adriân. Popul Vuh: *The Sacred Book of the Ancient Quiche Maya*. Norman: University of Oklahoma Press, 1991.

Sasson, Jack M., editor. *Civilizations o f the Ancient Near East* New York: Scribner, 1995.

Savoy, Gene. Antisuyo: *The Search for the Lost Cities of the Amazon.* New York: Simon and Schuster, 1970.

Sitchin, Zecharia. *The 12th Planet.* Rochester, Vt.: Bear and Co., 2002.

Sitchin, Zecharia. *When Time Began*. Rochester, Vt.: Bear and Co., 2002.

Smith, Michael E. *The Aztecs* (Malden, Mass.: Blackwell, 1996).

Sparks, H. F. D., editor. *Apocryphal Old Testament*. Clarendon- Oxford University Press, 1984.

Spence, Lewis. *The Magic and Mysteries of Mexico.* Philadelphia: David McKay, 1930.

Spence, Lewis. *The Popul Vuh: The Mythic and Heroic Sagas of the Kiches of Central America* (London: David Nutt, 1908).

Tompkins, Peter. *Secrets of the Great Pyramid.* New York: Harper and Row, 1971.

Thompson, John Eric. *Maya Hieroglyphic Writing: An Introduction.* Norman: University of Oklahoma Press, 1960.

Thompson, John Eric. *Mysteries of the Mexican Pyramids.* London: Thames and Hudson, 1987.

Thompson, John Eric. *The Rise and Fall of Maya Civilization.* Norman: University of Oklahoma Press, 1954.

Velikovsky, Immanuel. *Earth in Upheaval.* New York: Pocket Books, 1977.

Velikovsky, Immanuel. *Worlds in Collision.* Garden City, N.Y.: Doubleday, 1950.

von Dâniken, Erich. *Chariots of the Gods?* New York: Putnam, 1970.

Waters, Frank. *Mexico Mystique: The Coming Sixth World of Consciousness.* Chicago: Sage Books, 1975.

TABLE DES MATIÈRES

VOUS AVEZ AIMÉ CE LIVRE ?

VOUS ALLEZ PARTICULIÈREMENT AIMER

Le Grand Dérèglement du Climat

par Art Bell et Whitley Strieber

Nous vivons en ce moment des changements de climat que les météorologues officiels se gardent bien de commenter : fontes de glaciers grands comme la France, tornades jamais vues en Floride comme en Bretagne ou en Alsace, réchauffement soudain de la Méditerranée, vents de plus en plus violents, tempêtes et pluies diluviennes, inondations soudaines et dramatiques, etc., etc.

Pour Art Bell et Whitley Strieber en revanche, ces changements ne sont que les prémices d'un immense bouleversement climatique en raison du réchauffement progressif des courants marins qui risquent tout simplement de s'arrêter et d'inverser aussi le climat.

Best-seller mondial, une minuscule partie de ce livre a directement inspiré le film *Le Jour d'Après* avec plus de 200 millions de spectateurs. A lire absolument.

« Mondes en Collision » + « Les Grands Bouleversements Terrestres » + « Le Désordre des Siècles »

Les trois livres extraordinaires du Dr Immanuel Velikovsky

Chapitres en ligne : www.jardindeslivres.com

Est-il exact que la Terre a été bouleversée par des cataclysmes sans précédent ? Comment explique-t-on la présence de mammouth en Sibérie alors que leur examen prouve qu'ils vivaient dans un climat tempéré ?

Et pourquoi ont-ils tous été décimés d'un seul coup ? D'où viennent les palmiers retrouvés dans les pôles ? Pourquoi 2000 ans avant J-C, les astronomes ne dessinaient-ils jamais la planète Vénus? Comment expliquer le mythe grec de la « Naissance de Vénus » si merveilleusement illustré par Botticelli ? Pourquoi les romains disaient-ils qu'Athéna est née de Jupiter pour aller se battre avec Mars ? Pourquoi les océans se sont-ils massivement déplacés et les jungles transformées en désert ?

Comment expliquer que le papyrus égyptien Ipuwer, en plus des textes aztèques, chinois et mayas, confirment ce que la Bible présente sous forme des dix plaies d'Egypte ? Pourquoi les scientifiques enregistrent-ils des inversions de polarité dans les rochers anciens ?

Et pourquoi cet ouvrage est-il le plus combattu de tous les temps ?

Dans ce livre, le plus censuré de l'histoire de l'édition moderne, le Dr Immanuel Velikovsky répond de manière si révolutionnaire qu'on en ressort avec le choc intellectuel de sa vie car le travail de cet homme, reconnu maintenant comme l'un des plus grands génies du XXe siècle, a osé aborder ce que notre amnésie collective veut à tout prix oublier : *« Je trouve la concentration de légendes accumulées par Immanuel Velikovsky stupéfiante. Si 20% des concordances légendaires sont réelles, il y a* *quelque chose d'important à expliquer »* **Dr Carl Sagan Cette nouvelle édition contient la biographie de Velikovsky, l'histoire du livre, des documents, des listes, une liste de ses découvertes incroyables ? confirmées depuis par les sondes spatiales ?, et bien-sûr le « Mondes en collision » lui-même, avec les sources.**

Revue de Presse

(quelques extraits de 1950 jusqu'à 2005 sur plus de 250.000 articles avec l'analyse de **Robert Rickard parue dans « Fortean Times »**)

« Un tremblement de terre littéraire » **New York Times** « Le Dr Velikovsky a rassemblé dans un travail monumental, des preuves issues des premières civilisations sur les cataclysmes gigantesques ayant touché la Terre en 2000 et 1000 ans avant J.C. (...) Un panorama stupéfiant d'histoires terrestres et humaines. (...) Un ouvrage magnifique » **New York Herald Tribune** « Si le Dr Velikovsky a raison, ses livres sont la plus grande contribution jamais faite aux études des civilisations anciennes » **Dr Robert H. Pfeiffer, Harvard University** « "*Mondes en Collision*" n'est que mensonges et rien que des mensonges. - Question : *Vous l'avez lu* ? - Non, je n'ai pas lu ce livre, et je ne le lirai jamais ! » **Dean MacLaughlin, Harvard University** « Aussi fascinant qu'un roman de Jules Verne... » **Reader's Digest** « Ridicule » **Times magazine** « Si vous voulez un choc intellectuel, lisez "*Mondes en Collision*" du Dr Immanuel Velikovsky » **Book of the Month Club News** « Ce livre aura un effet explosif dans le monde scientifique » **This Week** « Excitant, étonnant, surprenant, incroyable et certainement une histoire révolutionnaire de l'Univers » **Dallas Times Herald** « Ce livre pourrait affecter la manière de penser de ce siècle » **Louisville Courier Journal** « Un livre étrange et merveilleux » **Detroit News** « Gigantesque, sensationnel, génial » **Glasgow Daily Record** « Rien dans les dernières années n'a excité autant l'imagination du public » **Pageant «** Ses conclusions finales sont encore plus terrifiantes **» Newsweek «** La science elle-même, bien que la plupart des scientifiques aient considéré que son cas était définitivement enterré, se dirige dans la direction montrée par Velikovsky. Ses propos, qui semblaient tellement scandaleux et choquants lorsqu'il les a tenus à l'époque, sont maintenant très communs. La mise à l'écart de Velikovsky, ainsi que son lynchage par la communauté académique, nécessite maintenant un véritable réexamen par les scientifiques » **Harper's Magazine, août 1963** « Les travaux du Dr Immanuel Velikovsky doivent être reconsidérés » **The New Scientist, Angleterre, 1972** « Nous demandons à la communauté scientifique, dans la tradition de la véritable recherche, de continuer, sans aucun parti pris, à examiner le formidable challenge présenté par le Dr Velikovsky » **Pr Trainor, Department of Physics of Toronto, 1974** « Des thèses totalement ridicules (...) et qui ne respectent aucune loi physique » **Bulletin of the Atomic Scientist, 1964** et... « Velikovsky pourrait bien avoir raison » **Bulletin of the Atomic Scientist, 1975 (!!!)** « Velikovsky fut le scientifique le plus controversé de ce siècle... mais l'acceptation de ses travaux est maintenant inévitable » **Industrial Research & Developement, 1979** « Les observations de Vénus par la sonde Pioneer n'ont pas confirmé toutes les prédictions de Velikovsky sur sa nature (...) mais Velikovsky a aussi correctement prédit les changements de pôles de la Terre, les caractéristiques de la surface de Mars, les ondes radio de Jupiter, la température de Vénus. (...) A lui seul, Velikovsky a influencé tout le programme spatial de la NASA grâce à ses idées. L'intérêt croissant pour l'exploration des planètes dans les années 70 a été lancé et inspiré par ses théories et ses analyses » **Transactions of the American Geophysical Union, 1980** « Lorsqu'il a publié en 1950 son premier best-seller " *Mondes en Collision* " , Immanuel Velikovsky a déclenché la fureur du monde académique. Bien des mythes anciens de dévastation ou de déluge, affirmait-il, représentent une réalité factuelle des cataclysmes causés par des événements cosmiques. Et les batailles des dieux reflètent les trajectoires des objets célestes d'après lesquels ils étaient nommés » **E. Krupp, dans « Search of Ancient Astronomies » 1980** « Les recherches du Dr. Velikovsky dans les textes anciens ont révélé des histoires de feu et de cendres tombant du ciel... de lave dégoulinant de la terre... des pluies de bitume... des tremblements de terre... des océans bouillonnants... des raz-de-marée et des nuages épais de poussière recouvrant la face de la Terre. Des témoignages similaires apparaissent dans les légendes de peuples dispersés autour du monde, de la Méditerranée aux Caraïbes en passant par le Mexique » **Robert Jastrow, « Héros ou Hérétique? » in Science Digest, Oct. 1980** « Il semble que tous les mille ans nous assistons à une sorte de mini-âge glaciaire, résultat d'un bombardement provenant de l'espace. Les histoires de feu tombant du ciel dans les mythes, légendes et les archives historiques doivent être prises au pied de la lettre. Plutôt que d'être exceptionnelles, ces catastrophes sont normales tout le long de l'histoire humaine. (...) La Grande-Bretagne a vécu ces périodes de destructions massives, suivies par des années de migrations, des cieux noirs et des années sombres. Pourquoi était-ce si grave ? Les références chinoises parlent d'une comète dans l'année 442 et une pluie catastrophique de météores au cours de l'année 524. (...) Ce qui est curieux, est le niveau de la civilisation: il faut attendre 1300 ans pour retrouver le même niveau de développement. Est-ce que l'humanité a failli suivre le même chemin que les dinosaures ? » **Dr Victor Clube, Oxford University, in « The New Scientist », Angleterre, dans le numéro "anniversaire" de la catastrophe de Tungushka - Sibérie - paru le 8 septembre 1988.** « (Depuis Velikovsky) le catastrophisme est devenu très à la mode » **« Catastrophic Episodes in Earth History » par Claude Albritton, Ed. Chapman and Hall, London, 1989.** « Parmi tous ces érudits qui ont voulu réécrire l'histoire du monde, l'un d'entre eux est particulièrement célèbre. C'est Immanuel Velikovsky qui a brossé, dans ce qu'il a appelé un "*essai de cosmologie historique*", une fresque qui a obtenu un succès commercial mondial, mais non sans contrepartie. Son livre fameux, "*Worlds in Collision*", paru en 1950, a eu un double effet. Il a plu au grand public par son côté mystérieux et par le parfum d'érudition qu'il dégage en première lecture. Mais, revers de la médaille, il a contribué à faire passer Velikovsky pour un charlatan qui s'est mis la quasi-totalité de la communauté scientifique de l'époque à dos. Car il faut le redire, même si cet auteur passe encore parfois pour un martyr de la science, son livre est inacceptable sur le plan scientifique, bien que la partie historique soit assez remarquable. La méconnaissance de Velikovsky sur la partie *astronomique* du sujet est flagrante. Vouloir faire de Vénus une ancienne *comète* éjectée par Jupiter, il y a seulement quelques milliers d'années, a fait crier à l'imposture tous les astronomes » **Michel-Alain Combes, Docteur en Astronomie, dans son livre « *La menace du ciel* », chapitre 17, Paris 1999** « Les orbites des planètes ne sont plus inscrites dans le marbre. (...) Il semble que les planètes Saturne, Uranus et Neptune aient étendu leurs orbites depuis le début du système solaire, alors que Jupiter a réduit la sienne. (...) Les interactions entre Neptune et Pluton ont poussé les planètes plus petites à passer d'une orbite circulaire à une orbite plus excentrique et cela avec un plan plus incliné par rapport aux autres planètes » **Renu Malhotra, Scientific American, 1999** « *Je ne suis pas d'accord avec ce que vous dites, mais je ferai tout ce qui est en mon pouvoir pour que vous puissiez continuer à le dire* » . Voltaire à Rousseau. Ce fut vraiment un choc entre mondes différents ! Comment un psychiatre osait-il non seulement écrire sur l'astronomie mais de plus, citer comme une évidence les écritures hébraïques ? (...) " *Mondes en collision* " affola à ce point les astronomes professionnels qu'ils en vinrent à un acte extraordinaire : ils se liguèrent pour empêcher le succès de ses ouvrages et les censurer, et ce à plusieurs occasions au cours de deux décennies. Le grand exploit de Velikovsky était de montrer comment les catastrophes naturelles -principalement les collisions manquées de peu avec des comètes- marquèrent l'histoire humaine, sans en appeler à Dieu, au paranormal ou aux extraterrestres. De nos jours, ces idées sont tellement répandues qu'elles forment la structure de films populaires, mais dans les années cinquante elles étaient aussi dangereuses que de la dynamite (...) Velikovsky poursuivit ses recherches depuis son domicile de Princeton, jusqu'à sa mort survenue le 17 novembre 1979. Pleinement satisfait d'instruire une nouvelle génération d'historiens, d'astronomes et de physiciens planétaires qui, il l'espérait, échapperaient à l'étroitesse d'esprit de leurs prédécesseurs. **Robert Rickard, in "The Fortean Times" n°118 de janvier 1999. Traduit de l'anglais par Marcelle Gerday. Avec l'aimable permission de Mr Robert Rickard pour le Jardin des Livres.** « L'influence de Velikovsky a été significative dans le monde anglo-saxon (USA, Canada, Angleterre, Australie et Nouvelle Zelande) alors que le monde latin y échappa, sans doute par manque d'intérêt pour les sujets bibliques. En Italie, rappelons que Velikovsky a reçu un accueil positif du grand mathématicien Bruno de Finetti, et que l'historien Federico Di Trocchio lui a consacré un chapitre conséquent dans son livre " *Il Genio Incompreso* " » . **Pr. E. Spedicato, Université de Bergamo, Italie, 2000** « Russe d'origine, ce génie scientifique ami d'Albert Einstein a publié, entre 1950 et 1979, une série d'ouvrages qui ont agité et agitent toujours le monde scientifique. Pour Velikovsky, l'histoire de l'humanité est jalonnée de catastrophes naturelles d'origine cosmique qui éclairent d'un jour nouveau nombre de grands mythes du passé, tels les plaies d'Egypte et le déluge » **Kadath, Cahiers des civilisations anciennes N° 92, France, 2001** « Les théories d'Immanuel Velikovsky concernant l'histoire géologique de la Terre exposées dans « *Mondes en Collision* » sont récemment devenues très très à la mode, merci aux trajectoires des divers et très larges corps célestes qui ont joué avec nos nerfs. Est-ce que notre planète a été façonnée par un bombardement de météorites et des débris cosmiques ? Est-ce qu'ils sont responsables de la soudaine période glaciaire et de l'extinction des dinosaures ? La toute jeune science du catastrophisme, basée sur le travail précurseur de Velikovsky répond à ces questions et tend à confirmer les mystères de l'Ancien Testament comme le déluge ou l'ouverture de la mer Rouge » **Richard Metzger, Disinfo, Angleterre, 2001** « Velikovsky souleva immédiatement la colère des astrophysiciens qui clamèrent à juste titre que Vénus n'avait jamais pu être une comète. (...) Pour ma part, je n'ai aucune honte à dire que la lecture du livre hérétique de Velikovsky lorsque j'étais adolescent a puissamment contribué à ma vocation d'astrophysicien ! » **Jean-Pierre Luminet in « Le Feu du Ciel », page 246, Editions Le Cherche-Midi, 2002.** « Velikovsky était une sorte de prophète » **Jean-Pierre Girard, Le Monde Inconnu, 2002** « Le trio mythique Freud-Einstein-Velikovsky est recomposé. Mais on pourrait aussi dire que le cerveau de Velikovsky est le résultat hallucinant de ce qu'aurait pu donner l'union intime entre Sigmund Freud et Albert Einstein. Freud représente l'irrationnel, l'inconscient, l'intuition, l'instinct et nos peurs ancestrales. Einstein représente le rationnel, la logique, les mathématiques, la déduction empirique, bref la science avec un grand « S » . Velikovsky, dans une formidable intuition s'est servi de l'un pour expliquer l'autre : au lieu de considérer les rédacteurs des textes bibliques comme des demeurés avides de surnaturel, il a démontré avec une *maestria* sans égal dans l'histoire de la littérature et des sciences humaines que les mythes religieux qui agissent toujours en arrière-plan, proviennent tous des observations factuelles du ciel et des planètes. Dans " *Mondes en Collision* " , on assiste, fasciné, à la naissance des dieux et des déesses que l'on pensait être une création poétique des Romains et des Grecs. Velikovsky transforme le lecteur en astronome car son livre, métamorphosé en télescope, permet d'observer le « Big Bang » religieux. C'est un pur chef d'oeuvre dans lequel les mythes humains s'opposent violemment à la pure logique des mathématiques. Bien qu'il ne l'ait pas fait exprès, Immanuel Velikovsky n'a eu qu'un seul tort, humilier tous les astrophysiciens de son époque, époque d'autant plus difficile que la course à l'espace n'avait pas encore commencée et qu'une partie du public était persuadée que des martiens habitaient la planète rouge. En déclarant, entre autres, en 1950, qu'il y avait eu des océans sur Mars, Velikovsky s'était suicidé » **Présentation de « Mondes en Collision » , janvier 2003. A propos de l'eau sur Mars :**]« La NASA s'apprête à envoyer un robot sur Mars afin de trouver son eau. L'appareil est un véritable géologue ambulant capable d'analyser seul tout ce qu'il trouve. Le reportage de... » **Claire Chazal, journal de 20 heures, TF1 samedi 18 janvier 2003 « Une météorite provenant du coeur de Mars contiendrait de l'eau.** La pierre martienne a été trouvée par deux chercheurs français (...) « *C'est très intéressant pour nous car c'est une manière indirecte d'observer l'eau martienne* » explique Philippe Gillet directeur de l'Institut National des Sciences de l'Univers (INSU) , une des principales branches du CNRS » **Le Monde, 12 juin 2001.**

L'ESCHOLIER DE DIEU

de Mika Waltari

Etudiant à la Sorbonne avant de devenir l'espion du roi du Danemark, le destin du jeune catholique Mikaël l'emmène au cœur d'une forêt allemande où il rencontre une « guérisseuse » rousse qui va définitivement l'ensorceler avec ses potions. Mais en 1520, le Vatican veille, et le jeune homme découvre le visage le plus cruel de l'Eglise. Ecœuré par Rome et ses méthodes barbares, Mikaël se joint alors aux paysans révoltés allemands, rencontre un certain Luther et assiste en témoin privilégié de l'Histoire à la naissance du protestantisme. Et c'est en compagnie du médecin Parcelse que le destin va lui permettre de venger sa femme.

Le grand écrivain Mika Waltari nous plonge dans le XVIe siècle de l'Inquisition et des guerres de Charles Quint, siècle qui allait être à jamais divisé par la naissance du protestantisme. Purement éblouissant.

L'ETRUSQUE de Mika WALTARI

Au Ve siècle, Lars Turms fait le point sur sa vie en compagnie de son Ange gardien, et découvre qu'il n'attend qu'une seule chose : mourir pour épouser cet Ange « femme » et dont la beauté dépasse toutes les beautés terrestres. En attendant ce moment, toute sa vie commence à défiler devant ses yeux : ne connaissant ni son père, ni sa mère, il se voit parcourir tous les pays méditerranéens en compagnie du seul amour de sa vie, Arsinoë, une vierge sacrée nymphomane qui, tel un fil d'Ariane, le guide droit vers sa destinée. Et ce n'est qu'à la fin de son périple initiatique dans la ville sacrée des Étrusques que Turms découvrira pourquoi les dieux lui ont choisi un chemin de vie si difficile.

Mika Waltari nous entraîne au Ve siècle en compagnie de Lars Turms dans le monde ésotérique des Etrusques, du monde magique du peuple des forêts, avec le charme invisible de la déesse Artémis et la puissance insensée du Dieu des Dieux. La description du repas destiné à inviter l'Ange, les déesses grecques, les dieux étrusques et Dieu en personne reste un monument de la littérature mondiale.

Le Livre Mystérieux de l'Au-Delà

de Johannes GREBER

Strict prêtre catholique ne croyant absolument pas au surnaturel, Johannes Greber a vécu une expérience unique en Allemagne : il a communiqué avec des esprits qui lui ont expliqué avec beaucoup de détails comment leur monde « spirituel » agissait sur notre monde « matériel ». Ensuite, ces esprits ont révélé au Père Greber comment les textes bibliques ont été modifiés au fur et à mesure des siècles pour plaire à chaque pouvoir politique, tout en lui expliquant la véritable nature des textes originaux avec presque 40 ans d'avance sur les découvertes et traductions des Manuscrits de la Mer Morte et d'autres codex !

Véritable trésor caché de la littérature spirituelle, Le *Livre Mystérieux de l'Au-Delà* reste à ce jour un ouvrage majeur et furieusement contemporain: dans plusieurs pays, ce livre est régulièrement imprimé depuis 70 ans. Nouvelle traduction de la version originale allemande. A LIRE ABSOLUMENT.

L'EXPLORATEUR DE L'AU-DELA

d'Anne-Marie BRUYANT et Pierre JOVANOVIC

« Après avoir traversé bien des zones, je peux avouer que je reviens vraiment de très loin. Dans vos langues, ces zones ne possèdent pas de nom puisqu'elles ne se trouvent nulle part. Aussi, en m'efforçant d'être aussi bref et clair que possible, j'aimerais vous raconter mon voyage dans l'au-delà afin que ceux qui s'apprêtent à prendre le même chemin que moi sachent ce qui les attend »

L'Explorateur de l'Au-delà commence là où les biographies normales se terminent : debout à côté de son cercueil, Franchezzo, un aristocrate richissime, découvre qu'il est mort. N'étant guère familier avec les questions spirituelles, il refuse son état, puis, dépité, commence à explorer son environnement jusqu'à découvrir progressivement les différentes sphères qui composent ce que les Evangiles appellent « *les nombreuses demeures* » de l'Au-delà.

Témoignage unique sur le fonctionnement des diverses strates de l'après-vie, l'Explorateur de l'Au-delà *(qui a inspiré les films « Ghost » et « Au-delà de vos rêves ») est le plus grand texte disponible à ce jour parce qu'il emporte le lecteur dans un véritable tourbillon ; alors il ne demande qu'une seule chose, que la lecture dure éternellement.*

VOIE EXPRESS POUR LE PARADIS

de Ned DOUGHERTY

Membre de la jet-set, millionnaire, cocaïnomane et un peu alcoolique, rien ne prédisposait Ned Dougherty à s'occuper de choses spirituelles jusqu'à ce que son cœur le lâche brutalement sur le trottoir de sa discothèque. Sanglé dans l'ambulance avec des urgentistes au-dessus de lui tentant de le réanimer, l'homme d'affaires se sent soudain quitter son corps et flotter au-dessus de lui-même. Il ne comprend pas et cherche aussitôt sa Rolex lorsqu'un tunnel lumineux s'ouvre devant lui et dans lequel se trouve un ami, mort pourtant 15 ans auparavant; Ned Dougherty traverse le tunnel « hors du corps » et là commence son incroyable odyssée : il se retrouve en présence de la **Femme de Lumière** qui lui montre son avenir personnel, ainsi que celui du monde. Dans ces visions, l'homme d'affaires assiste à des scènes apocalyptiques, difficilement plausibles pour lui, comme par exemple celle des *Twin Towers* s'effondrant presque ensemble dans un fracas assourdissant de débris et de sirènes, ou celle d'une vague haute comme un immeuble, décimant toute la côte Est, déclenchant la chute économique des Etats-Unis par les faillites des compagnies d'assurance entraînant, dans leur sillage, celle des banques.

350.000 exemplaires

La Divine Connexion + Le Contact Divin

par le Dr Melvin Morse

Chapitres en ligne sur www.lejardindeslivres.com

Après quinze années de recherches, le Dr Melvin Morse, médecin urgentiste et pédiatre, affirme que 1) nous disposons tous dans notre lobe temporal droit d'un circuit biologique spécialement conçu pour dialoguer avec Dieu et que 2) les souvenirs de notre vie ne se trouvent pas dans notre cerveau ! S'appuyant sur les dernières découvertes médicales et scientifiques, son livre explique pour la première fois avec une logique implacable l'ensemble des phénomènes surnaturels et mystiques, tout comme les vies passées, les sensations de déjà vu, l'intuition, les guérisons spontanées et surtout le don de « voir » des parcelles de l'avenir. De façon simple et claire, le Dr Morse donne des cas précis et raconte comment il est parvenu à ses conclusions après avoir travaillé sur les expériences aux frontières de la mort infantiles. Salué par la presse anglo-saxonne comme une avancée majeure pour le XXIe siècle, ce livre ouvre des portes insoupçonnées et donne une dimension, nouvelle, phénoménale à la spiritualité. Des pilotes de chasse aux épileptiques, des neurologues aux physiciens et des médecins aux magnétiseurs, sa thèse prend vie et s'impose comme une évidence. Ce livre monumental peut changer votre vie. Version mise à jour et avec une préface française du Dr Melvin Morse ainsi que du Dr Charles Jeleff.

La découverte du « Point de Dieu »

(début du chapitre 1 de la « Divine Connexion » du Dr Melvin Morse)

Les neurologues de l'University of California de San Diego ont annoncé en 1997, avec beaucoup de courage, qu'ils venaient tout juste de découvrir dans le cerveau humain une zone « *qui pourrait être spécialement conçue pour entendre la voix du Ciel* ». Avec des recherches spécialement élaborées pour tester cette zone, les médecins ont établi que certaines parties du cerveau, le lobe temporal droit pour être exact, s'harmonisent avec la notion d'Etre suprême et d'expériences mystiques... Ils ont donc baptisé cette zone « *le module de Dieu* », précisant qu'elle ressemblait à un véritable « *mécanisme dédié à la religion* ». Si bien des scientifiques furent ravis de cette découverte, l'un d'eux, Craig Kinsley, neurologue à l'University of Virginia de Richmond, fit cette remarque pleine de bon sens : « *Le problème est que nous ne savons pas si c'est le cerveau qui a créé Dieu ou si c'est Dieu qui a créé le cerveau. Néanmoins, cette découverte va vraiment secouer les gens* ». Je comprenais parfaitement ce qu'il voulait dire. Dans mes trois livres précédents sur les expériences aux frontières de la mort, j'avais déjà identifié le lobe temporal droit comme l'emplacement de ce point de contact entre l'homme et Dieu. C'est là qu'Il semble habiter en chacun de nous, dans une zone au potentiel illimité et inexploité que j'appelle le « *Point de Dieu* » ou le *« Point Divin » ;* il permet aussi bien la guérison du corps que le déclenchement de visions mystiques, de capacités médiumniques et d'expériences spirituelles inoubliables. En clair, le lobe temporal droit nous permet d'interagir directement avec l'Univers. Bien que les événements vécus au cours d'une expérience aux frontières de la mort (EFM) soient considérés aujourd'hui comme notre dernière communication et interaction avec la vie, il semble que rien ne puisse être aussi inexact. L'EFM est seulement une expérience spirituelle qui se déclenche lorsqu'on meurt. Mais en étudiant ces expériences, nous avons appris que chaque être humain possède ce potentiel biologique pour interagir avec l'univers et ce à n'importe quel moment de sa vie.

Pour cela, nous devons simplement apprendre à activer notre lobe temporal droit, là où habite Dieu. En tant que pédiatre, j'ai vu ce qui se passait lorsque cette zone était activée chez les enfants passés « *de l'autre côté* ». J'ai aussi remarqué combien ils étaient marqués à vie par leur expérience : ils devenaient plus équilibrés non seulement au niveau mental et physique, mais aussi au niveau spirituel ! Ils mangeaient une nourriture plus saine, obtenaient de meilleurs résultats scolaires et possédaient plus de maturité que leur camarades. Ils sont conscients de lien avec l'Univers alors que la plupart de leurs camarades ignorent jusqu'à son existence. Ces enfants ont même le sentiment absolu d'avoir une tâche à accomplir sur terre. Ils ne craignent plus la mort. Mieux, ils suivent en permanence leurs intuitions et savent qu'ils peuvent retrouver cette présence divine aperçue dans leur EFM à tout moment, sans être obligés de mourir à nouveau. « *Une fois que vous avez vu la lumière de l'autre côté, si vous essayez, vous pouvez la revoir* » m'a dit l'un de mes jeunes patients. « *Elle est toujours là pour vous* » .

Où se trouve le Point de Dieu ? Ne le cherchez pas dans un livre d'anatomie, la science médicale contemporaine ne le reconnaît pas, pas plus qu'un autre d'ailleurs, comme étant celui de Dieu. En fait, les livres classiques de neurologie décrivent le lobe temporal droit simplement comme étant le « *décodeur* », l'interprète de nos souvenirs et de nos émotions. Dans ce livre, nous allons montrer que le lobe temporal droit fonctionne plutôt comme une zone « *surnaturelle* » procurant des capacités d'auto-guérison, de télépathie et surtout de communication avec le divin. Comme ces capacités sont « *paranormales* », elles sont donc controversées.

Mais comment cela est-il possible ?

Comment pouvons-nous ignorer, et ce depuis des millénaires, quelque chose d'aussi important que la faculté de communiquer avec Dieu ? La réponse la plus simple pourrait être la suivante : « *nous sommes au Moyen-âge de la spiritualité* » et devons encore évoluer pour en sortir. En effet, l'histoire humaine comporte d'innombrables cas d'aveuglements intellectuels. Ce sont les (suite dans le livre)

Enoch, Dialogues avec Dieu et les Anges

(versions complètes éthiopienne et slavonique)

Le texte que le Christ connaissait par cœur parce qu'il le citait en permanence

par Pierre Jovanovic et Anne-Marie Bruyant.
Premiers chapitres en ligne :
www.jardindeslivres.com

Ce livre demeure une référence absolue sur le dialogue avec Dieu et les Anges. Une expérience mystique, assortie de la plus extraordinaire sortie hors du corps jamais racontée.

Pour la première fois en France depuis 1898, un livre fait le point sur les dernières découvertes à propos d'Enoch en proposant les textes complets en langage contemporain (versions éthiopienne et slavonique) avec des interviews du professeur James C. Vanderkam et surtout de Joszef Thadeus Milik, le paléographe des Manuscrits de la Mer Morte.

Analysé depuis plus de 150 ans par des linguistes et des théologiens, le Livre d'Enoch est un véritable livre magique, raison pour laquelle il survit depuis au moins 2700 ans. Indispensable à tous ceux qui cherchent le dialogue avec Dieu et ses Anges.

Le Livre des Secrets d'Enoch

La version bilingue slavonique du Pr. André Vaillant
avec un nouveau dossier historique
de Pierre Jovanovic

Premiers chapitres en ligne :
www.jardindeslivres.com

Dans ce livre unique, la recherche historique est axée uniquement sur la version slavonique qui livre des informations révolutionnaires. Où l'on découvre que la seule ambition de l'Eglise a consisté à empêcher chaque personne de trop réfléchir, que les premiers livres de l'Ancien Testament ne sont que des pâles copies de textes sumériens bien plus anciens, et surtout qu'ils ont été modifiés vers les 600 av. JC dans le but de nous culpabiliser avec la notion du péché. La version bilingue (vieux slavonique à gauche, français à droite) du Pr. Vaillant, professeur des Langues Orientales, a été respectée et reproduite *in extenso*, avec un dossier historique de plus de 100 pages.

Nouvelle version :

Enquête sur l'Existence des Anges Gardiens, 600 pages

de Pierre Jovanovic

version « présidentielle » 2006

Lors d'un reportage à San Francisco, alors qu'il se trouvait dans une voiture, Pierre Jovanovic se jette soudain sur la gauche, une fraction de seconde avant qu'une balle ne pulvérise son pare-brise. En discutant avec ses confrères journalistes, il découvre d'autres histoires étranges similaires: journalistes arrachés à la mort par miracle alors qu'elle était inévitable, temps qui «ralentit» mystérieusement, «voix intérieures» qui avertissent d'un danger, sentiment d'insécurité, gestes «inexpliqués» qui sauvent. Tout le monde connaît au moins une histoire totalement incompréhensible de ce genre, et ce livre recense les différentes variantes de ces faits quotidiens inexplicables. «Enquête sur l'Existence des Anges Gardiens» est également le premier ouvrage qui étudie d'une manière approfondie les apparitions d'Anges dits «gardiens» dans les expériences aux frontières de la mort (EFM), révélées par le docteur américain Raymond Moody. Les résultats de cette investigation de 6 ans dans le domaine des EFM ont poussé Pierre Jovanovic a examiner les apparitions d'Anges chez les grands mystiques chrétiens et à les comparer à celles des EFM, ce qui constitue également une première. La presse internationale, d'une voix unanime, a qualifié cet ouvrage d'exceptionnel: le lecteur est progressivement plongé dans l'impénétrable des EFM, parce que la démonstration est mené à la façon d'une enquête policière. Une fois l'ouvrage commencé, le lecteur ne peut plus s'arrêter, emporté par la curiosité et la volonté de savoir s'il possède, lui aussi, son Ange gardien.

FIGARO LITTERAIRE: «La présence angélique est évidente» Laurence Vidal, **PARIS MATCH: «**Peut-on croire aux Anges ?» Marie-Thérèse de Brosses. **JOURNAL DU DIMANCHE: «**Une enquête de six ans que vous lisez comme un policier», **LE REPUBLICAIN LORRAIN: «**Ce livre laisse le lecteur fasciné» Gaston Schwinn, **AISNE NOUVELLE: «**Une enquête de détective» **CENTRE PRESSE: «**On demeure perturbé lorsqu'on le finit». **COURRIER PICARD:** «Les anges en 6 ans d'enquête» **L'EST REPUBLICAIN:** «Une enquête par un journaliste scientifique» **NICE MATIN:** «Une enquête avec beaucoup de distance et d'humour» **OUEST-FRANCE:** «Ne l'appelez pas «hasard». **LE COURRIER DE L'OUEST:** «Le premier livre sur les anges gardiens dans les NDE» **TELE 7 JOURS:** «Un best-seller», **TF1 MAGAZINE:** «Les anges flottent». **LE POINT:** «Pierre Jovanovic a importé les anges en France...» Stephanie Chayet. **LE CANARD ENCHAINE:** «Les ailes du délire». **ELLE:** «Une enquête de police... ». **MARIE-CLAIRE:** «Le livre le plus détaillé sur les Anges» Isabelle Girard. **MADAME FIGARO:** «Des mystiques aux NDE, on y est presque», **FEMME:** «Une enquête très sérieuse» Judith Belisha, **BULLETIN DES MEDECINS:** «Une première...», **MYSTERES:** «Enquête détaillée», **FAMILLE CHRETIENNE:** «Le premier livre sérieux sur les anges» Luc Adrian, **ROYALISTES:** «Un retour doctrinal» Gérard Leclerc, **REPONSE A TOUT:** «Vous devez lire ce livre», **JEUNE AFRIQUE:** «Une enquête sur les anges faite par un journaliste» Jean-Claude Perrier, **Radio CANADA:** «Un livre extraordinaire» Richard Cummings **LE SOIR ILLUSTRE -BRUXELLES:** «Vous pouvez le lire» Patrica Hardy, **Tv Ad-Lib CANADA:** «Un livre impressionnant» Jean-Pierre Coalier, **TV-5 ESPAGNE:** «Une enquête impressionnante» Benigno Morilla, **ELLE-ITALIE:** «Un travail exceptionnel» Michela Cristallo.

La Vierge du Mexique

ou le miracle le plus spectaculaire de Marie
(préface de Didier Van Cauwalaert)
par le Père François Brune
Premier chapitre en ligne : www.jardindeslivres.com

Un journaliste de France-Info expliquait récemment à l'antenne que « *même les Mexicains qui ne croient pas en Dieu, croient en la Vierge de la Guadalupe* ». Cette phrase, assez mystérieuse pour nous, ne prend toute sa dimension qu'à la lecture de ce livre remarquable du Père Brune. En effet, à côté de l'apparition mexicaine de la Vierge, celle de Lourdes semble tout à coup bien terne car les preuves hallucinantes -surnaturelles- laissées par Marie (pigments de couleur extra-terrestres, yeux "vivants", entre bien d'autres choses) sont aujourd'hui prouvées par des scientifiques médusés. Si le Père Brune qualifie cette apparition de « *Bombe à retardement* », c'est tout simplement parce que ces preuves n'ont pu être découvertes que récemment grâce aux nouvelles technologies !

Un livre qui doit être lu par tous ceux qui désirent avoir une « preuve » de l'existence de Dieu ou de Marie. Ou simplement par ceux qui veulent qu'un « miracle » leur soit prouvé.

La Vierge de l'Egypte

Depuis 1968, la Vierge apparaît régulièrement en Egypte et les millions de musulmans, comme de chrétiens, se sont véritablement frotté les yeux en découvrant la Mère du Christ flottant au-dessus de l'église de Zeitoun, de Choubra ou encore d'Assiout. Ainsi, la Vierge est apparue pendant presque trois ans à Zeitoun et elle a été vue chaque soir par plus de 100.000 croyants ou athées, y compris le président égyptien de l'époque, Nasser. Encore plus étrange, elle a repris ses apparitions spectaculaires en 2000, à

Assiout. Mais en Europe, ce fut le silence. Pourtant, et pour la première fois dans l'histoire des apparitions mariales, elles ont été photographiées et certaines même filmées par la télévision égyptienne.

Le Père François Brune a enquêté en Egypte auprès d'innombrables témoins et nous livre dans cet ouvrage quasi-surnaturel le résultat de son incroyable enquête. **290 pages avec photos noir et blanc + un cahier de photos couleurs des apparitions de l'an 2000 à Assiout.**

Le Dictionnaire des Anges

de Gustav Davidson

plus de 4000 entrées & 133 illustrations

« *Unique !* » **Isaac B. Singer, Prix Nobel de Littérature.**

« *Sublime. Le fruit de quinze années de recherches en littérature biblique, talmudique, gnostique, cabalistique, apocalyptique, grimoires,...* »
Wall Street Journal

« *Le Triomphe du savoir universitaire* » **New York Times**

« *Magnifique ! Un bonheur sans fin* » **The Times of London**

Conservateur à la Bibliothèque du Congrès de Washington, Gustav Davidson a passé sa vie à rechercher les Anges dans toutes les bibliothèques du monde, nationales ou privées, y compris celles des châteaux et des couvents les plus isolés. Papyrus, codex, textes saints, grimoires, formules magiques, écrits apocryphes, rites cabalistiques, incantations, etc., il n'a négligé strictement aucun domaine. Au bout de 15 années de travail acharné, il a dressé le tableau des habitants des quatre coins du Ciel en rédigeant la fiche de plus 4.000 Anges, Archanges, Dominations, Vertus, Puissances, Trônes, Principautés, Chérubins et Séraphins, sans jamais tenir compte de la distance qui les sépare du Trône de Dieu.

Le Principe de Lucifer

le livre « phénomène » sur la violence de Howard Bloom

www.jardindeslivres.com/05bloom1.htm

468 p., «*Du caviar pour l'esprit», «Le livre qui fait sensation*». Les lecteurs seront émerveillés par le miroir que Bloom tend à la condition humaine et fascinés par la masse éclectique de données qui surgissent avec la grâce et la furieuse intensité de la volée d'une balle de tennis. Son style est attirant, plein d'esprit et vif. Il se repose sur une douzaine d'années de recherches dans une véritable jungle de spécialités universitaires diverses... et prouve méticuleusement chaque information... » **The Washington Post**

Un immense plaisir à lire et débordant d'informations fantastiques. **The New York Review of Books** «Ce livre couvre un sujet que les sources plus timides et plus conventionnelles n'osent pas confronter: la nature et les causes de la violence humaine.. vigoureux.. fervent... une théorie fraîche et viable sur l'évolution de l'humain social». **The Washington Times** «Le travail de Bloom rassemble une telle quantité d'évidence, qu'il rappelle «l'Origine des Espèces» de Darwin». **Wired** «Provoquant... explosif... fringuant... un assemblage de grenades rhétoriques qui remettent en cause nos innombrables formes de satisfaction de soi». **The Boston Globe** «Howard Bloom bouleverse toutes nos idées préconçues, et au passage libère notre manière de penser, nous permettant de voir le monde différemment».**Los Angeles Weekly** «Le tour de 'science' et d'histoire de Howard Bloom Bloom est fascinant... une idée grandiose, extraordinaire» **The Detroit Free Press** «Elegant... Un dîner quatre étoiles pour le cerveau... Une nouvelle vision révolutionnaire de la nature humaine... Un travail monumental d'un penseur merveilleux et original. Tout simplement extraordinaire». Newark Star-Ledger. «Un regard philosophique sur l'histoire de notre espèce, qui alterne entre le fascinant et l'effrayant. Le lire fut comme lire du Stephen King. Je n'ai pas pu le poser. Exceptionnel». **Rocky Mountain News** «Howrad Bloom a un telle maîtrise de se son sujet, et une telle facilité à communiquer de manière attrayante que ce livre est quasiment enivrant... L'Histoire entre les mains de Bloom devient tellement excitante qu'on en devient sceptique. Mais chaque exemple d'information difficile à croire, comme par exemple ces 30.000 Japonais qui se sont suicidés en sautant d'une falaise d'Okinawa, est soutenue par les sources en annexes. On y trouve également une bibliographie impressionnante. Howard Bloom nous a fait une faveur: son livre passionnant et quelque peu choquant pulse avec des ponctions bizarres dans l'histoire, la sociologie, et l'anthropologie» **The Courier-Mail** «Un travail fascinant. La théorie de Howard Bloom peut être résumée de la manière suivante: Premièrement les replicateurs (les gènes par exemple) qui produisent leur matière si facilement de façon exponentielle que le résultat à leur bout, entre autre, c'est moi, c'est vous. Deuxièmement, les êtres humains, comme toutes les formes de vie des mongeese aux singes, existent à l'intérieur d'un superorganisme: Nous sommes, dit Bloom, des composants jetables d'un être plus important que nous mêmes. Troisièmement, les Memes, ces grappes d'idées qui se répliquent d'elles-mêmes, devenues la colle qui maintient les civilisations. Quatrièmement, le réseau neuronal, le groupe de pensée qui nous transforme en une massive machine d'apprentissage. Enfin, le dernier point, l'ordre de préséance qui existe chez les hommes, les singes, les guêpes et même les nations qui explique pourquoi le danger des barbares est réel, et pourquoi les idées de notre politique étrangère sont souvent fausses». **Los Angeles Village View** «Un livre dérangeant (...) de la nourriture pour l'esprit, plutôt que raison de désespoir». **Booklist** «Saisissant... Habile... Gracieux... Howard Bloom est quelque chose qu'on ne rencontre plus beaucoup de nos jours: un esprit universel. Le principe de Lucifer est vraiment épatant à lire, ce type de livre qui donne l'envie d'attraper le téléphone pour avoir une bagarre avec l'auteur pratiquement toutes les trois pages, simplement pour voir ce qui va se passer... Hérétique... Enervant... Divertissant et engageant, ce qui est - selon ma définition - une bonne description d'un compagnon agréable». **The Phœnix** «Se repose solidement sur des preuves biologiques et anthropologiques pour montrer que les êtres humains ne sont pas par nature des individualistes, ou des isolés, mais qu'au contraire ils ont une puissante et naturelle inclinaison pour le groupe social, et que la plupart de la violence et de la cruauté qui a caractérisé l'histoire humaine est ancrée dans la compétition entre groupes pour le statut (social) et la domination». **Foreign Affairs** «Le Principe de Lucifer est devenu une sensation 'underground' dans les communautés scientifiques et littéraires». **The Independent Scholar** «Le Principe de Lucifer est devenu l'un des livres de sciences le plus influent depuis sa publication, salué par 22 scientifiques de renommée mondiale comme étant un ouvrage majeur. Le livre est tellement annonté, mais facile à lire, et accessible - une preuve du talent d'écrivain de Bloom-. Peu de livres changent votre vie ou vos concepts de la vie de cette manière. Mais celui-ci, oui, définitivement». **Disinfo.com.** «Howard Bloom a écrit une «Histoire du Monde» avec un nouveau point de vue reposant sur la structure psychologique et les prédispositions naturelles de la pensée humaine. Son récit est une formidable alternative à celles qui reposent sur des assomptions politiques ou théologiques». **Pr. Horace Barlow, Royal Society Research Cambridge University** «Le livre de Howard Bloom est puissant, provoquant, un plaisir à lire, et, j'espère, qu'il a au moins à moitié tort». **Pr. Ellen Langer, PhD, Prof. Psychology Harvard University** «Un summum de l'écriture. L'un des meilleurs livres contemporains que j'aie lus». **Pr. Paul C. Edwards Stanford University** «Un puissant outil de réflexion, complexe et ambitieux, franc, avec une capacité exceptionnelle à intégrer, à travers un incroyable spectre d'informations scientifiques. Je me suis retrouvé moi-même avec des «Ahhh» et des «Ohhh». Excellent, totalement fascinant et brillant» **Pr. Allen Johnson Anthropology departement UCLA. Le livre à lire absolument. LE TOME 2 EST SORTI**

SAINT-JUDE

le patron des prières impossibles

de Liz TROTTA

« En 15 ans, Jude est devenu le saint le plus populaire, simplement parce qu'il est le plus efficace ! »

Rédactrice en chef du *Washington Times* et journaliste politique de la *Fox News,* Liz Trotta a voulu comprendre pourquoi les pages des grands journaux étaient de plus en plus remplis d'ex-voto « *Merci Saint Jude* ». Après une enquête de 3 ans menée un peu partout au Moyen Orient, elle a compris pourquoi Jude est devenu le saint le plus populaire en ce début de XXIe siècle. En arrivant de nulle part, et ce en moins de 15 ans, Saint Jude est par exemple devenu le saint le plus populaire des Etats-Unis et du Canada, au point que les dons déposés en permanence devant ses statues ont remis à flot l'église américaine (ce qui en soi était déjà irréalisable). Les prêtres, eux, ne savent pas comment, ni pourquoi il a dépassé en célébrité sainte Thérèse de Lisieux. Mais les fidèles s'en moquent et ne disent qu'une seule chose : Saint Jude répond à toutes les prières, surtout à celles qui semblent désespérées ou impossibles ! Souvent présenté comme le frère du Christ, Jude a légué son épître qui se trouve dans le Nouveau Testament. Mais Liz Trotta est allée plus loin : elle a remonté toutes ses légendes, parcouru tous ses lieux de culte, y compris les plus étranges, et a acquis une certitude : Jude est effectivement le Saint le plus efficace du calendrier et il est plus vivant que jamais.

Recevez notre
catalogue couleurs
sur le web, par lettre,
ou par téléphone :
01 44 09 08 78

Bon de Commande (France métropolitaine uniquement)

Titre	Prix	Q	Ss-Total
La Divine Connexion	19,9		
Le Contact Divin	19,9		
La Vierge du Mexique	21		
La Vierge de l'Egypte	21		
Voie Express Paradis	19,9		
L'Explorateur de l'Au-delà	19,9		
Derrière les portes de la Lumière	19,9		
Le Livre Mystérieux de l'Au-Delà	22,7		
Enquête Anges Gardiens 600 p.	28,8		
Enoch, Dialogues avec Dieu	19,9		
Le Livre des Secrets d'Enoch	22,7		
Biographie de Gabriel	22,7		
Mondes en Collision	22,7		
Les Grands Bouleversements	22,7		
Le Désordre des Siècles	22,7		
Le Prêtre du Temps	22,7		
Le Principe de Lucifer	22,7		
Le Principe de Lucifer T2	22,7		
Les Ponts, le Diable, le Viaduc	19,9		
Comme une Bête	21		
Gare à la Bête	21		
Encyclopédie Mysticisme T1	30		
Encyclopédie Mysticisme T2	30		
Encyclopédie Mysticisme T3	23,9		
Saint Jude	19,9		
Le Grand Dérèglement du Climat	19,9		
Le Dictionnaire des Anges 660 p	29,9		
L'Escholier de Dieu	24,9		
L'Etrusque	24,9		
Le Serviteur du Prophète	24,9		
ss-total:			
Frais de port : 3,40 Euro pour le 1er livre, + 1 Euro pour le 2e et +0,5 E pour le 3e.	Gratuit à partir de 4 livres		
TOTAL:			

Les envois sont faits en toute sécurité
avec *Colissimo Express La Poste Suivi*
(contre signature)

Votre Prénom et
Nom :________________________________

Votre Adresse :_______________________________________

Code Postal : __________
Ville :______________________

Un téléphone (au cas où) : ____________________

Observations particuliè-
res :_____________________________

Renvoyez ce bon (ou recopiez que les titres qui vous intéressent) avec votre règlement au :

Jardin des Livres
14 rue de Naples
75008 Paris
Tél : 01 44 09 08 78

Couverture : Patrice Servage
Service de Presse : Marie Guillard

Imprimé en France par CPI
en juin 2016

Dépôt légal : décembre 2008
N° d'impression : 136128